建筑电气专业技术资料精选

谭荣伟　等编著

第二版
The Second Edition

化学工业出版社
·北京·

《建筑电气专业技术资料精选》(第二版)基于建筑电气专业设计与施工工程实践,为满足建筑电气专业设计及其施工管理需要,精选机电工程师和设计师及机电安装管理技术人员在进行建筑电气施工图设计及现场机电安装施工管理等各个实践环节中,经常使用到的建筑电气专业常用数据、国家标准规范基本要求、常见建筑电气构造做法要求、常用建筑电气专业相关知识等各个方面的技术资料,汇成一体,供建筑电气设计及建筑机电安装施工管理等实践人员参考使用。

本书内容专业、翔实、实用、图文并茂、查阅快捷,十分适合从事建筑电气专业、电力工程、房地产开发、建筑机电安装及建筑机电监理等专业的设计师、工程师与施工管理技术人员使用,也可以作为高等院校电气工程、电力工程、建筑机电安装及施工管理、房地产开发等相关专业师生的参考资料。

图书在版编目(CIP)数据

建筑电气专业技术资料精选/谭荣伟等编著. —2版.
—北京:化学工业出版社,2018.6
ISBN 978-7-122-31989-0

Ⅰ.①建… Ⅱ.①谭… Ⅲ.①建筑安装-电气设备-技术档案-汇编 Ⅳ.①TU85

中国版本图书馆CIP数据核字(2018)第077186号

责任编辑:袁海燕
责任校对:王素芹   装帧设计:王晓宇

出版发行:化学工业出版社(北京市东城区青年湖南街13号　邮政编码100011)
印　　装:中煤(北京)印务有限公司
787mm×1092mm　1/16　印张20　字数486千字　2018年7月北京第2版第1次印刷

购书咨询:010-64518888(传真:010-64519686)　售后服务:010-64518899
网　　址:http://www.cip.com.cn
凡购买本书,如有缺损质量问题,本社销售中心负责调换。

定　价:88.00元　　　　　　　　　　　　　　　　　　　　　版权所有　违者必究

前言

《建筑电气专业技术资料精选》自2008年出版以来，由于十分切合建筑电气专业设计与建筑机电安装及施工工程实践情况，专业知识范围广泛、内容全面、资料丰富，深受广大读者欢迎和喜爱。

基于国家对许多工程建设领域国家规范标准、政策法规进行了较大修订完善或局部调整，以及建筑工程技术不断发展，原书中的部分内容也需要及时更新调整，以适应目前建筑工程操作的实际情况和真实需要。为此本书作者根据现行的相关国家规范标准、政策法规，对该书进行全面和较大范围的更新与调整，使得本书从内容上保持与时俱进，使用上更加方便。本书主要修改及调整内容如下。

按照现行版本国家标准规范及相关法规政策，对原书中各个章节的大部分内容进行了全面更新及完善调整，增加了部分章节内容，补充了部分图文说明，使得相关资料更加丰富、直观，更便于理解掌握。其中修改变化较大的是调整增加了"第4章 变配电所（站）设计"等章节内容。

本书基于建筑电气专业设计与施工工程实践，为满足建筑电气专业设计及其施工管理需要，精选建筑电气专业常用数据、国家标准规范基本要求、常见建筑电气构造做法要求、常用建筑电气专业相关知识等各个方面技术资料，汇编完成本书，旨在为电气设计及机电安装的技术人员提供一本翔实、全面、实用的手头工具书，希望该书的出版能为从事建筑电气专业、电力工程、房地产开发、建筑机电安装及建筑机电监理等专业的设计师、工程师与施工管理技术人员和高等院校电气工程、电力工程、建筑机电安装及施工管理、房地产开发等相关专业师生提供帮助。

本书主要由谭荣伟组织内容修改及编写，卢晓华、黄冬梅、李淼、雷隽卿、黄仕伟、王军辉、许琢玉、苏月风、许鉴开、谭小金、李应霞、赖永桥、潘朝远、孙达信、黄艳丽、杨勇、余云飞、卢芸芸、黄贺林、许景婷、吴本升、黎育信、黄月月、韦燕姬、罗尚连等参加了相关章节的编写。

由于编著者水平有限，虽经过再三勘误，仍难免有纰漏之处，欢迎广大读者予以指正。

编著者
2018年·春

第一版前言

电气工程主要研究在电能生产、传输、运行管理及其使用过程中，各类电气设备和系统设计、制造、运行、测量和控制等方面的工程技术。电能作为现代最主要的二次能源，在生产和生活中获得了极广泛的应用，其生产和传输已形成电力工业及产业，运行与管理的科技含量迅速提高；同时，电能的生产、传输、使用及其控制设备，也在不断地发展或更新，逐步与电子计算机技术、微电子技术、电力电子技术相结合，形成新型的电工技术与设备，电气工程在国民经济发展中正发挥着越来越重要的作用。而在房地产开发和建设中，建筑电气专业为建筑及其设施正常使用、创造建筑安全和舒适的室内环境等提供重要技术支持，其作用举足轻重。因此，在房地产和工程建设中，建筑电气专业的电气工程师和相关工程技术人员，需熟练掌握各种建筑电气设计与安装施工规范、标准以及规定，具有相应的技术知识及经营管理知识，及时熟悉和掌握有关信息及政府和行政管理部门的有关文件，才能从容应对工程实践中的各种情况，处理施工现场的图纸变更、工程验收、质量监督等工作；才能更好地为施工现场工作提供全面指导，确保设计及施工的质量和工程建设顺利进行。

本书基于专业全面、内容实用、查阅快捷、携带方便等宗旨，根据最新和现行的国家规范和法规，精选房地产开发与建设中建筑电气专业常用的数据、构造做法、强制措施、设备材料、设计规范、建筑法规等相关内容，主要包括建筑电气常见专业术语及常用数据、建筑电气供配电系统、室内外配电线路、建筑防雷和电气照明、接地及安全保护、火灾自动报警与联动控制、建筑设备和安全监控以及综合布线系统等各个方面的技术内容和知识，分门别类，高度概括了电气工程各专业最基本、最常用以及最新的技术内容，用简练的语言对电气工程所涉及领域中的复杂系统进行了归纳总结，尽量做到卷小面广。本书是为建设单位管理人员、电气工程师、建造师、监理工程师、电气安装施工技术与管理人员等提供的图文并茂、内容丰富的技术资料。

《建筑电气专业技术资料精选》是《房地产开发与建设资料精选》丛书之一，虽经过编委及出版社编辑再三研讨和勘误，但仍难免有纰漏之处，欢迎广大读者指正，以便在修订再版时更加臻善。

编者
2008.8

目 录

第1章 建筑电气专业常见工程数据 /1

1.1 常用符号及代号 /1
- 1.1.1 常见数学符号 /1
- 1.1.2 其他常见符号 /2
- 1.1.3 罗马数字与常见数字词头 /2
- 1.1.4 常见门窗符号 /2
- 1.1.5 材料强度符号 /3
- 1.1.6 规格型号符号 /3
- 1.1.7 常见化学元素符号 /4
- 1.1.8 常见聚合物材料符号 /4
- 1.1.9 常见国家和地区货币符号 /4

1.2 常用单位换算 /5
- 1.2.1 法定计量单位 /5
- 1.2.2 长度单位换算 /5
- 1.2.3 面积单位换算 /5
- 1.2.4 体积单位换算 /6
- 1.2.5 质量单位换算 /6
- 1.2.6 力学单位换算 /6
- 1.2.7 功和功率单位换算 /7
- 1.2.8 速度单位换算 /7
- 1.2.9 度和弧度单位换算 /7
- 1.2.10 时间换算 /7
- 1.2.11 坡度与角度单位换算 /8
- 1.2.12 温度单位换算 /8
- 1.2.13 其他单位换算关系 /8
- 1.2.14 香港(澳门)特别行政区常见单位换算 /9

1.3 常用数值 /9
- 1.3.1 一般常数 /9
- 1.3.2 酸碱性（pH值）判定参数表 /10
- 1.3.3 各种温度（绝对零度、水冰点和水沸点）数值 /10

1.4 常用图形面积及体积计算公式 /10
- 1.4.1 平面图形面积计算 /10
- 1.4.2 立体图形体积计算 /12

1.5 常用气象和地质参数 /13
 1.5.1 常见气象灾害预警信号含义 /13
 1.5.2 风力等级 /14
 1.5.3 降雨等级 /14
 1.5.4 寒凉冷热气候标准 /15
 1.5.5 地震震级和烈度 /15
1.6 中国建筑气候区规划图 /16
1.7 建筑物的防雷分类 /18
1.8 室外变配电站与民用建筑防火间距要求 /19
1.9 城镇燃气调压站与民用建筑防火间距要求 /19
1.10 民用建筑防排烟设施设置要求 /20
1.11 建筑窗地面积比和采光有效进深估算 /21

第 2 章 建筑电气常见专业术语及常用数据 /22

2.1 建筑电气常见专业术语 /22
 2.1.1 基本术语 /22
 2.1.2 建筑电气照明术语 /29
 2.1.3 建筑防雷术语 /33
 2.1.4 日常用电安全术语 /33
 2.1.5 电气设备相关术语 /35
 2.1.6 监控、楼宇控制等相关术语 /35
2.2 建筑电气常见计量单位及专业代号 /37
 2.2.1 电学和电磁学常见计量单位与符号 /37
 2.2.2 光及有关电磁辐射常见计量单位与符号 /38
2.3 建筑电气相关常用计量单位换算 /38
 2.3.1 电流单位换算 /38
 2.3.2 电压单位换算 /39
 2.3.3 电阻单位换算 /39
 2.3.4 电荷量单位换算 /39
 2.3.5 电容单位换算 /39
 2.3.6 磁场强度单位换算 /39
 2.3.7 光照度单位换算 /40
 2.3.8 功率单位换算 /40
 2.3.9 功、能及热单位换算 /41
 2.3.10 声单位换算 /43
2.4 建筑电气常用专业计算公式及符号 /43
 2.4.1 电气专业基本计算公式 /43
 2.4.2 建筑电气常用文字符号简称 /45
2.5 建筑电气常用专业数据 /49

2.5.1 全国主要城市年平均雷暴日数 /49
  2.5.2 常用电力电缆导体的最高允许温度 /51
  2.5.3 35kV及以下电缆敷设度量时的附加长度 /51
  2.5.4 电缆安装时最小弯曲半径 /52
  2.5.5 电力电缆常用型号及其含义 /52
  2.5.6 阻燃和耐火电线电缆型号及其含义 /53
  2.5.7 常见电压等级 /54
 2.6 常见金属材料的导电性能 /54
 2.7 民用建筑中用电负荷分级 /56

第3章 建筑电气供配电系统 /59

 3.1 建筑电气负荷分级及相关要求 /59
  3.1.1 建筑用电负荷等级 /59
  3.1.2 各种常见建筑用电负荷级别划分 /60
  3.1.3 民用建筑中消防用电的负荷等级 /60
  3.1.4 不同负荷等级供电要求 /60
 3.2 建筑电气电源及供配电系统要求 /62
  3.2.1 供配电电源基本要求 /62
  3.2.2 供配电系统基本要求 /62
 3.3 建筑供配电电压和电能质量 /63
  3.3.1 供配电电压的选择 /63
  3.3.2 电能质量 /63
 3.4 建筑供配电的负荷计算和无功补偿 /64
  3.4.1 负荷计算基本要求 /64
  3.4.2 无功补偿基本要求 /65

第4章 变配电所(站)设计 /67

 4.1 20kV及以下变电所设计 /67
  4.1.1 20kV及以下变电所的位置要求 /67
  4.1.2 20kV及以下变电所电气设计要求 /69
  4.1.3 20kV及以下变电所配变电装置的布置 /72
  4.1.4 变电所的并联电容器装置要求 /78
  4.1.5 变电所对建筑、防火等有关专业的要求 /78
 4.2 35~110kV变电站设计 /81
  4.2.1 35~110kV站址选择和站区布置 /81
  4.2.2 35~110kV变电站土建部分设计要求 /81
 4.3 110(66)~220kV智能变电站设计 /82
  4.3.1 110(66)~220kV智能变电站选址 /82
  4.3.2 110(66)~220kV智能变电站土建部分设计要求 /82

            4.3.3　110(66)~220kV 智能变电站电气一次部分设计要求　/82
            4.3.4　110(66)~220kV 智能变电站电气二次系统设计要求　/83

第5章　建筑电气低压配电　/84
    5.1　低压配电电器和导体的选择　/84
        5.1.1　低压配电电器的选择　/84
        5.1.2　低压配电导体的选择　/85
    5.2　低压配电设备的布置　/89
        5.2.1　低压配电设备布置要求　/89
        5.2.2　低压配电设备布置对建筑要求　/91
    5.3　特低电压配电　/91
    5.4　电气装置的电击防护　/92
        5.4.1　直接接触防护措施　/92
        5.4.2　间接接触防护措施　/93
        5.4.3　SELV 系统和 PELV 系统及 FELV 系统　/94
    5.5　配电线路的保护　/95

第6章　室内外配电线路布线　/96
    6.1　室内外配电线路布线基本规定　/96
        6.1.1　室内外配电线路布线基本要求　/96
        6.1.2　室内外配电线路布线防火要求　/97
    6.2　室内外配电线路各种布线方式要求　/98
        6.2.1　直敷布线　/98
        6.2.2　金属导管布线　/98
        6.2.3　金属槽盒布线　/99
        6.2.4　电缆桥架布线　/99
        6.2.5　刚性塑料导管（槽）布线　/101
        6.2.6　瓷夹、塑料线夹、鼓形绝缘子和针式绝缘子布线　/101
        6.2.7　钢索布线　/102
        6.2.8　裸导体布线　/103
        6.2.9　封闭式母线布线　/104
        6.2.10　电力电缆布线　/105
        6.2.11　电气竖井布线　/111
        6.2.12　铝合金电缆布线　/112

第7章　建筑电气照明　/113
    7.1　建筑电气照明基本规定　/113
        7.1.1　照明方式　/113
        7.1.2　照明种类　/114

7.1.3 照明光源选择原则 /116
7.1.4 照明灯具选择原则 /116

7.2 建筑照明数量和质量要求 /119
7.2.1 照度水平(照度标准值) /119
7.2.2 眩光限制和光源颜色 /120
7.2.3 反射比 /122

7.3 建筑照明配电及控制 /122
7.3.1 建筑照明电压要求 /122
7.3.2 建筑照明配电系统要求 /123
7.3.3 建筑照明控制 /124

7.4 建筑照明节能 /124
7.4.1 建筑照明节能基本要求 /124
7.4.2 常见建筑照明功率密度限值 /126

7.5 各种建筑的照明标准值基本要求 /131
7.5.1 住宅建筑照明标准值 /131
7.5.2 公共建筑照明标准值 /132
7.5.3 工业建筑照明标准值 /139
7.5.4 通用房间或场所照明标准值 /145

7.6 建筑景观照明 /146

第8章 建筑物防雷 /148

8.1 建筑物的防雷分类及其防雷措施 /148
8.1.1 建筑物防雷分类及基本要求 /148
8.1.2 第一类防雷建筑物防雷措施 /149
8.1.3 第二类防雷建筑物防雷措施 /154
8.1.4 第三类防雷建筑物防雷措施 /156

8.2 建筑物其他防雷保护措施 /157

8.3 建筑物的防雷装置 /158
8.3.1 防雷装置使用的材料要求 /158
8.3.2 建筑物防雷的接闪器要求 /159
8.3.3 建筑物防雷的引下线 /162
8.3.4 建筑物防雷的接地装置 /163

8.4 防雷击电磁脉冲 /164

8.5 建筑物电子信息系统防雷 /165
8.5.1 地区雷暴日等级 /165
8.5.2 雷电防护区 /165
8.5.3 雷电防护等级 /166
8.5.4 建筑物电子信息系统防雷设计要求 /167

8.6 电子信息系统的防雷与接地要求 /169

8.6.1 通信接入网和电话交换系统的防雷与接地 /169
8.6.2 信息网络系统的防雷与接地 /170
8.6.3 安全防范系统的防雷与接地 /170
8.6.4 火灾自动报警及消防联动控制系统的防雷与接地 /170
8.6.5 建筑设备管理系统的防雷与接地 /170
8.6.6 有线电视系统的防雷与接地 /170
8.6.7 移动通信基站的防雷与接地 /171
8.6.8 卫星通信系统防雷与接地 /171

第9章 接地及安全保护 /172

9.1 接地和特殊场所的安全防护基本要求 /172
9.2 保护接地范围要求 /173
9.3 低压配电系统的接地 /174
 9.3.1 低压配电系统接地形式 /174
 9.3.2 低压配电系统接地基本要求 /175
9.4 保护接地范围 /176
9.5 保护接地要求 /177
 9.5.1 接地要求和接地电阻要求 /177
 9.5.2 接地网要求 /177
9.6 各种通用设备及场所接地要求 /179
 9.6.1 通用电力设备接地 /179
 9.6.2 电子设备、计算机接地 /179
 9.6.3 医疗场所的安全防护 /180
 9.6.4 浴室、游泳池和喷水池及其周围等特殊场所的安全防护 /181
 9.6.5 等电位联结 /186
9.7 施工现场供用电安全 /187
 9.7.1 施工现场发电和变配电设施 /187
 9.7.2 施工现场接地及防雷保护 /192
 9.7.3 施工现场电动施工机具用电安全 /194
 9.7.4 施工现场照明用电安全 /194
 9.7.5 施工现场特殊环境下用电安全 /195

第10章 火灾自动报警与联动控制 /196

10.1 火灾自动报警与联动控制系统基本要求 /196
 10.1.1 火灾自动报警系统基本规定 /196
 10.1.2 火灾自动报警系统形式 /197
 10.1.3 火灾自动报警区域和探测区域的划分 /197
10.2 消防控制室设置要求 /198
10.3 消防联动控制设计 /199

10.3.1　消防联动控制基本规定要求　/199
　　　10.3.2　与各个专业系统消防联动控制设计要求　/199
10.4　火灾探测器　/201
　　　10.4.1　点型感温火灾探测器分类　/201
　　　10.4.2　火灾探测器选择要求　/202
　　　10.4.3　火灾探测器的具体设置建筑部位　/206
　　　10.4.4　火灾探测器设置要求　/208
10.5　其他系统设备的设置　/211
　　　10.5.1　火灾报警控制器和消防联动控制器的设置　/211
　　　10.5.2　手动火灾报警按钮的设置　/211
　　　10.5.3　区域显示器的设置　/212
　　　10.5.4　火灾警报器的设置　/212
　　　10.5.5　消防应急广播的设置　/212
　　　10.5.6　消防专用电话的设置　/212
　　　10.5.7　防火门监控器的设置　/213
　　　10.5.8　模块的设置　/213
10.6　可燃气体探测报警系统　/214
10.7　电气火灾监控系统　/215
　　　10.7.1　电气火灾监控系统基本要求　/215
　　　10.7.2　电气火灾监控探测器的设置　/216
10.8　火灾自动报警系统供电　/216
10.9　火灾自动报警系统布线　/217
10.10　住宅建筑火灾自动报警系统　/218
10.11　特殊场所火灾自动报警系统　/219
　　　10.11.1　高度大于12m的空间场所　/219
　　　10.11.2　电缆隧道　/219

第11章　建筑设备监控和安防监控系统　/220

11.1　建筑设备监控系统基本规定　/220
　　　11.1.1　一般要求　/220
　　　11.1.2　监控系统的监控功能基本要求　/221
11.2　建筑设备监控功能要求　/221
　　　11.2.1　供暖通风与空气调节监控功能　/221
　　　11.2.2　给水排水的监控功能　/224
　　　11.2.3　供配电的监控功能　/225
　　　11.2.4　照明及电梯的监控功能　/226
　　　11.2.5　建筑设备能耗监测　/227
11.3　监控系统配置　/228
　　　11.3.1　监控系统配置文件要求　/228

11.3.2　主要监控设备基本要求　/228
　　　11.3.3　监控系统的辅助设施　/229
　11.4　安全防范工程要求　/230
　　　11.4.1　安全防范基本要求　/230
　　　11.4.2　风险等级与防护级别　/231
　　　11.4.3　高风险对象的风险等级与防护级别规定　/231
　11.5　视频安防监控系统　/231
　　　11.5.1　视频安防监控系统基本要求　/231
　　　11.5.2　视频安防监控系统构成　/232
　　　11.5.3　视频安防监控系统功能及性能设计要求　/234
　　　11.5.4　视频安防监控设备选型　/235
　　　11.5.5　视频安防监控供电要求　/236
　　　11.5.6　视频安防监控中心　/236
　11.6　民用闭路监视电视系统工程　/236
　11.7　入侵报警系统工程　/237
　　　11.7.1　入侵报警系统工程基本要求　/237
　　　11.7.2　入侵报警系统工程系统设计要求　/239
　　　11.7.3　入侵报警系统工程设备选型要求　/241
　　　11.7.4　入侵报警系统工程传输方式、线缆选型　/244
　11.8　停车库（场）安全管理系统　/244

第12章　有线电视和广播及呼应系统　/247

　12.1　有线电视　/247
　　　12.1.1　有线电视系统要求　/247
　　　12.1.2　有线电视系统接收天线　/249
　　　12.1.3　前端及传输等其他要求　/249
　12.2　卫星电视　/250
　　　12.2.1　基本要求　/250
　　　12.2.2　卫星电视接收天线　/253
　12.3　有线电视系统线路　/253
　　　12.3.1　有线电视系统线路敷设要求　/253
　　　12.3.2　有线电视系统供电要求　/253
　　　12.3.3　有线电视系统防雷与接地要求　/254
　12.4　广播和会议系统　/254
　　　12.4.1　广播系统　/254
　　　12.4.2　会议系统　/257
　　　12.4.3　广播和会议系统设备要求　/257
　　　12.4.4　广播和会议系统其他要求　/258
　12.5　呼应信号及信息显示系统　/259
　　　12.5.1　呼应信号系统　/259

12.5.2 信息显示系统 /259
12.5.3 时钟系统 /259
12.5.4 呼应和信息系统其他要求 /260

第13章 综合布线系统工程 /262

13.1 综合布线系统设计 /262
    13.1.1 一般规定 /262
    13.1.2 综合布线系统分级与组成 /264
    13.1.3 综合布线线缆长度要求 /266
13.2 系统应用 /267
    13.2.1 系统应用基本要求 /267
    13.2.2 开放型办公室布线系统 /268
    13.2.3 工业环境布线系统 /269
13.3 光纤到用户单元通信设施 /271
13.4 综合布线系统安装要求 /272
    13.4.1 安装施工工艺要求 /272
    13.4.2 安全防护施工要求 /273

第14章 计算机和通信网络系统 /275

14.1 计算机网络系统 /275
14.2 通信网络系统 /277
    14.2.1 用户电话交换机系统 /277
    14.2.2 调度交换机系统 /278
    14.2.3 会议电视系统 /278
    14.2.4 无线通信系统 /279
    14.2.5 多媒体教育系统 /279
    14.2.6 VSAT 卫星通信系统 /280
    14.2.7 通信网络配线 /280
14.3 电子信息设备机房 /282
    14.3.1 设备机房基本要求 /282
    14.3.2 设备机房供电及防护等要求 /285

第15章 常见设备电气配电基本要求 /286

15.1 电动机配电要求 /286
15.2 电梯和自动扶梯及自动人行道配电要求 /287
15.3 自动门和电动卷帘门配电要求 /287
15.4 传动运输系统配电要求 /288
15.5 舞台用电设备配电要求 /288
15.6 体育馆（场）设备配电要求 /290

15.7 医用设备配电要求 /290

第16章 常见民用建筑电气专业要求 /291

16.1 办公建筑电气设计要求 /291
16.2 宿舍建筑电气设计要求 /292
16.3 档案馆建筑电气设计要求 /293
16.4 老年人居住建筑电气设计要求 /293
16.5 住宅建筑电气设计要求 /293
16.6 剧场建筑电气设计要求 /295
16.7 饮食建筑电气设计要求 /295
16.8 中小学校建筑电气设计要求 /295
16.9 综合医院建筑电气设计要求 /296
16.10 文化馆建筑电气设计要求 /299
16.11 托儿所和幼儿园建筑电气设计要求 /299
16.12 图书馆建筑电气设计要求 /299
16.13 商店建筑电气设计要求 /300
16.14 旅馆建筑电气设计要求 /300
16.15 博物馆建筑电气设计要求 /301
16.16 电影院建筑电气设计要求 /301
16.17 展览建筑电气设计要求 /302
16.18 物流建筑电气设计要求 /302
16.19 车库建筑电气设计要求 /303

参考文献 /304

第1章 建筑电气专业常见工程数据

1.1 常用符号及代号

1.1.1 常见数学符号（表1.1）

表1.1 常见数学符号

符号	含 义	范 例
~	数字范围（自…至…）	50~100 表示"自50至100"的数字范围
±	正负号	±0.000 一般表示首层室内完成地面相对标高
℃	摄氏温度大小	100℃表示温度为100摄氏度
#	号	8#楼表示第8号楼
@	每个、每样相等中距	@1200mm，表示间距为1200mm
%	百分比	15%=0.15
⌒	弧度长度	表示某一段弧长
°	度	45°表示角度为45度
∠	角度大小	∠60，表示角度为60度
i	坡度	$i=2\%$，表示坡度为2%
$\|a\|$	a 的绝对值	$\|-58.9\|=58.9$
!	阶乘	$6!=6\times5\times4\times3\times2\times1=720$
:	比	$1:8=1/8=0.125$
max	取最大值	max(6,88,9.6)=88
min	取最小值	min(6,88,9.6)=6
ha	公顷	表示面积大小，1ha 即 1hm² 等于 10000m²
lg	常用对数（以10为底的对数）	lg10=1
ln	自然对数（以e为底的对数）	lne=1
sin	正弦	sin90°=1
cos	余弦	cos90°=0
tan(tg)	正切	tan45°=1
cot(ctg)	余切	cot45°=1

1.1.2 其他常见符号（表1.2）

表1.2 其他常见符号

符号	含义	符号	含义	符号	含义
a.m.	上午	cc	毫升	™	trade mark sign（商标）
p.m.	下午	in	英寸(inch)的简写形式，例如8″表示8英寸	©	版权所有
&	和	kg	千克	®	注册商标
No	第几号	▽ 3.600	标高，表示该位置的相对标高为3.600m	≤，≥	小于或等于，大于或等于
φ	直径	¥	人民币	∥	平行于
∵	因为	$	美元	♀	女性
∴	所以	£	英镑	♂	男性
≡	全等于	∟	直角	·	分隔号
⊥	垂直于	≌	全等于	∞	无穷大
≮，≯	不小于、不大于	∝	成正比	const	常数
≠	不等于	∽	相似于	✥ 6.000	标高，表示该位置的相对标高为6.000m
ρ	密度	≈	约等于	Σ	求和
km	千米、公里	≪	远大于	Y	日元
m²	平方米	≫	远小于	€	欧元

1.1.3 罗马数字与常见数字词头（表1.3）

表1.3 罗马数字与常见数字词头

罗马数字	含义	数字词头	含义	罗马数字	含义	数字词头	含义	罗马数字	含义	数字词头	含义
Ⅰ	1	十	10	Ⅴ	5	兆	10^6	Ⅸ	9	G	10^9
Ⅱ	2	百	100	Ⅵ	6	亿	10^8	Ⅹ	10	T	10^{12}
Ⅲ	3	千	1000	Ⅶ	7	k	10^3	L	50	E	10^{18}
Ⅳ	4	万	10^4	Ⅷ	8	M	10^6	C	100	Y	10^{24}

1.1.4 常见门窗符号（表1.4）

表1.4 常见门窗符号

符号	含义	范例
M	木门	M9表示编号为9号的木门
FM	防火门（其中：甲FM表示甲级防火门，乙级、丙级表示方法类似）	甲FM1221，表示甲级防火门，门洞洞口宽1200mm，高2100mm
C	窗户	C12表示编号为12号的窗户
GSFM	钢结构双扇防护密闭人防门	GSFM4025（6）表示钢结构双扇防护密闭人防门，宽4000mm，高2500mm，防护等级为6级
GHSFM	钢结构活门槛双扇防护密闭人防门	GHSFM4025（6）表示钢结构活门槛双扇防护密闭人防门，宽4000mm，高2500mm，防护等级为6级

续表

符号	含 义	范 例
GSFMG	防护单元连通口防护密闭人防门（钢结构双扇）	GSFMG3025(6)表示 6 级防护单元连通口防护密闭门，宽 3000mm，高 2500mm
JSFM	降落式双扇防护密闭门	JSFM4525(5)表示为 5 级降落式双扇防护密闭门，宽 4500mm，高 2500mm
HK	悬摆式防爆波活门	HK1000 表示 5 级悬摆式防爆波活门，风管当量直径 1000mm
FMDB	防护密闭封堵板	FMDB4025(6)表示 6 级防护密闭封堵板，封堵孔尺寸为高 4000mm，宽 2500mm
FJ	防火卷帘	特 FJ4027 表示特级防火卷帘，宽高分别为 4000mm、2700mm

1.1.5 材料强度符号（表1.5）

表 1.5 材料强度符号

符号	含 义	范 例
Φ	Ⅰ级钢筋强度等级	Φ18 表示直径为 18mm 的Ⅰ级钢筋
⊕	Ⅱ级钢筋强度等级	⊕25 表示直径为 25mm 的Ⅱ级钢筋
⊕	Ⅲ级钢筋强度等级	⊕36 表示直径为 36mm 的Ⅲ级钢筋
C	混凝土强度等级	C20 混凝土表示轴心抗压强度设计值为 10N/mm² 的混凝土。
M	砂浆强度等级	M7.5 表示根据龄期为 28 天的标准立方块所测得的抗压强度所确定的砂浆强度（N/mm²）
MU	砖、石材、砌块等材料强度等级	石材 MU20 的强度等级是表示边长为 70mm 的立方体试块的抗压强度
TC/TB	木材强度等级	云杉的强度设计值为 TC15
CL	轻集料混凝土强度等级	CL7.5 轻集料混凝土强度等级为 CL7.5
S	防水混凝土的抗渗等级	S8 表示防水混凝土的抗渗等级为 S8

1.1.6 规格型号符号（表1.6）

表 1.6 规格型号符号

符号	含 义	范 例
L(∟)	不等边角钢（等边角钢）	∟125×80×12 为不等边角钢，长边长 125mm；∟125×12 为等边角钢
⌈	槽钢	⌈20 型号的热轧轻型槽钢的高度为 200mm
I	工字钢	I30 型号的热轧轻型工字钢的高度为 300mm
—	扁钢	—100×100×8 表示两个方向边宽均为 100mm 厚 8mm 的扁钢板
□	方钢	□100×100 表示表示两个方向边宽均为 100mm 的方钢
HK	热轧宽翼缘 H 型钢	HK200b 热轧宽翼缘 H 型钢的高度为 200mm
HZ	热轧窄翼缘 H 型钢	HZ200 热轧窄翼缘 H 型钢的高度为 200mm

1.1.7 常见化学元素符号（表1.7）

表1.7 常见化学元素符号

符号	含义	符号	含义	符号	含义
H	氢	K	钾	Au	金
N	氮	Cr	铬	Hg	汞
O	氧	Ca	钙	Tl	铊
C	碳	Fe	铁	Pb	铅
Mg	镁	Ni	镍	Rn	氡
Al	铝	Cu	铜	Ra	镭
Si	硅	Zn	锌	U	铀
P	磷	Ag	银	Pu	钚
S	硫	Sn	锡		
Ar	氩	I	碘		

1.1.8 常见聚合物材料符号（表1.8）

表1.8 常见聚合物材料符号

符号	含义	符号	含义	符号	含义
CA	乙酸纤维素	MPF	三聚氰胺-酚醛树脂	PPO	聚苯醚
CF	甲酚甲醛树脂	PA	尼龙（聚酰胺）	PUR	聚氨酯
EP	环氧树脂	PAA	聚丙烯酸	PVC	聚氯乙烯
FRP	玻璃纤维增强塑料	PCTFE	聚三氟氯乙烯	RP	增强塑料
HDPE	高密度聚乙烯	PE	聚乙烯	UF	脲甲醛树脂
LDPE	低密度聚乙烯	CPE	氯化聚乙烯		
MF	三聚氰胺-甲醛树脂	PP	聚丙烯		

1.1.9 常见国家和地区货币符号（表1.9）

表1.9 常见国家和地区货币符号

国家和地区名称	货币标准符号	国家和地区名称	货币标准符号
中国内地	人民币元（CNY）	欧洲联盟货币	欧元（EUR）
中国台湾	新台币（TWD）	俄罗斯	卢布（SUR）
中国香港	港元（HKD）	英国	英镑（GBP）
中国澳门	澳门元（MOP）	加拿大	加元（CAD）
朝鲜	圆（KPW）	美国	美元（USD）
越南	越南盾（VND）	墨西哥	墨西哥比索（MXP）
日本	日元（JPY）	古巴	古巴比索（CUP）
菲律宾	菲律宾比索（PHP）	秘鲁	新索尔（PES）
马来西亚	马元（MYR）	巴西	新克鲁赛罗（BRC）
新加坡	新加坡元（SGD）	阿根廷	阿根廷比索（ARP）
印度尼西亚	盾（IDR）	埃及	埃及镑（EGP）
巴基斯坦	巴基斯坦卢比（PRK）	南非	兰特（ZAR）
印度	卢比（INR）	新西兰	新西兰元（NZD）
澳大利亚	澳大利亚元（AUD）	伊拉克	伊拉克第纳尔（IQD）

1.2 常用单位换算

1.2.1 法定计量单位（表1.10）

表1.10 常用法定计量单位

国际单位制单位		非国际单位制单位	
名称	单位名称(符号)	名称	单位名称(符号)
长度	米(m)	长度	海里(n mile)
质量(重量)	千克(kg)	质量(重量)	吨(t)
时间	秒(s)	时间	天/日(d)、小时(h)、分(min)
电流	安培(A)	平面角	度(°)、分(′)、秒(″)
热力学温度	开尔文(K)	旋转速度	转每分(r/min)
物质的量	摩尔(mol)	体积	升(L、l)
发光强度	坎德拉(cd)	速度	节(kn)
平面角	弧度(rad)	级差	分贝(dB)
立体角	球面度(sr)	线密度	特克斯(tex)

1.2.2 长度单位换算（表1.11）

表1.11 长度单位换算

名称	符号	与米(m)的换算关系	名称	符号	与米(m)的换算关系
光年		1光年=9460730472580800m	市寸(寸)		1寸=0.0333m
公里	km	1km=1000m	英里	mile	1mile=1609.344m
分米	dm	1dm=0.1m	码	yd	1yd=0.9144m
厘米	cm	1cm=0.01m	英尺	ft	1ft=0.3048m
毫米	mm	1mm=0.001m	英寸	in	1in=0.0254m
微米	μm	1μm=0.000001m	海里	n mile	1n mile=1852m
市里(里)		1里=500m	英寻	fm	1fm=1.8288m
市丈(丈)		1丈=3.3333m	俄尺		1俄尺=0.3048m
市尺(尺)		1尺=0.3333m	日尺		1日尺=0.3030m

注：空格表示无此项内容，下同。

1.2.3 面积单位换算（表1.12）

表1.12 面积单位换算

名称	符号	与平方米(m^2)的换算关系	名称	符号	与平方米(m^2)的换算关系
平方公里	km^2	$1km^2=1000000m^2$	平方丈(丈)		1平方丈=$11.1111m^2$
公顷(平方百米)	ha(hm^2)	$1ha=10000m^2$	平方尺(尺)		1平方尺=$0.1111m^2$
公亩(平方十米)	a(dam^2)	$1a=100m^2$	平方英里	$mile^2$	$1mile^2=0.2590\times10^7m^2$
平方分米	dm^2	$1dm^2=0.01m^2$	英亩		1英亩=$4046.8564m^2$

续表

名称	符号	与平方米(m²)的换算关系	名称	符号	与平方米(m²)的换算关系
平方厘米	cm²	1cm²=0.0001m²	美亩		1美亩=4046.8767m²
平方毫米	mm²	1mm²=0.000001m²	平方码	yd²	1yd²=0.8361m²
平方微米	μm²	$1\mu m^2=1\times 10^{-12}m^2$	平方英尺	ft²	1ft²=0.0929m²
市顷(百亩)		1市顷=66666.6667m²	平方俄尺		1平方俄尺=0.0929m²
市亩(亩)		1亩=666.6667m²	平方日尺		1平方日尺=0.0918m²

1.2.4 体积单位换算（表1.13）

表1.13 体积单位换算

名称	符号	与立方米(m³)的换算关系	名称	符号	与立方米(m³)的换算关系
立方千米	km³	$1km^3=1\times 10^9 m^3$	立方市尺(立方尺)		1立方尺=0.0370m³
立方分米(升)	dm³ (L)	1dm³=1L 1dm³=0.001m³ (1L=0.001m³)	立方市寸(立方寸)		$1立方寸=0.3704\times 10^{-4}m^3$
立方厘米(毫升)	cm³ (mL)	1cm³=1mL 1cm³=0.000001m³ (1mL=0.000001m³)	立方码	yd³	1yd³=0.7646m³
			立方英尺	ft³	1ft³=0.0283m³
			立方英寸	in³	$1in^3=1.6387\times 10^{-5}m^3$
立方毫米(微升)	mm³ (μL)	1mm³=1μL $1mm^3=1\times 10^{-9}m^3$ $(1\mu L=1\times 10^{-9}m^3)$	加仑(英)	gal	1gal=0.0045m³
			加仑(美)	gal	1gal=0.0038m³
立方微米	μm³	$1\mu m^3=1\times 10^{-18}m^3$	蒲式耳	bu	1bu=0.0363m³
市石(石)		1石=0.1m³	立方俄尺		1立方俄尺=0.0283m³
市斗(斗)		1斗=0.01m³	立方日尺		1立方日尺=0.0278m³

1.2.5 质量单位换算（表1.14）

表1.14 质量单位换算

名称	符号	与公斤(kg)的换算关系	名称	符号	与公斤(kg)的换算关系
吨	t	1t=1000kg	市两(两)		1两=0.05kg
公斤(千克)	kg	1kg=1kg	磅	lb	1lb=0.4536kg
克	g	1g=0.001kg	盎司	floz	1floz=0.0283kg
市担(担)		1担=50kg	俄磅		1俄磅=0.4095kg
市斤(斤)		1斤=0.5kg	日斤		1日斤=0.6000kg

1.2.6 力学单位换算（表1.15）

表1.15 力学单位换算

名称	符号	与牛顿(N)的换算关系	名称	符号	与牛顿(N)的换算关系
公斤力	kgf	1kgf=9.8066N	标准大气压	atm	$1atm=10.1325\times 10^4 Pa$
磅力	lbf	1lbf=4.4483N	毫米汞柱	mmHg	1mmHg=133.2719Pa
达因	dyn	$1dyn=10^{-5}N$	英寸汞柱	inHg	1inHg=3385.1057Pa
帕斯卡(牛顿/平方米)	Pa(N/m²)	1Pa=1,N/m²	巴	bar	1bar=100000Pa
			毫米水柱	mmH₂O	1mmH₂O=9.8066Pa
工程大气压(千克力/平方厘米)	at(kgf/cm²)	$1at=9.8066\times 10^4 Pa$	英寸水柱	inH₂O	1inH₂O=249.0880Pa

1.2.7　功和功率单位换算（表1.16）

表1.16　功和功率单位换算

名称	符号	与瓦特(W)/焦耳(J)的换算关系	名称	符号	与瓦特(W)/焦耳(J)的换算关系
瓦特（焦耳/秒）	W	1W=1W	千克力·米	kgf·m	1kgf·m=9.8066J
千瓦特	kW	1kW=1000W	千瓦·时	kW·h	1kW·h=3.6×10^{6}J
电工马力		1电工马力=746W	卡	cal	1cal=4.1868J
锅炉马力		1锅炉马力=9809.5W	马力·时（米制）	Ps·h	1Ps·h=2.6478×10^{6}J
马力（米制）	Ps	1Ps=735.4996W			
马力（英制）	hP	1hP=745.7W	马力·时（英制）	hP·h	1hP·h=2684520J
焦耳（牛顿·米）	J(N·m)	1J=1J	尔格（达因·厘米）	erg(dyn·cm)	1erg=10^{-7}J

1.2.8　速度单位换算（表1.17）

表1.17　速度单位换算

名称	符号	与m/s的换算关系	名称	符号	与m/s的换算关系
米/秒	m/s	1m/s=1m/s	码/秒	yd/s	1yd/s=0.9144m/s
公里/小时	km/h	1km/h=0.2778m/s	英里/小时	mile/h	1mile/h=0.4770m/s
英尺/秒	ft/s	1ft/s=0.3048m/s	节（海里/小时）	kn(n mile/h)	1kn=0.5144m/s

1.2.9　度和弧度单位换算（表1.18）

表1.18　度和弧度单位换算

名称	符号	换算关系	名称	符号	换算关系
（角）度	°	1°=0.01745329弧度	（角）秒	″	1″=0.00000485弧度
（角）分	′	1′=0.00029089弧度	弧度	rad	1rad=180°/π 1rad=57.29578°=57°17′45″

1.2.10　时间换算（表1.19）

表1.19　时间换算关系

名称	符号	与天/秒的换算关系	名称	符号	与天/秒的换算关系
年		1年=365天	天	d	1天=24小时=1440分=86400秒
月		1月=30天（按月平均计算为30天）	（小）时	h	1小时=60分=3600秒
			刻		1刻钟=15分=900秒
旬		1旬=10天	分	min	1分=60秒
星期（礼拜）		1星期=7天	秒	s	1秒=1秒

1.2.11 坡度与角度单位换算（表1.20）

表1.20 坡度与角度单位换算

坡度百分比	对应坡度比值	对应的坡度角	坡度比值	对应坡度百分比	对应的坡度角
1%	1:100	0°34′	1:1	100%	45°
2%	1:50.00	1°09′	1:2	50%	26.57°
3%	1:33.33	1°43′	1:3	33.33%	18.43°
4%	1:25.00	2°17′	1:4	25%	14.04°
5%	1:20.00	2°52′	1:5	20%	11.31°
6%	1:16.67	3°26′	1:6	16.67%	9.46°
7%	1:14.29	4°00′	1:7	14.29%	8.13°
8%	1:12.50	4°34′	1:8	12.5%	7.12°
9%	1:11.11	5°08′	1:9	11.11%	6.34°
10%	1:10.00	5°43′	1:10	10%	5.71°
11%	1:9.09	6°17′	1:12	8.33%	4.76°
12%	1:8.33	6°51′	1:15	6.67%	3.81°
13%	1:7.69	7°24′	1:20	5%	2.86°
14%	1:7.14	7°58′	1:25	4%	2.29°
15%	1:6.67	8°32′	1:50	2%	1.15°

1.2.12 温度单位换算（表1.21）

表1.21 温度单位换算

名称	符号	与摄氏温度的换算关系	名称	符号	与摄氏温度的换算关系
摄氏温度	℃	$t℃=t℃$	热力学温度	K(开尔文)	$tK=(t-273.15)℃$
华氏温度	°F	$t°F=5/9×(t-32)℃$	兰氏温度	°R	$t°R=5/9×t-273.15$

1.2.13 其他单位换算关系（表1.22）

表1.22 其他单位换算关系

国内工程习惯称呼	英寸(in)		毫米(mm)	国内工程习惯称呼	英寸(in)		毫米(mm)
	分数	小数			分数	小数	
半分	1/16	0.0625	1.5875	三分	3/8	0.3750	9.5250
一分	1/8	0.1250	3.1750	三分半	7/16	0.4375	11.1125
一分半	3/16	0.1875	4.7625	四分	1/2	0.5000	12.7000
二分	1/4	0.2500	6.3500	四分半	9/16	0.5625	14.2875
二分半	5/16	0.3125	7.9375	五分	5/8	0.6250	15.8750

1.2.14 香港（澳门）特别行政区常见单位换算（表1.23）

表1.23 香港（澳门）特别行政区常见单位换算

长度	1哩＝1.61千米	容积	1英制液安士＝28.41毫升
	1码＝0.914米		1英制加仑＝4.55升
	1呎＝30.48厘米		1美制液安士＝29.57毫升
	1吋＝25.4毫米		1美制加仑＝3.79升
面积	1平方吋＝6.45平方厘米	质量	1安士＝28.35克
	1平方呎＝929平方厘米		1磅＝454克
	1平方哩＝2.59平方千米		1两＝37.81克
体积	1立方吋＝16.38立方厘米		1斤＝0.605千克
	1立方呎＝0.0283立方米		

1.3 常用数值

1.3.1 一般常数（表1.24）

表1.24 一般常数

名称	数值	名称	数值
圆周率 π	3.14159265	$\sin 90°(\sin \pi/2)$	1
e	2.71828183	$\cos 90°(\cos \pi/2)$	0
重力加速度 g	9.80665m/s^2	$\tan 90°(\tan \pi/2)$	∞
地球赤道处半径	6378.140km	$\cot 90°(\cot \pi/2)$	0
地球质量	5.974×10^{24}kg	$\sin 60°(\sin \pi/3)$	$\sqrt{3}/2$
太阳半径	696265km	$\cos 60°(\cos \pi/3)$	1/2
脱离地球的逃逸速度	11.20km/s	$\tan 60°(\tan \pi/3)$	$\sqrt{3}$
音速	340.29m/s	$\cot 60°(\cot \pi/3)$	$\sqrt{3}/3$
万有引力恒量 G	6.6720×10^{-11}N·m^2/kg^2	$\sin 45°(\sin \pi/4)$	$\sqrt{2}/2$
真空中的光速	299792458m/s	$\cos 45°(\cos \pi/4)$	$\sqrt{2}/2$
光年	1光年＝9460730472580800m	$\tan 45°(\tan \pi/4)$	1
1大气压力	1.033kgf/cm^2	$\cot 45°(\cot \pi/4)$	1
安全电压	≤36伏	$\sin 30°(\sin \pi/6)$	1/2
钢材质量密度	7850kg/m^3	$\cos 30°(\cos \pi/6)$	$\sqrt{3}/2$
ln10	2.30258509	$\tan 30°(\tan \pi/6)$	$\sqrt{3}/3$
lge	0.434294448	$\cot 30°(\cot \pi/6)$	$\sqrt{3}$
1弧度	57°17′45″	$\sin 0°/\sin \pi$	0
$\sqrt{2}$	1.41421356	$\cos 0°/\cos \pi$	1/−1
$\sqrt{3}$	1.73205081	$\tan 0°/\tan \pi$	0
$\sqrt{5}$	2.23606798	$\cot 0°/\cot \pi$	∞

1.3.2 酸碱性（pH值）判定参数表（表1.25）

表1.25 酸碱性（pH值）判定参数表

pH值	溶液酸碱性	pH值	溶液酸碱性
0	强酸性	7	中性
1	强酸性	8	弱碱性
2	强酸性	9	弱碱性
3	强酸性	10	弱碱性
4	弱酸性	11	强碱性
5	弱酸性	12	强碱性
6	弱酸性	13	强碱性
7	中性	14	强碱性

1.3.3 各种温度（绝对零度、水冰点和水沸点）数值（表1.26）

表1.26 各种温度数值

类别	绝对零度	水冰点温度	水沸点温度	类别	绝对零度	水冰点温度	水沸点温度
摄氏温度	−273.15℃	0℃	100℃	热力学温度	0.00K(开尔文)	273.15K	373.15K
华氏温度	−459.67°F	32°F	212°F	兰氏温度	0.00°R	491.67°R	671.67°R

1.4 常见图形面积及体积计算公式

1.4.1 平面图形面积计算（表1.27）

表1.27 平面图形面积计算

名称	图形	面积计算公式
正方形	（边长 a 的正方形）	$S = a \times a$ S——面积，下同 a——边长
长方形	（长 b、宽 a 的长方形）	$S = a \times b$ a——边长 b——另一边长
三角形	（底 a、高 h 的三角形）	$S = \dfrac{1}{2}(a \times h)$ a——底边边长 h——高
平行四边形	（底 a、高 h 的平行四边形）	$S = a \times h$ a——底边边长 h——高
梯形	（上底 a、下底 b、高 h 的梯形）	$S = \dfrac{a+b}{2} \times h$ a, b——上、下边边长 h——高

续表

名称	图形	面积计算公式
圆形		$S = \pi \times R^2$ R——半径
椭圆形		$S = \dfrac{1}{4} \pi a b$ a, b——椭圆形长短轴的长度
扇形		$S = \dfrac{1}{2} \times r \times c$ $ = \dfrac{1}{2} \times r \times \dfrac{\alpha \times \pi \times r}{180}$ α——弧 c 对应的弧心角度 c——弧长 r——半径
拱形		$S = \dfrac{1}{2} \times [r \times (c-b) + b \times h]$ $ = \dfrac{1}{2} \times r^2 \times \left(\dfrac{\alpha \times \pi}{180} - \sin\alpha\right)$ α——弧 c 对应的弧心角度 c——弧长 r——半径 b——弦长 h——拱高
部分圆环		$S = \dfrac{1}{2} \times \dfrac{\alpha \times \pi}{180}(R^2 - r^2)$ α——圆环对应的弧心角度 R——圆环外半径 r——圆环内半径
抛物线形		$S = \dfrac{2}{3} a \times h$ a——抛物线底边长度 h——抛物线高度
等边多边形		$S = k_n \times a^2$ a——等边多边形边长 n——等边多边形的边数 k_n——等边多边形面积系数,其中, $k_3 = 0.433; k_4 = 1;$ $k_5 = 1.72; k_6 = 2.598;$ $k_7 = 3.614; k_8 = 4.828;$ $k_9 = 6.182; k_{10} = 7.694; \cdots$

1.4.2 立体图形体积计算（表1.28）

表1.28 立体图形体积计算

名称	图形	面积计算公式
立方体		$V = a \times a \times a$ V——体积 a——边长
长方体		$V = a \times b \times h$ a——边长 b——另一边长 h——高
三棱柱		$V = \dfrac{1}{2}(a \times h) \times H$ a——棱柱底面三角形边长 h——棱柱底面三角形高 H——棱高
圆锥体		$V = \dfrac{1}{3} \times \pi \times R^2 \times h$ R——底面圆形半径 h——高
球体		$V = \dfrac{4}{3} \times \pi \times R^3$ R——球体半径
圆柱体		$V = \pi \times R^2 \times h$ R——底面圆形半径 h——高
椭圆体		$V = \dfrac{1}{4}\pi \times a \times b \times h$ a, b——椭圆形长短轴的长度 h——椭圆体高度
圆台		$V = \dfrac{\pi h}{3}(R^2 + Rr + r^2)$ R, r——圆台的上、下面圆形半径 h——圆台高度

1.5 常用气象和地质参数

1.5.1 常见气象灾害预警信号含义

(1) 台风预警信号　台风预警信号分四级，分别以蓝色、黄色、橙色和红色表示。

① 台风蓝色预警信号：24h 内可能或者已经受热带气旋影响，沿海或者陆地平均风力达 6 级以上，或者阵风 8 级以上并可能持续。

② 台风黄色预警信号：24h 内可能或者已经受热带气旋影响，沿海或者陆地平均风力达 8 级以上，或者阵风 10 级以上并可能持续。

③ 台风橙色预警信号：12h 内可能或者已经受热带气旋影响，沿海或者陆地平均风力达 10 级以上，或者阵风 12 级以上并可能持续。

④ 台风红色预警信号：6h 内可能或者已经受热带气旋影响，沿海或者陆地平均风力达 12 级以上，或者阵风达 14 级以上并可能持续。

(2) 暴雨预警信号　暴雨预警信号分四级，分别以蓝色、黄色、橙色、红色表示。

① 暴雨蓝色预警信号：12h 内降雨量将达 50mm 以上，或者已达 50mm 以上且降雨可能持续。

② 暴雨黄色预警信号：6h 内降雨量将达 50mm 以上，或者已达 50mm 以上且降雨可能持续。

③ 暴雨橙色预警信号：3h 内降雨量将达 50mm 以上，或者已达 50mm 以上且降雨可能持续。

④ 暴雨红色预警信号：3h 内降雨量将达 100mm 以上，或者已达 100mm 以上且降雨可能持续。

(3) 暴雪预警信号　暴雪预警信号分四级，分别以蓝色、黄色、橙色、红色表示。

① 暴雪蓝色预警信号：12h 内降雪量将达 4mm 以上，或者已达 4mm 以上且降雪持续，可能对交通或者农牧业有影响。

② 暴雪黄色预警信号：12h 内降雪量将达 6mm 以上，或者已达 6mm 以上且降雪持续，可能对交通或者农牧业有影响。

③ 暴雪橙色预警信号：6h 内降雪量将达 10mm 以上，或者已达 10mm 以上且降雪持续，可能或者已经对交通或者农牧业有较大影响。

④ 暴雪红色预警信号：6h 内降雪量将达 15mm 以上，或者已达 15mm 以上且降雪持续，可能或者已经对交通或者农牧业有较大影响。

(4) 大风预警信号　大风（除台风外）预警信号分四级，分别以蓝色、黄色、橙色、红色表示。

① 大风蓝色预警信号：24h 内可能受大风影响，平均风力可达 6 级以上，或者阵风 7 级以上；或者已经受大风影响，平均风力为 6～7 级，或者阵风 7～8 级并可能持续。

② 大风黄色预警信号：12h 内可能受大风影响，平均风力可达 8 级以上，或者阵风 9 级以上；或者已经受大风影响，平均风力为 8～9 级，或者阵风 9～10 级并可能持续。

③ 大风橙色预警信号：6h 内可能受大风影响，平均风力可达 10 级以上，或者阵风 11 级以上；或者已经受大风影响，平均风力为 10～11 级，或者阵风 11～12 级并可能持续。

④ 大风红色预警信号：6h 内可能受大风影响，平均风力可达 12 级以上，或者阵风 13 级以上；或者已经受大风影响，平均风力为 12 级以上，或者阵风 13 级以上并可能持续。

(5) 高温预警信号　高温预警信号分三级，分别以黄色、橙色、红色表示。

① 高温黄色预警信号：连续三天日最高气温将在 35℃ 以上。

② 高温橙色预警信号：24h内最高气温将升至37℃以上。

③ 高温红色预警信号：24h内最高气温将升至40℃以上。

(6) 沙尘暴预警信号 沙尘暴预警信号分三级，分别以黄色、橙色、红色表示。

① 沙尘暴黄色预警信号：12h内可能出现沙尘暴天气（能见度小于1000m），或者已经出现沙尘暴天气并可能持续。

② 沙尘暴橙色预警信号：6h内可能出现强沙尘暴天气（能见度小于500m），或者已经出现强沙尘暴天气并可能持续。

③ 沙尘暴红色预警信号：6h内可能出现特强沙尘暴天气（能见度小于50m），或者已经出现特强沙尘暴天气并可能持续。

1.5.2　风力等级（表1.29）

表1.29　风力等级

风力等级	现象描述	风速/(m/s)	风力等级	现象描述	风速/(m/s)	风力等级	现象描述	风速/(m/s)
0	无风	0～0.2	5	清风	8.0～10.7	10	狂风	24.5～28.4
1	软风	0.3～1.5	6	强风	10.8～13.8	11	暴风	28.5～32.6
2	轻风	1.6～3.3	7	疾风	13.9～17.1	12	飓风	≥32.6
3	微风	3.4～5.4	8	大风	17.2～20.7			
4	和风	5.5～7.9	9	烈风	20.8～24.4			

1.5.3　降雨等级（表1.30，图1.1）

表1.30　降雨等级

降雨等级	现象描述	降雨量范围/mm	
		半天内总量	一天内总量
小雨	雨能使地面潮湿,但不泥泞	0.2～5.0	1～10
中雨	雨降到屋顶上有渐渐声,凹地积水	5.1～15	10～25
大雨	降雨如倾盆,落地四溅,平地积水	15.1～30	25～50
暴雨	降雨比大雨还猛,能造成山洪暴发	30.1～70	50～100
大暴雨	降雨比暴雨还大,或时间长,造成洪涝灾害	70.1～140	100～200
特大暴雨	降雨比大暴雨还大,能造成洪涝灾害	＞140	＞200

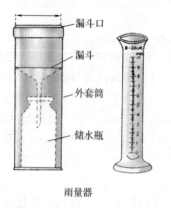
雨量器

图1.1　雨量观测示意

1.5.4 寒凉冷热气候标准（表1.31）

表1.31 寒凉冷热气候标准

寒凉冷热程度	温度/℃	寒凉冷热程度	温度/℃
极寒	−40	微温凉	12~13.9
奇寒	−39.9~−35	温和	14~15.9
酷寒	−34.9~−30	微温和	16~17.9
严寒	−29.9~−20	温暖	18~19.9
深寒	−19.9~−15	暖	20~21.9
大寒	−14.9~−10	热	22~24.9
小寒	−9.9~−5	炎热	25~27.9
轻寒	−4.9~0	暑热	28~29.9
微寒	0~4.9	酷热	30~34.9
凉	5~9.9	奇热	35~39.9
温凉	10~11.9	极热	≥40

1.5.5 地震震级和烈度（表1.32、表1.33）

地震震级表示地震本身强度大小的等级，地震等级目前分8级；地震烈度则是受震区地面及房屋建筑遭受地震破坏的程度，我国地震烈度目前分12度。二者在一般震源深度（深约15~20km）情况下的关系见表1.32、表1.33。

表1.32 地震震级与地震烈度关系

地震等级	2	3	4	5	6	7	8	8以上
地震烈度	1~2	3	4~5	6~7	7~8	9~10	11	12

表1.33 中国地震烈度表

烈度	在地面上人的感觉	房屋震害程度		其他震害现象	水平向地面运动	
		震害现象	平均震害指数		峰值加速度/(m/s²)	峰值速度/(m/s)
I	无感	—	—		—	—
II	室内个别静止中人有感觉	—	—		—	—
III	室内少数静止中人有感觉	门、窗轻微作响	—	悬挂物微动	—	—
IV	室内多数人、室外少数人有感觉，少数人梦中惊醒	门、窗作响	—	悬挂物明显摆动，器皿作响	—	—

续表

烈度	在地面上人的感觉	房屋震害程度		其他震害现象	水平向地面运动	
		震害现象	平均震害指数		峰值加速度/(m/s²)	峰值速度/(m/s)
V	室内普遍、室外多数人有感觉,多数人梦中惊醒	门窗、屋顶、屋架颤动作响,灰土掉落,抹灰出现微细裂缝,有檐瓦掉落,个别屋顶烟囱掉砖	—	不稳定器物摇动或翻倒	0.31 (0.22~0.44)	0.03 (0.02~0.04)
VI	多数人站立不稳,少数人惊逃户外	损坏——墙体出现裂缝,檐瓦掉落,少数屋顶烟囱裂缝、掉落	0~0.10	河岸和松软土出现裂缝,饱和砂层出现喷砂冒水;有的独立砖烟囱轻度裂缝	0.63 (0.45~0.89)	0.06 (0.05~0.09)
VII	大多数人惊逃户外,骑自行车的人有感觉,行驶中的汽车驾乘人员有感觉	轻度破坏——局部破坏,开裂,小修或不需要修理可继续使用	0.11~0.30	河岸出现坍方;饱和砂层常见喷砂冒水,松软土地上地裂缝较多;大多数独立砖烟囱中等破坏	1.25 (0.90~1.77)	0.13 (0.10~0.18)
VIII	多数人摇晃颠簸,行走困难	中等破坏——结构破坏,需要修复才能使用	0.31~0.50	干硬土上出现许多裂缝;大多数独立砖烟囱严重破坏;树梢折断;房屋破坏导致人畜伤亡	2.50 (1.78~3.53)	0.25 (0.19~0.35)
IX	行动的人摔倒	严重破坏——结构严重破坏,局部倒塌,修复困难	0.51~0.70	干硬土上出现地方有裂缝;基岩可能出现裂缝、错动;滑坡塌方常见;独立砖烟囱倒塌	5.00 (3.54~7.07)	0.50 (0.36~0.71)
X	骑自行车的人会摔倒,处不稳状态的人会摔离原地,有抛起感	大多数倒塌	0.71~0.90	山崩和地震断裂出现;基岩上拱桥破坏;大多数独立砖烟囱从根部破坏或倒毁	10.00 (7.08~14.14)	1.00 (0.72~1.41)
XI	—	普遍倒塌	0.91~1.00	地震断裂延续很长;大量山崩滑坡	—	—
XII	—	—	—	地面剧烈变化,山河改观	—	—

注:表中的数量词:"个别"为10%以下;"少数"为10%~50%;"多数"为50%~70%;"大多数"为70%~90%;"普遍"为90%以上。

1.6 中国建筑气候区规划图

中国建筑气候共划分7个大区(Ⅰ区~Ⅶ区),每个大区又划分为若干个小区,详见图1.2。不同分区气候对建筑基本要求如表1.34所列。

图1.2 中国建筑气候区规划图

(注：摘自国家规范GB 50352—2005《民用建筑设计通则》)

表1.34 不同分区气候对建筑基本要求

分区名称	热工分区名称	气候主要指标	建筑基本要求	分区名称	热工分区名称	气候主要指标	建筑基本要求
Ⅰ	ⅠA ⅠB ⅠC ⅠD	严寒地区	1月平均气温≤-10℃ 7月平均气温≤25℃ 7月平均相对湿度≥50%	1. 建筑物必须满足冬季保温、防寒、防冻等要求 2. ⅠA、ⅠB区应防止冻土、积雪对建筑物的危害 3. ⅠB、ⅠC、ⅠD区的西部，建筑物应防冰雹、防风沙	Ⅲ	ⅢA ⅢB ⅢC	夏热冬冷地区	1月平均气温0~10℃ 7月平均气温25~30℃	1. 建筑物必须满足夏季防热、遮阳、通风降温要求，冬季应兼顾防寒 2. 建筑物应防雨、防潮、防洪、防雷电 3. ⅢA区应防台风、暴雨袭击及盐雾侵蚀
Ⅱ	ⅡA ⅡB	寒冷地区	1月平均气温-10~0℃ 7月平均气温18~28℃	1. 建筑物应满足冬季保温、防寒、防冻等要求，夏季部分地区应兼顾防热 2. ⅡA区建筑物应防热、防潮、防暴风雨，沿海地带应防盐雾侵蚀	Ⅳ	ⅣA ⅣB	夏热冬暖地区	1月平均气温>10℃ 7月平均气温25~29℃	1. 建筑物必须满足夏季防热、遮阳、通风、防雨要求 2. 建筑物应防暴雨、防潮、防洪、防雷电 3. ⅣA区应防台风、暴雨袭击及盐雾侵蚀

分区名称	热工分区名称	气候主要指标	建筑基本要求	分区名称	热工分区名称	气候主要指标	建筑基本要求
V	ⅤA ⅤB	温和地区	7月平均气温18～25℃ 1月平均气温0～13℃	1. 建筑物应满足防雨和通风要求 2. ⅤA区建筑物应注意防寒，ⅤB区应特别注意防雷电	Ⅶ	ⅦA ⅦB ⅦC	严寒地区	7月平均气温≥18℃ 1月平均气温-5～-20℃ 7月平均相对湿度<50%	1. 热工应符合严寒和寒冷地区相关要求 2. 除ⅦD区外，应防冻土对建筑物地基及地下管道的危害 3. ⅦB区建筑物应特别注意积雪的危害 4. ⅦC区建筑物应特别注意防风沙，夏季兼顾防热 5. ⅦD区建筑物应注意夏季防热，吐鲁番盆地应特别注意隔热、降温
Ⅵ	ⅥA ⅥB	严寒地区	7月平均气温<18℃ 1月平均气温0～-22℃	1. 热工应符合严寒和寒冷地区相关要求 2. ⅥA、ⅥB应防冻土对建筑物地基及地下管道的影响，并应特别注意防风沙 3. ⅥC区的东部，建筑物应防雷电		ⅦD	寒冷地区		
	ⅥC	寒冷地区						

1.7 建筑物的防雷分类

根据《建筑物防雷设计规范 GB 50057—2010》规定，建筑物应根据其重要性、使用性质、发生雷电事故的可能性和后果，按防雷要求分为三类（表1.35）。

表1.35 建筑物的防雷分类

类型	建筑物重要性和使用性质
第一类防雷建筑物	凡制造、使用或贮存火炸药及其制品的危险建筑物，因电火花而引起爆炸、爆轰，会造成巨大破坏和人身伤亡者
	具有0区或20区爆炸危险场所的建筑物
	具有1区或21区爆炸危险场所的建筑物，因电火花而引起爆炸，会造成巨大破坏和人身伤亡者
第二类防雷建筑物	国家级重点文物保护的建筑物
	国家级的会堂、办公建筑物、大型展览和博览建筑物、大型火车站和飞机场、国宾馆、国家级档案馆、大型城市的重要给水泵房等特别重要的建筑物
	国家级计算中心、国际通信枢纽等对国民经济有重要意义的建筑物
	国家特级和甲级大型体育馆
	制造、使用或贮存火炸药及其制品的危险建筑物，且电火花不易引起爆炸或不致造成巨大破坏和人身伤亡者
	具有1区或21区爆炸危险场所的建筑物，且电火花不易引起爆炸或不致造成巨大破坏和人身伤亡者
	具有2区或22区爆炸危险场所的建筑物
	有爆炸危险的露天钢质封闭气罐
	预计雷击次数大于0.05次/a的部、省级办公建筑物和其他重要或人员密集的公共建筑物以及火灾危险场所
	预计雷击次数大于0.25次/a的住宅、办公楼等一般性民用建筑物或一般性工业建筑物

续表

类型	建筑物重要性和使用性质
第三类防雷建筑物	省级重点文物保护的建筑物及省级档案馆
	预计雷击次数大于或等于 0.01 次/a，且小于或等于 0.05 次/a 的部、省级办公建筑物和其他重要或人员密集的公共建筑物，以及火灾危险场所
	预计雷击次数大于或等于 0.05 次/a，且小于或等于 0.25 次/a 的住宅、办公楼等一般性民用建筑物或一般性工业建筑物
	在平均雷暴日大于 15d/a 的地区，高度在 15m 及以上的烟囱、水塔等孤立的高耸建筑物；在平均雷暴日小于或等于 15d/a 的地区，高度在 20m 及以上的烟囱、水塔等孤立的高耸建筑物

注：0～22 区按国家规范《可燃性粉尘环境用电气设备 第 3 部分：存在或可能存在可燃性粉尘的场所分类》GB 12476.3—2007/IEC 61241—10:2004 中的规定。

1.8 室外变配电站与民用建筑防火间距要求

民用建筑与甲乙类厂房、室外变配电站的防火间距不应小于表 1.36 的规定。重要公共建筑与甲、乙类厂房与的防火间距不应小于 50m；民用建筑与 10kV 及以下的预装式变电站的防火间距不应小于 3m。

表 1.36 民用建筑与甲乙类厂房、室外变配电站的防火间距（m）

名称			民用建筑				
			裙房，单、多层			高层	
			一、二级	三级	四级	一类	二类
甲类厂房	单、多层	一、二级	25			50	
乙类厂房	单、多层	一、二级	25			50	
		三级					
	高层	一、二级					
室外变、配电站	变压器总油量/t	≥5，≤10	15	20	25	20	
		>10，≤50	20	25	30	25	
		>50	25	30	35	30	

1.9 城镇燃气调压站与民用建筑防火间距要求

根据国家规范《城镇燃气设计规范 GB 50028》规定，民用建筑与城镇燃气调压站（含调压柜）最小水平净距应符合表 1.37 的规定。

表 1.37 民用建筑与城镇燃气调压站（含调压柜）最小水平净距　　　　单位：m

类别 设置形式	调压装置入口 燃气压力级制	建筑物 外墙面	重要公共建筑、一类 高层民用建物物	城镇道路	公共电力 变配电柜
地上单独建筑	高压(A)	18.0	30.0	5.0	6.0
	高压(B)	13.0	25.0	4.0	6.0
	次高压(A)	9.0	18.0	3.0	4.0
	次高压(B)	6.0	12.0	3.0	4.0
	中压(A)	6.0	12.0	2.0	4.0
	中压(B)	6.0	12.0	2.0	4.0
调压柜	次高压(A)	7.0	14.0	2.0	4.0
	次高压(B)	4.0	8.0	2.0	4.0
	中压(A)	4.0	8.0	1.0	4.0
	中压(B)	4.0	8.0	1.0	4.0
地下单独建筑	中压(A)	3.0	6.0	—	3.0
	中压(B)	3.0	6.0	—	3.0
地下调压箱	中压(A)	3.0	6.0	—	3.0
	中压(B)	3.0	6.0	—	3.0

1.10 民用建筑防排烟设施设置要求

（1）根据《建筑设计防火规范 GB 50016—2014》规定，民用建筑的下列场所或部位应设置防烟设施（表 1.38）。

表 1.38 应设置防烟设施的场所或部位

序号	场所或部位	备注
1	防烟楼梯间及其前室	
2	消防电梯间前室或合用前室	
3	避难走道的前室、避难层(间)	

（2）根据《建筑设计防火规范 GB 50016—2014》规定，民用建筑的下列场所或部位应设置排烟设施（表 1.39）。

表 1.39 应设置排烟设施的场所或部位

序号	场所或部位	备注
1	设置在一、二、三层且房间建筑面积大于100m^{2}的歌舞娱乐放映游艺场所	
2	设置在四层及以上楼层、地下或半地下的歌舞娱乐放映游艺场所	
3	中庭	
4	公共建筑内建筑面积大于100m^{2}且经常有人停留的地上房间	
5	公共建筑内建筑面积大于300m^{2}且可燃物较多的地上房间	
6	建筑内长度大于20m的疏散走道	
7	地下或半地下建筑(室)、地上建筑内的无窗房间,当总建筑面积大于200m^{2}或一个房间建筑面积大于50m^2,且经常有人停留或可燃物较多时	

1.11 建筑窗地面积比和采光有效进深估算

根据《建筑采光设计标准 GB 50033—2013》规定,在建筑方案设计时,对Ⅲ类光气候区的采光,窗地面积比和采光有效进深可按表1.40、表1.41进行估算,其他光气候区的窗地面积比应乘以相应的光气候系数 K。

表 1.40 窗地面积比和采光有效进深

采光等级	侧面采光		顶部采光	采光等级	侧面采光		顶部采光
	窗地面积比 (A_c/A_d)	采光有效进深 (b/h_s)	窗地面积比 (A_c/A_d)		窗地面积比 (A_c/A_d)	采光有效进深 (b/h_s)	窗地面积比 (A_c/A_d)
Ⅰ	1/3	1.8	1/6	Ⅳ	1/6	3.0	1/13
Ⅱ	1/4	2.0	1/8	Ⅴ	1/10	4.0	1/23
Ⅲ	1/5	2.5	1/10				

表 1.41 光气候系数 K 值

光气候区	Ⅰ	Ⅱ	Ⅲ	Ⅳ	Ⅴ
K 值	0.85	0.90	1.00	1.10	1.20

第2章

建筑电气常见专业术语及常用数据

2.1 建筑电气常见专业术语

2.1.1 基本术语

(1) 变压器 是将某一种电压、电流、相数的交流电转变为另外一种的电压、电流、相数的交流电的电器设备（图2.1）。

图 2.1 各种变压器示意

(2) 电力系统 是指由各级电压的电力线路将一些发电厂、变电所和电力用户联系起来的发电、输电、变电、配电和用电的整体（图2.2）。

(3) 用电负荷 是指用户的用电设备所取用的功率，也即电气设备和线路中通过的功率和电流。

(4) 短路 是指系统中相与相之间或相与地之间通过金属导体、电弧或其他较小阻抗的非正常连接。

(5) 导体 是指具有良好的传导电流能力的物体。导体一般分为两类，金属、大地和人体等属于第一类导体；酸碱盐的水溶液以及熔融的电解质等属于第二类导体。

(6) 绝缘体 是指不善于传导电流的物体。

(7) 电流 是指电荷的定向流动，可以是正电荷、负电荷或正负电荷同时作有规则的移动而形成的定向流动。

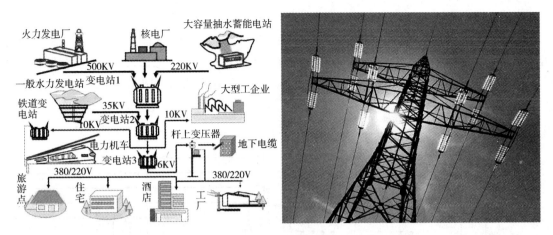

图 2.2 电力系统示意

(8) 电流密度　是指通过垂直于电荷流动方向的单位面积上的电流大小。

(9) 电路　是指用导体把电源、用电器件或设备连接起来而构成的电流通路。

(10) 电压　也称电势差或电位差，是指在静电场中，将单位正电荷从一点移动到另外一点过程中电场力所做的功。

(11) 电压降　也称电位降，是指沿有电流通过的导体或在有电流通过的电路中电位的减少。

(12) 电动势　是指将单位正电荷从负极通过电源内部移动到正极时非静电力所做的功。

(13) 电阻　是指物质阻碍电流通过的能力。

(14) 电阻率　是物质导电的特性参数，数值越小其导电性能越强。

(15) 电导　即电阻的倒数，是物质导电特性的物理量。

(16) 电导率　即电阻率的倒数。

(17) 电容　是导体或导体系容纳电荷的性能的物理量。

(18) 电感　是指自感和互感的统称。自感是指通过闭合回路的电流变化引起穿过它的磁通量发生变化而产生感应电动势的现象；互感则是指一个闭合回路中的电流变化引起穿过邻近另一个回路中磁通量发生变化而在该回路中产生感应电动势的现象。

(19) 频率　是指周期的倒数。

(20) 瞬时值　是指交流电在任一时刻的量值。

(21) 有效值　是指交流电在一个周期内的方均根值。

(22) 感抗　是指交流电通过具有电感的电路时，电感阻碍电流通过的作用。

(23) 容抗　是指交流电通过具有电容的电路时，电容阻碍电流通过的作用。

(24) 阻抗　是指交流电通过具有电感、电容和电阻的电路时，电感、电容和电阻共同阻碍电流通过的作用。

(25) 视在功率　是指在具有电阻和电抗的电路中，电压与电流有效值的乘积。

(26) 有功功率　也称平均功率，是指交流电路功率在一个周期内的平均值。有功功率反映了电路从电源取得的净功率。

(27) 无功功率　是指具有电感或电容的电路中，反映电路与外电源之间能量反复接受的程度的量值。无功功率实质是指只与电源交换而不消耗的那部分能量。

（28）功率因数 是指有功功率与视在功率的比值。

（29）三相四线制 是带电导体配电系统的形式之一。三相指 L1、L2、L3 三相，四线指通过正常电流的三根相线和一根 N 线，不包括不通过正常工作电流的 PE 线。常见的 TN-C、TN-C-S、TN-S、TT 等接地形式的配电系统均属三相四线制（图 2.3）。

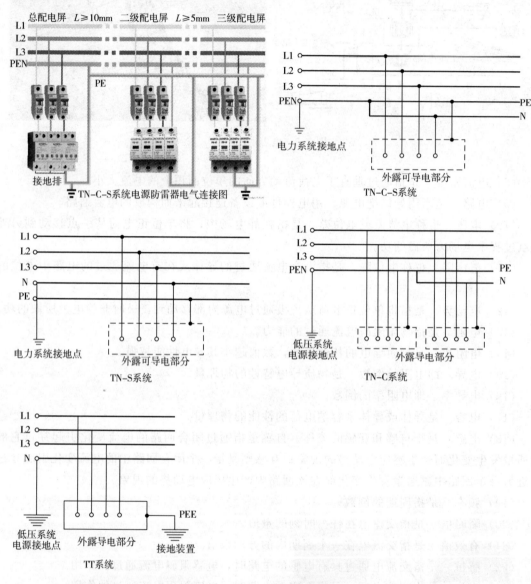

图 2.3 常见三相四线制示意

（30）三相五线制 在交流供电变压器中性点直接接地的三相四线制基础上从交流供电变压器中性点再引出一根线（第五根线），电力设备的外壳不与零线连接而与第五根线连接（图 2.4）。

（31）相线（火线） 是指三相四线电网中 L1/L2/L3 的任意一相的线路，与零线共同组成供电回路。一般情况下，三相电路中火线使用红、黄、蓝三种颜色表示三根火线，零线使用黑色。单相照明电路中，一般黄色表示火线、蓝色是零线、黄绿相间的是地线。也有些地

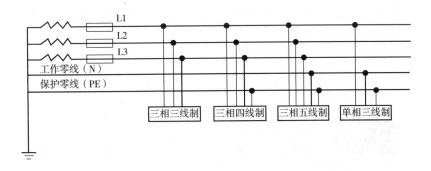

图 2.4 相线制示意

方使用红色表示火线、黑色表示零线、黄绿相间的是地线（图 2.5）。

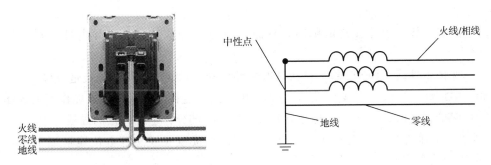

图 2.5 相线示意

（32）相电压　在三相交流系统中，任一根火线与中性线之间的电压。

（33）线电压　在三相交流系统中，任两根火线之间的电压。

（34）AC（交流电）　AC 是 alternating current 的简写，是指经发电机所发出的方向交替的电流（图 2.6）。

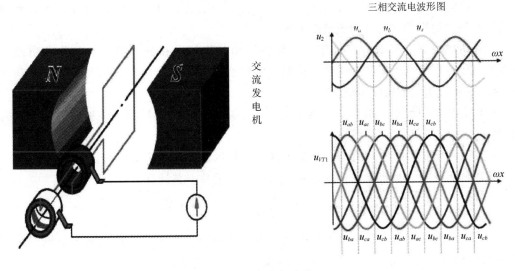

图 2.6 交流电示意

(35) DC（直流电） DC 是 direct current 的简写，又称恒定电流，是指大小和方向都不随时间变化的电流（图 2.7）。

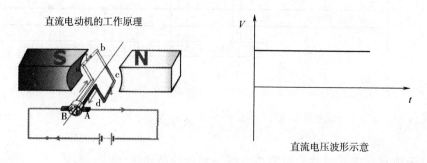

图 2.7 直流电示意

(36) 故障电压 发生接地故障时，外露可导电部分或装置外可导电部分对地呈现的电压。

(37) 保护中性线（PEN 线） 是指具有中性线和保护线两种作用的接地导体。

(38) 中性线（N 线，零线） 是指与系统中性点相连接并能起传输电能作用的导体。

(39) 保护线（PE 线） 为防电击用来与下列任一部分作电气连接的导线：

①外露可导电部分；②装置外可导电部分；③总接地线或总等电位连接端子；④接地极；⑤电源接地点或人工中性点。

(40) 接地 设备的一部分为形成导电通路与大地的连接。

(41) 工作接地 为了电路或设备达到运行要求的接地，如变压器低压中性点和发电机中性点的接地。

(42) 电气连接 导体与导体之间直接提供电气通路的连接（接触电阻近于零）。

(43) 接地线（接地保护线，地线） 从总接地端子或总接地母线接至接地极的一段保护线。

(44) 风险等级 根据 IEC（国际电工委员会）的定义，风险等级是指存在于人和财产（被保护对象）周围的，对其构成威胁的程度。

(45) 防护级别 根据 IEC 的定义，防护级别是指对人和财产安全所采取的防范措施（技术的和组织）的水平。防护级别是根据风险等级来确定的，防护级别与相应的风险等级相对应，或高于相应的风险等级。

(46) 安全防护水平 根据 IEC 的定义，安全防护水平是指风险等级被防护级别所覆盖的程度。

(47) 纵深防护 是指设有周界、监视区、防护区和禁区的防护体系。

(48) 电压偏差 是指电力系统正常运行的电压偏移。其计算公式如下：

$$电压偏差(\%) = \frac{实测电压 - 标称系统电压}{标称系统电压} \times 100\%$$

(49) 电压闪变 负荷急剧波动造成供配电系统瞬时电压升降，照度随之急剧变化，使人眼对灯闪感到不适，这种现象称为电压闪变。

(50) 不对称度 不对称度是衡量多相负荷平衡状态的指标。多相系统的电压负序分量与电力正序分量之比值称为电压不对称度；电流负序分量与电流正序分量之比值称为电流不对称度；均以百分数表示。

（51）Ⅰ类电气设备　除靠基本绝缘防止电击外，还将易触及的外露可导电部分连接到PE线上，当基本绝缘失效时，外露可导电部分一般不致带危险电位的用电设备。

（52）特低电压（ELV，extra-low voltage）　不超过《建筑物电气装置的电压区段》GB/T 18379/IEC60449规定的有关Ⅰ类电压限值的电压。

（53）低压　交流额定电压在1.0kV及以下的电压。

（54）高压　交流额定电压在1.0kV以上的电压。

（55）外电线路　施工现场临时用电工程配电线路以外的电力线路。

（56）直埋敷设　电缆敷设埋入地下壕沟中，沿沟底和电缆上覆盖有软土层且设保护板再埋齐地坪的敷设方式。

（57）电缆沟　封闭式不通行但盖板可开启的电缆构筑物，且布置与地坪相齐或稍有上下。

（58）浅槽　容纳电缆数量较少未含支架且沟底可不封实的有盖槽式构筑物，可布置齐地坪或地坪上。

（59）阻火包（防火枕）　是用于阻火封堵又易作业的膨胀式柔性枕袋状耐火物（图2.8）。

图2.8　阻火包示意

（60）普通支架（臂式支架）　具有悬臂形式用以支承电缆的刚性材料制支架。

（61）电缆桥架（电缆托架）　由托盘或梯架的直线段、弯通、组件以及托臂（臂式支架）、吊架等构成具有密接支承电缆的刚性结构系统之全称（图2.9）。

（62）电缆支架　电缆桥架、普通支架、吊架的总称。

（63）工作井　人可出入以安置电缆接头等附属部件或供牵拉电缆作业所需的小室式电缆构筑物。

（64）电缆构筑物　专供敷设电缆或安置附件的电缆沟、浅槽、隧道、夹层、竖井和工作井等构筑物的泛称。

（65）桥架　由托盘、附件、支（吊）架三类部件构成的、支承电缆线路的具有连续刚性的结构系统（简称桥架）。

（66）托架　直接承托电缆线路荷重的刚性槽形部件（托盘、梯架的直通及其弯通）。

（67）应急电源　在正常电源发生故障的情况下，为确保一级负荷中特别重要负荷的供

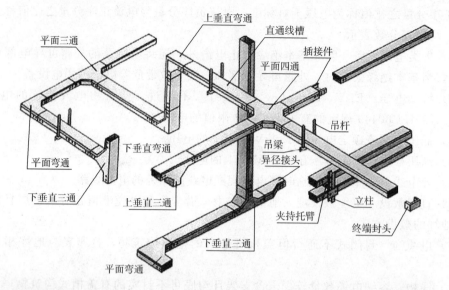
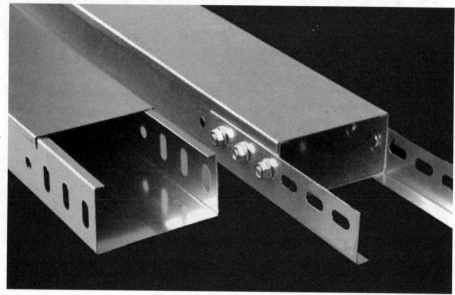

图 2.9 电缆桥架示意

电电源。

（68）城市用电负荷 在城市内或城市局部片区内，所有用电户在某一时刻实际耗用的有功功率之总和。

（69）城市电网（简称城网） 为城市送电和配电的各级电压电力网的总称。

（70）城市变电所 城网中起变换电压，并起集中电力和分配电力作用的供电设施（图2.10）。

（71）开关站（开闭所） 城网中起接受电力并分配电力作用的配电设施。

（72）高压线走廊（高压架空线路走廊） 在计算导线最大风偏和安全距离的情况下，35kV及以上高压架空电力线路两边导线向外侧延伸一定距离所形成的两条平行线之间的专用通道（图2.11）。

图 2.10 变电所示意

图 2.11 高压线走廊示意

(73) 裸电线 是指仅有金属导体而无绝缘层的电线。

(74) 禁区 不允许未授权人员出入（或窥视）的防护区域或部位。

(75) 盲区 在警戒范围内，安全防范手段未能覆盖的区域。

(76) 防护区 允许公众出入的、防护目标所在的区域或部位。

2.1.2 建筑电气照明术语

(1) 光环境 是指光（照度水平、照度分布、照明形式、光色等）和颜色（色调、饱和度、室内色彩分布、显色性能等）与房间形状结合，在房间内所形成的生理和心理的环境。

(2) 工作面 是指在其上面进行工作的平面。当没有特别指定工作位置时，一般把室内照明的工作面假设为距离地面 0.75m 高的水平面。

(3) 可见辐射 是指能直接引起视感觉的光学辐射，通常将波长范围限定在 380nm 和 780nm 之间。

(4) 红外辐射 是指波长比可见辐射长的光学辐射。通常将波长范围在 780nm 和 1mm 之间的红外辐射细分为：IR-A，780～1400nm；IR-B，1.40～3.00μm；IR-C，3.00μm～1.00mm。

(5) 紫外辐射 是指波长比可见辐射短的光学辐射。通常将波长范围在 100nm 和 400nm 之间的紫外辐射细分为：UV-A，315～400nm；UV-B，280～315nm；UV-C，100～280nm。

(6) 照度 表面上一点的照度是入射在包含该点面元上的光通量 dΦ 除以该面元面积之

商，该量的符号为 E，单位为勒克斯（lx），$1lx=1m/m^2$。

（7）亮度对比 视野中目标和背景的亮度差与背景亮度之比。

（8）光强分布（配光） 用曲线或表格表示光源或灯具在空间各方向的发光强度值。

（9）灯具效率 在相同的使用条件下，灯具发出的总光通量与灯具内所有光源发出的总光通量之比。

（10）照度均匀度 规定表面上的最小照度与平均照度之比。

（11）眩光 由于视野中亮度分布或亮度范围的不适宜，或存在极端的对比，以致引起不舒适感觉或降低观察细部或目标的能力的视觉现象。

（12）光幕反射 视觉对象的镜面反射，它使视觉对象的对比降低，以致部分地或全部地难以看清细部。

（13）一般显色指数 特定的八个一组的色试样的 CIE1974 特殊显色指数的平均值。

（14）色温（度） 当某一种光源的色品与某一温度下的完全辐射体（黑体）的色品完全相同时，完全辐射体（黑体）的温度。其符号为 T_c，单位为 K。

（15）发光强度 光源在给定方向上的发光强度是该光源在该方向的立体角元 $d\Omega$ 内传输的光通量 $d\Phi$ 除以该立体角元之商，即：

$$I=d\Phi/d\Omega$$

发光强度的符号为 I，单位为坎德拉（cd），$1cd=1lm/1sr$。

（16）亮度 是指由公式 $d\Phi/dA \cdot \cos\theta \cdot d\Omega$ 定义的量。

式中，$d\Phi$ 是指通过给定点的束元传输的并包含给定方向立体角 $d\Omega$ 内传播的光通量；dA 是指包括给定点的辐射束截面积；θ 是指辐射束截面积与辐射束方向的夹角。

亮度的符号为 L，单位为坎德拉每平方米（$1cd \cdot m^{-2}=1lm \cdot m^{-2} \cdot sr^{-1}$）。

（17）直接眩光 由视野中，特别是在靠近视线方向存在的发光体所产生的眩光。

（18）反射眩光 由视野中的反射所引起的眩光，特别是在靠近视线方向看见反射像所产生的眩光。

（19）颜色（色） 由有彩色成分或无彩色成分任意组成的视知觉属性。该属性可由黄、橙、棕、红、粉红、绿、蓝、紫等彩色名或由白、灰、黑等无彩色名表征，并且以明亮、亮、微暗、暗与其色名的组合来定量。

（20）冷色 是指光源色的色温大于 5300K 时的颜色。

（21）暖色 是指光源色的色温小于 3300K 时的颜色。

（22）中间色 是指介于冷色和暖色之间的颜色。光源色的色温介于 5300～3300K 时为中间色。

（23）物体色 被人知觉为属于物体的颜色。

（24）表面色 由漫反射光的表面或由此表面发射的光所呈现的知觉色。

（25）光源色 由光源发出的色刺激。

（26）色度（色品） 用 CIE1931 标准色度系统所表示的颜色性质。

（27）一般照明 为照亮整个场所而设置的均匀照明。

（28）局部照明 特定视觉工作用的、为照亮某个局部而设置的照明。

（29）混合照明 由一般照明与局部照明组成的照明。

（30）正常照明 在正常情况下使用的室内外照明。

（31）应急照明 因正常照明的电源失效而启用的照明。

(32) 疏散照明　作为应急照明的一部分，用于确保疏散通道被有效地辨认和使用的照明。

(33) 安全照明　作为应急照明的一部分，用于确保处于潜在危险之中人员安全的照明。

(34) 直接照明　由灯具发射的光通量的 90%～100% 部分，直接投射到假定工作面上的照明。

(35) 半直接照明　由灯具发射的光通量的 60%～90% 部分，直接投射到假定工作面上的照明。

(36) 间接照明　由灯具发射光的通量 10% 以下部分，直接投射到假定工作面上的照明。

(37) 定向照明　光主要是从某一特定方向投射到工作面和目标上的照明。

(38) 漫射照明　光无显著特定方向投射到工作面和目标上的照明。

(39) 泛光照明　通常由投光灯来照射某一情景或目标，且其照度比其周围照度明显高的照明。

(40) 灯具计算高度　灯具的光中心到工作面的距离。

(41) 灯具间距　相邻灯具的中心线间的距离。

(42) 灯具安装高度　灯具底部至地面的距离。

(43) 灯具距高比　灯具的间距与灯具计算高度之比。

(44) 灯具最大允许距高比　保证所需的照度均匀度时的最大灯具间距与灯具计算高度之比。

(45) 点光源　当光源的尺寸与它至被照面的距离相比较非常小时，在计算和测量时其大小可忽略不计的光源。

(46) 线光源　一个连续的灯或灯具，其发光带的总长度远大于其到照度计算点之间的距离，可视为线光源。

(47) 面光源　由灯具组成的整片发光面或发光顶棚，其宽度与长度均大于发光面至受照面之间的距离，可视为面光源。

(48) 电光源　将电能转换成光学辐射能的器件。

(49) 白炽灯　用通电的方法加热玻壳内的灯丝，导致灯丝产生热辐射而发光的光源。

(50) 磨砂灯泡　玻壳被磨砂成漫射面的白炽灯泡。

(51) 卤钨灯　填充气体内含有部分卤族元素或卤化物的充气白炽灯。

(52) 钠灯　主要由钠蒸气放电而发光的放电灯。

(53) 霓虹灯　主要指利用惰性气体辉光放电的正柱区发光的管形放电灯，也包括同样形式的氖和汞蒸气的辉光放电灯。

(54) 荧光灯　主要由放电产生的紫外辐射激发荧光粉层而发光的放电灯。

(55) 三基色荧光灯　由蓝、绿、红谱带区域发光的三种稀土荧光粉制成的荧光灯。

(56) 灯头　将光源固定在灯座上，使灯与电源相连接的灯的部件。

(57) 螺口式灯头　用圆螺纹与灯座进行连接的灯头，用"E"标志。

(58) 插口式灯头　用插销与灯座进行连接的灯头，用"B"标志。

(59) 插脚式灯头　用插脚与灯座进行连接的灯头，用"G"（对双插脚与多插脚灯头）或"F"（对单插脚灯头）标志。

(60) 启动器　启动放电灯的附件。它使灯的阴极得到必须的预热，并与串联的镇流器一起产生脉冲电压使灯启动。

（61）镇流器　为使放电稳定而与放电灯一起使用的器件。镇流器可以是电感式、电容式、电阻式或这些的组合方式，也可以是电子式的。

（62）电子镇流器　用电子器件组成，将50～60Hz变换成20～100kHz高频电流供给放电灯的镇流器。它同时兼有启动器和补偿电容器的作用。

（63）触发器　产生脉冲高压（或脉冲高频高压）使放电灯启动的附件。

（64）应急灯　应急照明用灯具的总称。

（65）疏散标志灯　灯罩上有疏散标志的应急照明灯具，包括出口标志灯或指向标志灯。

（66）泛光灯　光束发散角（光束宽度）大于10°的投光灯，通常可转动并指向任意方向。

（67）聚光灯，射灯　通常具有直径小于0.2m的出光口并形成一般不大于0.35rad（20°）发散角的集中光束的投光灯。

（68）吸顶灯　直接安装在顶棚表面上的灯具。

（69）壁灯　直接固定在墙上或柱子上的灯具。

（70）落地灯　装在高支柱上并立于地面上的可移式灯具。

（71）台灯　放在桌子上或其他家具上的可移式灯具。

（72）窗地面积比　窗洞口面积与地面面积之比。

（73）建筑日照　太阳光直接照射到建筑地段、建筑物围护结构表面和房间内部的现象。

（74）日照时间　在一定的时间段内（时、日、月、年），投射到与太阳光线垂直平面上的直接日辐射量超过120W/m²的累计时间。

（75）日照间距　两平行建筑间相对的两墙面之间，由前栋建筑物计算高度、太阳高度角和后栋建筑物墙面法线与太阳方位所夹的角确定的距离（图2.12）。

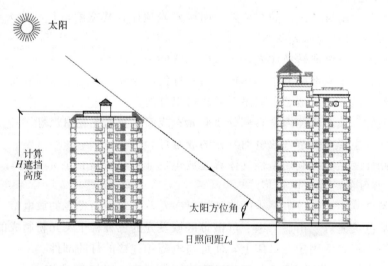

图2.12　日照间距示意

（76）反射　辐射在不改变其单色成分的频率时被表面或介质的折回过程。

（77）透射　辐射在不改变其单色成分的频率时穿过介质的过程。

（78）折射　光线通过非光学均匀介质时，由于光线的传播速度变化而引起传播方向变化的过程。

(79) 漫射　辐射在不改变其单色成分的频率时被表面或介质分散在许多方向的空间分布过程。

2.1.3　建筑防雷术语

(1) 防雷装置　接闪器、引下线、接地装置、电涌保护器及其他连接导体的总和。

(2) 雷电波侵入　由于雷电对架空线路或金属管道的作用，雷电波可能沿着这些管线侵入屋内，危及人身安全或损坏设备。

(3) 雷击电磁脉冲　是一种干扰源。本规范指闪电直接击在建筑物防雷装置和建筑物附近所引起的效应。绝大多数是通过连接导体的干扰，如雷电流或部分雷电流，被雷击中的装置的电位升高以及电磁辐射干扰。

(4) 防雷区　防雷区 LPZ（lightning protection zone），是指需要规定和控制雷击电磁环境的那些区域。

(5) 接闪器　避雷针、避雷带、避雷网等直接接受雷击部分，以及用作接闪器的金属屋面和金属构件等。

(6) 引下线　连接接闪器与接地装置的金属导体。

(7) 接地装置　接地体和接地线的总称。

(8) 接地体　埋入土壤中或混凝土基础中做散流用的导体。

(9) 接地线　从引下线断接卡或换线处至接地体的连接导体。

(10) 直击雷　雷电直接击在建筑物上，产生电效应、热效应和机械力者。

(11) 过电压保护　用来限制存在于某两物体之间冲击电压的一种设备，如放电间隙、避雷器、压敏电阻或半导体器具等。

(12) 少雷区　年平均雷暴日数不超过 15 的地区。

(13) 多雷区　年平均雷暴日数超过 40 的地区。

(14) 雷电活动特殊强烈地区　年平均雷暴日数超过 90 的地区，以及雷害特别严重的地区。

2.1.4　日常用电安全术语

(1) 备用电源　当正常电源断电时，由于非安全原因用来维持电气装置或其某些部分所需的电源。

(2) 安全超低压　用安全隔离变压器或具有独立绕组的变流器与供电干线隔离的电路中，导体之间或任何一个导体与地之间有效值不超过 50V 的交流电压。

(3) 总接地端子、总接地母线　将保护线接至接地设施的端子或母线。保护线包括等电位连接线。

(4) 等电位联结　为达到等电位，多个可导电部分间的电连接（图 2.13）。

(5) 等电位联结线　用作等电位联结的保护线。

(6) 总等电位联结　在建筑物电源线路进线处，将 PE 干线、接地干线、总水管、采暖和空调立管以及建筑物金属构件等相互作电气连接。

(7) 接触电压　绝缘损坏后能同时触及的部分之间出现的电压。

(8) 预期接触电压　电气装置中发生阻抗可以忽略的故障时，可能出现的最高接触电压。

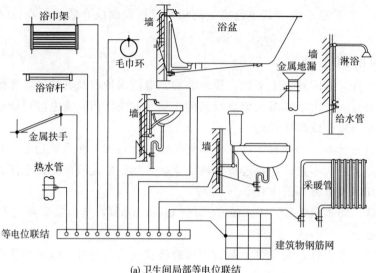

(a) 卫生间局部等电位联结

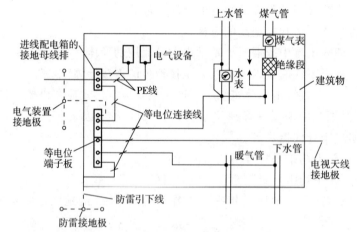

(b) 建筑物内的总等电位连接平面图示例

图 2.13　等电位联结示意

（9）**直接接触保护**　是防止人与带电导体直接接触时发生触电危险的保护，这时人接触的电压是电源系统电压。

（10）**间接接触保护**　是在电气设备绝缘遭到破坏使外露可导电部分带电的情况下，用来防止人触及这些部位发生触电危险的保护。

（11）**电气隔离**　为防电击将一电气器件或电器与另外的电气器件或电路完全断开的安全措施。

（12）**一级负荷中特别重要的负荷**　中断供电将发生中毒、爆炸和火灾等情况的负荷，以及特别重要场所的不允许中断供电的负荷。

（13）**双重电源**　一个负荷的电源是由两个电路提供的，这两个电路就安全供电而言被认为是互相独立的。

（14）**分布式电源**　分布式电源主要是指布置在电力负荷附近，能源利用效率高并与环境兼容,可提供电、热(冷)的发电装置,如微型燃气轮机、太阳能光伏发电、燃料电池、风力发电和生物质能发电等。

(15) 应急供电系统(安全设施供电系统)　用来维持电气设备和电气装置运行的供电系统,主要是:为了人体和家畜的健康和安全,和/或为避免对环境或其他设备造成损失以符合国家规范要求。

(16) TN系统　电力系统有一点直接接地,电气装置的外露可导电部分通过保护线与该接地点相连接。根据中性导体(N)和保护导体(PE)的配置方式,TN系统可分为如下三类:

① TN-C系统,整个系统的N、PE线是合一的;
② TN-C-S系统,系统中有一部分线路的N、PE线是合一的;
③ TN-S系统,整个系统的N、PE线是分开的。

(17) TT系统　电力系统有一点直接接地,电气装置的外露可导电部分通过保护线接至与电力系统接地点无关的接地极。

(18) IT系统　电力系统与大地间不直接连接,电气装置的外露可导电部分通过保护接地线与接地极连接。

2.1.5　电气设备相关术语

(1) 隔离变压器　指输入绕组与输出绕组在电气上彼此隔离的变压器,用以避免偶然同时触及带电体(或因绝缘损坏而可能带电的金属部件)和大地所带来的危险(图2.14)。

(2) 安全隔离变压器　为安全特低电压电路提供电源的隔离变压器。它的输入绕组与输出绕组之间具有满足双重绝缘或加强绝缘要求的保护隔离措施,并且输出电压在安全特低电压范围内的

图2.14　隔离变压器示意

变压器。它是专门为配电电路、工具或其他设备提供安全特低电压而设计的。

(3) 配电箱　一种专门用作分配电力的配电装置,包括总配电箱和分配电箱,如无特指,总配电箱、分配电箱合称配电箱(图2.15)。

(4) 开关箱　末级配电装置的通称,亦可兼作用电设备的控制装置。

(5) 变电所(室)　是指10kV及以下交流电源经电力变压器变压后对用电设备供电的构筑物。

(6) 配电所(室)　配电所(室)内只有起开闭和分配电能作用的高压配电装置,母线上无主变压器。

2.1.6　监控、楼宇控制等相关术语

(1) 智能建筑　它是以建筑为平台,兼备建筑设备、办公自动化及通信网络系统,集结构、系统、服务、管理及它们之间的最优化组合,向人们提供一个安全、高效、舒适、便利的建筑环境。

(2) 综合布线系统　是建筑物或建筑群内部之间的传输网络。它能使建筑物或建筑群内

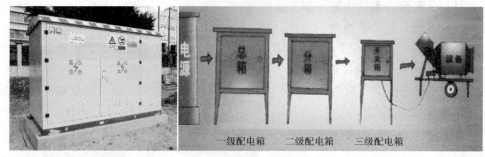

图 2.15 常见配电箱示意

部的语音、数据通信设备,信息交换设备,建筑物物业管理及建筑物自动化管理设备等系统之间彼此相连,也能使建筑物内通信网络设备与外部的通信网络相连。

(3) 办公自动化系统 是应用计算机技术、通信技术、多媒体技术和行为科学等先进技术,使人们的部分办公业务借助于各种办公设备,并由这些办公设备与办公人员构成服务于某种办公目标的人机信息系统。

(4) 建筑设备自动化系统 将建筑物或建筑群的电力、照明、给排水、防火、保安、车库管理等设备或系统,以集中监视、控制和管理为目的,构成综合系统。

(5) 通信网络系统 它是楼内的语音、数据、图像传输的基础,同时与外部通信网络(如公用电话网、综合业务数字网、计算机互联网、数据通信网及卫星通信网等)相连,确保信息畅通。

(6) 建筑设备监控系统 是将建筑物(群)内的电力、照明、空调、给排水等机电设备或系统进行集中监视、控制和管理的综合系统。通常为分散控制与集中监视、管理的计算机控制系统。

(7) 分布计算机系统 由多个分散的计算机经互联网络构成的统一计算机系统。分布计算机系统是多种计算机系统的一种新形式。它强调资源、任务、功能和控制的全面分布。

(8) 现场总线 安装在制造或过程区域的现场装置与控制室内的自动控制装置之间的数字式、串行、多点通信数据总线称为现场总线。以现场总线为基础的全数字控制系统称为现场总线控制系统 FCS。常用的现场总线有 FF、Profibus、WorldFIP、Modbus、DAN、Lonworks 等。

(9) 局域网(LAN) LAN 是 local area network 的简写形式,指覆盖相对较小区域(最高到几千米)的计算机网络。如由一个办公区、一幢或若干幢建筑物的计算机组成的网络。

（10）广域网（WAN） WAN 是 wide area network 的简写形式，是一种计算机网络，它使用长距离远程通信链路来连接彼此间相距遥远的网络计算机。Intranet 是 WAN 的最大形式。

（11）基带 一种通过电缆传输信号的方式。基带使用单个频率传输数字信号，信号以离散的光或光脉冲的形式传送。基带传输使用整个通道的容量来传送单个数据信号。

（12）带宽 指网络或通信信道携带信息的能力，它是传输线或网络中传输的最高和最低频率之差，在模拟网络中用赫兹（Hz）来表示带宽，在数据网络中用每秒比特数（bit/s）表示带宽。

（13）电磁环境 存在于给定场所的所有电磁现象的总和。

（14）电磁兼容性 设备或系统在其电磁环境中能正常工作且不对该环境中任何事物构成不能承受的电磁骚扰的能力。

（15）电磁干扰 电磁骚扰引起的设备、传输通道或系统性能的下降。

（16）（电磁）辐射 能量以电磁波形式由源发射到空间的现象和能量以电磁波形式在空间传播。"电磁辐射"一词的含义有时也可引申，将电磁感应现象也包括在内。

（17）静电放电 具有不同静电电位的物体相互靠近或直接接触引起的电荷转移。

（18）电源骚扰 经由供电电源线传输到装置上的电磁骚扰。

（19）电磁屏蔽 用导电材料减少交变电磁场向指定区域穿透的屏蔽。

（20）电子信息系统 多种类型的电子设备，包括计算机，有、无线通信设备、处理设备、控制设备及其相关的配套设备、设施（含网络）构成的，按照一定应用目的和规则对信息进行采集、加工、存储、传输、检索等处理的人机系统，统称为电子信息系统。

（21）最大声压级 扩声系统在听众席产生的最高稳态声压级。

2.2 建筑电气常见计量单位及专业代号

2.2.1 电学和电磁学常见计量单位与符号（表 2.1）

表 2.1 电学和电磁学常见计量单位与符号

物理量类型	物理量符号	单位名称	单位名称简称	单位符号
电流	I	安培	安	A
电荷量	Q	库仑	库	C
电压/电位差	V/U	伏特	伏	V
真空介电常数	$\varepsilon_0 = 8.85 \times 10^{-12}$	法拉/米	—	F/m
真空磁导率	$\mu_0 = 1.26 \times 10^{-6}$	亨利/米	—	H/m
电容	C	法拉	法	F
电流密度	—	安培/平方米	—	A/m^2
电流线密度	—	安培/米	—	A/m
功/能	W	焦耳	焦	J
电阻	R	欧姆	欧	Ω
电阻率	—	欧姆·米	—	$\Omega \cdot m$
电感	L	亨利	亨	H
电能	—	焦耳	焦	J
功率	P	瓦特	瓦	W

续表

物理量类型	物理量符号	单位名称	单位名称简称	单位符号
电荷体密度	—	库仑/立方米	—	C/m³
电荷面密度	—	库仑/平方米	—	C/m²
电场强度	E	伏特/米	—	V/m
电通量	—	库仑	库	C/m²
电通量密度	—	库仑/平方米	—	C/m²
电位移	—	库仑/平方米	—	C/m²
磁场强度	H	安培/米	—	A/m
电导	—	西门子	西	S
电导率	—	西门子/米	—	S/m
磁阻	R_m	每亨利	每亨	H⁻¹
磁通	Φ	韦伯	—	Wb
磁导	—	亨利	亨	H
阻抗	—	欧姆	欧	Ω

2.2.2 光及有关电磁辐射常见计量单位与符号（表2.2）

表2.2 光及有关电磁辐射常见计量单位与符号

计量类型	单位名称	单位名称简称	单位符号
波长	米	—	m
辐射功率	焦耳	焦	J
辐射强度	瓦特/球面度	—	W/sr
辐射亮度	瓦特/球面度平方米	—	W/(sr·m²)
辐射照度	瓦特/平方米	—	W/m²
发光强度	坎德拉	坎	cd
光通量	流明	流	lm
光量	流明·秒	—	lm·s
光亮度	坎德拉/平方米	—	cd/m²
光照度	勒克斯	勒	lx
曝光量	勒克斯·秒	—	lx·s
光视效能	流明/瓦	—	lm/W

2.3 建筑电气相关常用计量单位换算（表2.3）

2.3.1 电流单位换算

表2.3 电流单位换算

名称	符号	与A的换算关系
安培（国际单位制）	A	1A=1A
电磁系安培	aA	1aA=10A
静电系安培	sA	1sA=0.3336×10⁻⁹A

2.3.2 电压单位换算（表2.4）

表2.4 电压单位换算

名 称	符 号	与V的换算关系
伏特（国际单位制）	V	1V=1V
电磁系伏特	aV	$1aV=1\times10^{-8}V$
静电系伏特	sV	1sV=299.80V

2.3.3 电阻单位换算（表2.5）

表2.5 电阻单位换算

名 称	符 号	与Ω的换算关系
欧姆（国际单位制）	Ω	1Ω=1Ω
电磁系欧姆	aΩ	$1a\Omega=1\times10^{-9}\Omega$
静电系欧姆	sΩ	$1s\Omega=0.8987\times10^{12}\Omega$

2.3.4 电荷量单位换算（表2.6）

表2.6 电荷量单位换算

名 称	符 号	与C的换算关系
库仑（国际单位制）	C	1C=1C
电磁系库仑	aC	1aC=10C
静电系库仑	sC	$1sC=0.3336\times10^{-9}C$
安培·时	A·h	1A·h=3600C
法拉第		1法拉第=96490C

2.3.5 电容单位换算（表2.7）

表2.7 电容单位换算

名 称	符 号	与F的换算关系
法拉（国际单位制）	F	1F=1F
电磁系法拉	aF	$1aF=1\times10^9F$
静电系法拉	sF	$1sF=1.1127\times10^{-12}F$

2.3.6 磁场强度单位换算（表2.8）

表2.8 磁场强度单位换算

名 称	符 号	与安匝/米的换算关系
安匝/厘米	A/cm	1安匝/厘米=100安匝/米
安匝/米	A/m	1安匝/米=1安匝/米
奥斯特	Oe	1奥斯特=79.58安匝/米

2.3.7 光照度单位换算（表2.9）

表 2.9 光照度单位换算

名 称	符 号	单 位	与勒克斯的换算关系
勒克斯	lx	流明/米^2	1 勒克斯＝1 勒克斯
英尺·烛光	ft·c	流明/英尺^2	1 英尺·烛光＝10.76 勒克斯

注：烛光是坎得拉（Candle or Candela 简写为 CD、cd）的旧称。国际标准烛光（Candela）与旧标准烛光（Candle）的互换关系为 1Candela＝0.981Candle。

2.3.8 功率单位换算（表2.10）

表 2.10 功率单位换算

单 位	瓦特(W)	千瓦特(kW)	米制马力(PS)	英制马力(hp)	电工马力	锅炉马力	升·标准大气压/秒 (L·atm/s)	升·工程大气压/秒 (L·at/s)
1W	1	0.0010	0.0014	0.0013	0.0013	0.0001	0.0009	0.0102
1kW	1000	1	1.3596	1.3410	1.3405	0.1019	9.8692	10.1972
1PS	735.4996	0.7355	1	0.9863	0.9859	0.0750	7.2588	7.5000
1hp	745.7000	0.7457	1.0139	1	0.9996	0.0760	7.3595	7.6040
1 电工马力	746	0.7460	1.0143	1.0004	1	0.0761	7.3624	7.6071
1 锅炉马力	9809.5000	9.8095	13.3372	13.1547	13.1495	1	96.8122	100.0291
1L·atm/s	101.3250	0.1013	0.1378	0.1359	0.1358	0.0103	1	1.0332
1L·at/s	98.0665	0.0981	0.1333	0.1315	0.1314	0.0100	0.9678	1
1kgf·m/s	9.8066	0.0098	0.0133	0.0132	0.0131	0.0010	0.0968	0.1000
1ft·lbf/s	1.3558	0.0014	0.0018	0.0018	0.0018	0.0001	0.0134	0.0138
1cal/s	4.1868	0.0042	0.0057	0.0056	0.0056	0.0004	0.0413	0.0427
1cal$_{th}$/s	4.1840	0.0042	0.0057	0.0056	0.0056	0.0004	0.0413	0.0427
1cal$_{15}$/s	4.1855	0.0042	0.0057	0.0056	0.0056	0.0004	0.0413	0.0427
1kcal/h	1.1630	0.0012	0.0016	0.0016	0.0016	0.0001	0.0115	0.0119
1BtU/h	0.2931	0.0003	0.0004	0.0004	0.0004	0.2988×10^{-4}	0.0029	0.0030
1CHU/h	0.5275	0.0005	0.0007	0.0007	0.0007	0.5378×10^{-4}	0.0052	0.0054

单 位	千克力·米/秒 (kgf·m/s)	英尺·磅力/秒 (ft·lbf/s)	卡/秒 (cal/s)	热化学卡/秒 (cal$_{th}$/s)	15摄氏度卡/秒 (cal$_{15}$/s)	千卡/小时 (kcal/h)	英热单位/小时 (Btu/h)	摄氏度热单位/小时 (CHU/h)
1W	0.1020	0.7376	0.2388	0.2390	0.2389	0.8598	3.4121	1.8956
1kW	101.9720	737.5620	238.8459	239.0057	238.9201	859.8452	3412.1238	1895.6320
1Ps	75	542.4766	175.6711	175.7886	175.7256	632.4158	2509.6263	1394.2369
1hP	76.0405	550	178.1074	178.2266	178.1627	641.1866	2544.4317	1413.5731
1 电工马力	76.0711	550.2213	178.1790	178.2983	178.2344	641.4445	2545.4551	1414.1417
1 锅炉马力	1000.2943	7235.1147	2342.9588	2344.5268	2343.6865	8434.6518	3.3471×10^4	1.8595×10^4

续表

单 位	千克力·米/秒 (kgf·m/s)	英尺·磅力/秒 (ft·lbf/s)	卡/秒 (cal/s)	热化学卡/秒 (cal_{th}/s)	15摄氏度卡/秒 (cal_{15}/s)	千卡/小时 (kcal/h)	英热单位/小时 (Btu/h)	摄氏度热单位/小时 (CHU/h)
1L·atm/s	10.3323	74.7335	24.2011	24.2173	24.2086	87.1238	345.7349	192.0749
1L·at/s	10	72.3301	23.4228	23.4385	23.4301	84.3220	334.6165	185.8980
1kgf·m/s	1	7.2330	2.3423	2.3438	2.3430	8.4322	33.4616	18.5898
1ft·lbf/s	0.1383	1	0.3238	0.3240	0.3239	1.1658	4.6262	2.5701
1cal·s	0.4269	3.0880	1	1.0007	1.0003	3.6000	14.2860	7.9366
1cal_{th}/s	0.4267	3.0860	0.9993	1	0.9996	3.5975	14.2760	7.9311
1cal_{15}/s	0.4268	3.0871	0.9997	1.0004	1	3.5989	14.2814	7.9342
1kcal/h	0.1186	0.8578	0.2778	0.2780	0.2779	1	3.9683	2.2046
1Btu/h	0.0299	0.2162	0.0700	0.0700	0.0700	0.2520	1	0.5556
1CHU/h	0.0538	0.3891	0.1260	0.1261	0.1260	0.4536	1.8000	1

注：1. 1W（瓦特）=1J/s（焦耳/秒）=1A·V（安培·伏特）=1m^2·kg/s^3（平方米·千克/秒^3）；
2. cal_{th}称热化学卡，1cal_{th}=4.1840J；
3. cal_{15}称15摄氏度卡，是指在一个标准大气压下把1克无空气的水，从14.5℃加热到15.5℃时所需的热量，1cal_{15}=4.1855J。

2.3.9 功、能及热单位换算（表2.11）

表2.11 功、能及热单位换算

单 位	焦耳(J)或牛顿·米 (N·m)	尔格(erg)或达因·厘米 (dyn·cm)	千克力·米 (kgf·m)	升·标准大气压 (L·atm)	立方厘米·标准大气压 (cm^3·atm)	升·工程大气压 (L·at)
1J或N·m	1	10000000	0.1020	0.0099	9.8692	0.0102
1erg或dyn·cm	10^{-7}	1	0.1020×10^{-7}	0.9869×10^{-9}	9.8692×10^{-7}	1.0197×10^{-9}
1kgf·m	9.8066	9.8066×10^7	1	0.0968	96.7841	0.1000
1L·atm	101.3250	10.1325×10^8	10.3323	1	1000	1.0332
1cm^3·atm	0.1013	10.1325×10^5	0.0103	0.0010	1	1.0332×10^{-3}
1L·at	98.0665	9.8066×10^8	10	0.9678	967.8411	1
1cm^3·at	0.0981	9.8066×10^5	0.0100	0.9678×10^{-3}	0.9678	0.0010
1ft·lbf	1.3558	1.3558×10^7	0.1383	0.0134	13.3809	0.0138
1kW·h	3600000	3.6000×10^{13}	3.6710×10^5	3.5529×10^4	3.5529×10^7	3.6710×10^4
1PS·h	2.6478×10^6	2.6478×10^{13}	2.7000×10^5	2.6132×10^4	2.6132×10^7	2.7000×10^4
1hp·h	2684520	2.6845×10^{13}	2.7375×10^5	2.6494×10^4	2.6494×10^7	2.7375×10^4
1cal	4.1868	4.1868×10^7	0.4269	0.0413	41.3205	0.0427
1cal_{th}	4.1840	4.1840×10^7	0.4267	0.0413	41.2929	0.0427
1cal_{15}	4.1855	4.1855×10^7	0.4268	0.0413	41.3077	0.042
1Btu	1055.0687	1.0551×10^{10}	107.5866	10.4126	1.0413×10^4	10.7587
1CHU	1899.1237	1.8991×10^{10}	193.6560	18.7428	1.8743×10^4	19.3656
1eV	1.6022×10^{-19}	1.6022×10^{-12}	0.1634×10^{-19}	1.5812×10^{-21}	1.5812×10^{-18}	0.1634×10^{-20}

续表

单位	立方厘米·工程大气压 ($cm^3 \cdot at$)	英尺·磅力 ($ft \cdot lbf$)	千瓦·时 ($kW \cdot h$)	米制马力·时 ($PS \cdot h$)	英制马力·时 ($hp \cdot h$)	卡(cal)
1J 或 N·m	10.1972	0.7376	2.7778×10^{-7}	3.7767×10^{-7}	3.7251×10^{-7}	0.2388
1erg 或 dyn·cm	1.0197×10^{-6}	0.7376×10^{-7}	2.7778×10^{-14}	3.7767×10^{-14}	3.7251×10^{-14}	0.2388×10^{-7}
1kgf·m	100	7.2330	2.7241×10^{-6}	0.3704×10^{-5}	0.3653×10^{-5}	2.3423
1L·atm	1033.2275	74.7335	2.8146×10^{-5}	0.3827×10^{-4}	0.3774×10^{-4}	24.2011
1cm^3·atm	1.0332	0.0747	2.8146×10^{-8}	0.3827×10^{-7}	0.3774×10^{-7}	0.0242
1L·at	1000	72.3301	2.7241×10^{-5}	0.3704×10^{-4}	0.3653×10^{-4}	23.4023
1cm^3·at	1	0.0723	2.7241×10^{-8}	0.370×10^{-7}	0.3653×10^{-7}	0.0234
1ft·lbf	13.8255	1	3.7662×10^{-7}	5.1206×10^{-7}	5.0505×10^{-7}	0.3238
1kW·h	3.6710×10^{7}	2.6552×10^{6}	1	1.3596	1.3410	859680
1PS·h	2.7000×10^{7}	1.9529×10^{6}	0.7355	1	0.9863	6.3242×10^{5}
1hp·h	2.7375×10^{7}	1.9800×10^{6}	0.7457	1.0139	1	6.4119×10^{5}
1cal	42.6932	3.0880	1.1630×10^{-6}	1.5596×10^{-6}	1.5812×10^{-6}	1
1cal_{th}	42.6647	3.0860	1.1622×10^{-6}	1.5586×10^{-6}	1.5802×10^{-6}	0.9993
1cal_{15}	42.6791	3.0871	1.1626×10^{-6}	1.5591×10^{-6}	1.5807×10^{-6}	0.9997
1Btu	1.0759×10^{4}	778.1653	0.0003	0.0004	0.0004	251.9950
1CHU	1.9366×10^{4}	1400.6975	0.0005	0.0007	0.0007	453.5947
1eV	0.1634×10^{-17}	0.1182×10^{-18}	0.4451×10^{-25}	0.6051×10^{-25}	0.5968×10^{-25}	0.3827×10^{-19}

单位	热化学卡 (cal_{th})	15摄氏度卡 (cal_{15})	英热单位 (Btu)	摄氏度热单位 (CHU)	电子伏特 (eV)
1J 或 N·m	0.2390	0.2389	0.0009	0.0005	0.6241×10^{19}
1erg 或 dyn·cm	0.2390×10^{-7}	0.2389×10^{-7}	9.4717×10^{-11}	5.2657×10^{-11}	0.6241×10^{12}
1kgf·m	2.3439	2.3430	0.0093	0.0052	6.1208×10^{19}
1L·atm	24.2173	24.2086	0.0960	0.0534	0.6324×10^{21}
1cm^3·atm	0.0242	0.0242	0.9604×10^{-4}	0.5335×10^{-4}	0.6324×10^{18}
1L·at	23.4385	23.4301	0.0929	0.0516	6.1208×10^{20}
1cm^3·at	0.0234	0.0234	0.9289×10^{-4}	0.5164×10^{-4}	6.1208×10^{17}
1ft·lbf	0.3240	0.3239	0.0013	7.1393×10^{-4}	8.4623×10^{18}
1kW·h	860400	860040	3409.8120	1895.6520	2.2468×10^{25}
1PS·h	6.3284×10^{5}	6.3261×10^{5}	2509.5996	1394.2220	1.6526×10^{25}
1hp·h	6.4162×10^{5}	6.4139×10^{5}	2544.4030	1413.5572	1.6755×10^{25}
1cal	1.0007	1.0003	0.0040	0.0022	2.6132×10^{19}
1cal_{th}	1	0.9996	0.0040	0.0022	2.6114×10^{19}
1cal_{15}	1.0004	1	0.0040	0.0022	2.6124×10^{19}
1Btu	252.1715	252.0761	1	0.5556	0.6585×10^{22}
1CHU	453.9087	453.7370	1.8000	1	1.1853×10^{22}
1eV	0.3829×10^{-19}	0.3828×10^{-19}	1.5186×10^{-22}	0.8436×10^{-22}	1

2.3.10 声单位换算（表 2.12）

表 2.12 声单位换算

量的名称	法定计量单位		习用非法定计量单位		换算关系
	名称	符号	名称	符号	
声压	帕斯卡	Pa	微巴	μbar	$1\mu bar = 10^{-1} Pa$
声能密度	焦耳每立方米	J/m^3	尔格每立方厘米	erg/cm^3	$1 erg/cm^3 = 10^{-1} J/m^3$
声功率	瓦特	W	尔格每秒	erg/s	$1 erg/s = 10^{-7} W$
声强	瓦特每平方米	W/m^2	尔格每秒平方厘米	$erg/(s \cdot cm^2)$	$1 erg/(s \cdot cm^2) = 10^{-3} W/m^2$
声阻抗率、流阻	帕斯卡秒每米	$Pa \cdot s/m$	CGS 瑞利	CGSrayl	$1 CGSrayl = 10 Pa \cdot s/m$
	帕斯卡秒每米	$Pa \cdot s/m$	瑞利	rayl	$1 rayl = 1 Pa \cdot s/m$
声阻抗	帕斯卡秒每三次方米	$Pa \cdot s/m^3$	CGS 声欧姆	$CGS\Omega_A$	$1 CGS\Omega_A = 10^5 Pa \cdot s/m^3$
	帕斯卡秒每三次方米	$Pa \cdot s/m^3$	声欧姆	Ω_A	$1 \Omega_A = 1 Pa \cdot s/m^3$
力阻抗	牛顿秒每米	$N \cdot s/m$	CGS 力欧姆	$CGS\Omega_M$	$1 CGS\Omega_M = 10^3 N \cdot s/m$
	牛顿秒每米	$N \cdot s/m$	力欧姆	Ω_M	$1 \Omega_M = 1 N \cdot s/m$
吸声量	平方米	m^2	赛宾	Sab	$1 Sab = 1 m^2$

2.4 建筑电气常用专业计算公式及符号

2.4.1 电气专业基本计算公式（表 2.13）

表 2.13 电气专业基本计算公式

项目	图示	公式	项目	图示	公式
电阻与导体长度、横截面及材料性质间的关系	—	$R = \rho \dfrac{l}{S}$ R ——导体的电阻，Ω l ——导体的长度，m S ——导体的截面积，m^2 ρ ——电阻率，$\Omega \cdot m$	全电路欧姆定律		$I = \dfrac{E}{r+R}$ I ——电路中的电流，A E ——电源的电动势，V r ——电源的内电阻，Ω R ——电路中的负载电阻，Ω
电阻与温度关系	—	$R_t = R_{20}[1+a(t-20)]$ Rt ——导体在 t℃时的电阻，Ω R_{20} ——导体在 20℃时的电阻，Ω a ——导体的电阻温度系数 t ——温度，℃	电阻串联的总值		$R = R_1 + R_2 + R_3$ R ——总电阻，Ω R_1、R_2、R_3 ——分电阻，Ω
			电阻并联的总值		$\dfrac{1}{R} = \dfrac{1}{R_1} + \dfrac{1}{R_2} + \dfrac{1}{R_3}$ R ——总电阻，Ω R_1、R_2、R_3 ——分电阻，Ω
			电阻混联的总值		$R = R_1 + \dfrac{R_2 R_3}{R_2 + R_3}$ R ——总电阻，Ω R_1、R_2、R_3 ——分电阻，Ω
直流电路中电压、电流、电阻三者之间的关系（欧姆定律）		$I = \dfrac{U}{R}$ I ——电路中的电流，A U ——电路两端电压，V R ——电路中的电阻，Ω	电容串联的总值		$\dfrac{1}{C} = \dfrac{1}{C_1} + \dfrac{1}{C_2} + \dfrac{1}{C_3}$ C ——总电容，F C_1、C_2、C_3 ——分电容，F

续表

项　目	图示	公　式	项　目	图示	公　式
电容并联的总值	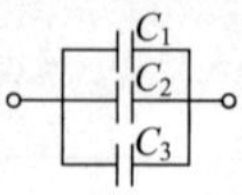	$C=C_1+C_2+C_3$ C——总电容,F C_1、C_2、C_3——分电容,F	交流电流和电压	—	$i=I_m\sin(\omega t+\phi)$ $u=U_m\sin(\omega t+\phi)$ i——电流的瞬时值,A u——电压的瞬时值,V I_m——电流的最大值,A U_m——电压的最大值,V ω——角频率,rad/s ϕ——初相角,rad t——时间,s
电阻星形三角形联结互换	星形化为三角形	$R_{12}=R_1+R_2+\dfrac{R_1R_2}{R_3}$ $R_{23}=R_2+R_3+\dfrac{R_2R_3}{R_1}$ $R_{31}=R_3+R_1+\dfrac{R_3R_1}{R_2}$			
	三角形化为星形	$R_1=\dfrac{R_{12}R_{31}}{R_{12}+R_{23}+R_{31}}$ $R_2=\dfrac{R_{23}R_{12}}{R_{12}+R_{23}+R_{31}}$ $R_3=\dfrac{R_{31}R_{23}}{R_{12}+R_{23}+R_{31}}$	交流电流和电压的有效值	—	$I=\dfrac{I_m}{\sqrt{2}}\approx 0.707I_m$ $U=\dfrac{U_m}{\sqrt{2}}\approx 0.707U_m$ I——电流的有效值,A U——电压的有效值,V I_m、U_m 意义同前
电容星形三角形联结互换	星形化为三角形	$C_{12}=\dfrac{C_1C_2}{C_1+C_2+C_3}$ $C_{23}=\dfrac{C_2C_3}{C_1+C_2+C_3}$ $C_{31}=\dfrac{C_3C_1}{C_1+C_2+C_3}$	电感串联的总值	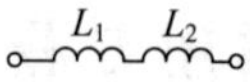	$L=L_1+L_2$ L——总电感,H L_1、L_2——分电感,H
	三角形化为星形	$C_1=C_{12}+C_{31}+\dfrac{C_{12}C_{31}}{C_{23}}$ $C_2=C_{23}+C_{12}+\dfrac{C_{23}C_{12}}{C_{31}}$ $C_3=C_{31}+C_{23}+\dfrac{C_{31}C_{23}}{C_{12}}$	电感并联的总值	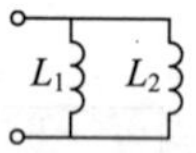	$L=\dfrac{L_1L_2}{L_1+L_2}$ L——总电感,H L_1、L_2——分电感,H
电池串联		$I=\dfrac{nE}{R+nr}$ I——电路中电流,A E——一个电池的电动势,V R——外路中总电阻,Ω r——一个电池的内电阻,Ω n——串联电池的个数(n个电池性能相同)	有互感的电感串联的总值	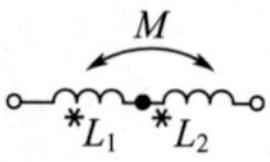	$L=L_1+L_2+2M$ L——总电感,H L_1、L_2——分电感,H M——互感,H *——表示电流流入处
					$L=L_1+L_2-2M$ L——总电感,H L_1、L_2——分电感,H M——互感,H
电功率	—	$P=UI=I^2R=\dfrac{U^2}{R}$ P——电功率,W U——电路两端的电压,V I——电路中的电流,A R——电路总电阻,Ω	有互感的电感并联的总值	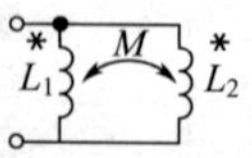	$L=\dfrac{L_2L_1-M^2}{L_1+L_2-2M}$ L——总电感,H L_1、L_2——分电感,H M——互感,H
					$L=\dfrac{L_1L_2-M^2}{L_1+L_2+2M}$ L——总电感,H L_1、L_2——分电感,H M——互感,H

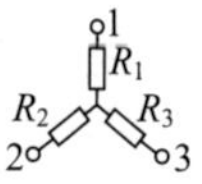

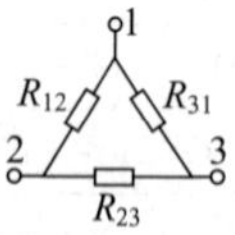

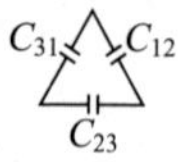

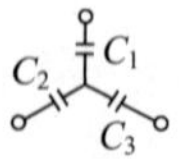

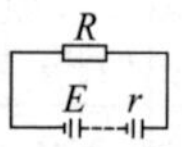

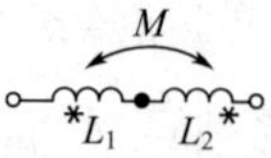

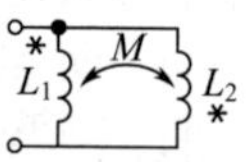

项目	图示	公式	项目	图示	公式
电阻、电感、电容串联的总阻抗	R L C	$Z=\sqrt{R^2+(X_L-X_C)^2}$ $X_L=2\pi fL$ $X_C=\dfrac{1}{2\pi fC}$ Z——阻抗,Ω R——电阻,Ω X_L——感抗,Ω X_C——容抗,Ω f——频率,H_z L——电感,H C——电容,F	三相交流电路中线电压与相电压、线电流与相电流间的关系	—	负载△接法 $U_{线}=U_{相}$ $I_{线}=\sqrt{3}I_{相}$(负载对称) 负载Y接法 $U_{线}=\sqrt{3}U_{相}$(有中线) $I_{线}=I_{相}$ $U_{线}$——线电压,V $U_{相}$——相电压,V $I_{线}$——线电流,A $I_{相}$——相电流,A
电阻、电感、电容并联的总阻抗	R L C	$Z=\sqrt{\dfrac{1}{\left(\dfrac{1}{R}\right)^2+\left(\dfrac{1}{X_L}-\dfrac{1}{X_C}\right)^2}}$ $Z、R、X_L、X_C$ 意义同上	对称三相交流电路功率	—	$P=\sqrt{3}UI\cos\varphi$ $Q=\sqrt{3}UI\sin\varphi$ $S=\sqrt{3}UI$ $\cos\varphi=\dfrac{P}{S}$ $P、Q、S、U、I、\varphi$ 意义同前 $\cos\varphi$——功率因数
单相交流电路功率	—	$P=UI\cos\varphi$ $Q=UI\sin\varphi$ $S=UI=I^2Z$ P——有功功率,W Q——无功功率,var S——视在功率,V·A φ——电流与电压间的相位角 $U、I、Z$ 意义同前	直流电磁铁吸引力	—	$F=\dfrac{SB^2}{8\pi}\times10^3$ F——吸引力,N B——磁感应强度,T S——磁铁的截面积,cm^2
			电动机额定转矩	—	$M=\dfrac{9555P}{n}$ M——电动机额定转矩,N·m P——电动机额定功率,kW n——电动机转速,r/min

2.4.2 建筑电气常用文字符号简称

（1）电气常用辅助文字符号（表2.14）

表2.14 电气常用辅助文字符号

文字符号	中文名称	英文名称	文字符号	中文名称	英文名称
A	电流	Current	AUX	辅助	Auxiliary
A	模拟	Analog	ASY	异步	Asynchronizing
AC	交流	Alternating current	B、BRK	制动	Braking
A、AUT	自动	Automatic	BC	广播	Broadcast
ACC	加速	Accelerating	BK	黑	Black
ADD	附加	Add	BU	蓝	Blue
ADJ	可调	Adjustability	BW	向后	Backward

文字符号	中文名称	英文名称	文字符号	中文名称	英文名称
C	控制	Control	M	中	Medium
CCW	逆时针	Counter clockwise	M	中间线	Mid－wire
CD	操作台(独立)	Control desk(independent)	M、MAN	手动	Manual
CO	切换	Change over	MAX	最大	Maximum
CW	顺时针	Clockwise	MIN	最小	Minimum
D	延时、延迟	Delay	MC	微波	Microwave
D	差动	Differential	MD	调制	Modulation
D	数字	Digital	MH	人孔(人井)	Manhole
D	降	Down,Lower	MN	监听	Monitoring
DC	直流	Direct current	MO	瞬间(时)	Moment
DCD	解调	Demodulation	MUX	多路复用的限定符号	Multiplex
DEC	减	Decrease			
DP	调度	Dispatch	N	中性线	Neutral
DR	方向	Direction	NR	正常	Normal
DS	失步	Desynchronize	OFF	断开	Open,off
E	接地	Earthing	ON	闭合	Close,On
EC	编码	Encode	OUT	输出	Output
EM	紧急	Emergency	O/E	光电转换器	Optics/Electric transducer
EMS	发射	Emission	P	压力	Pressure
EX	防爆	Explosion proof	P	保护	Protection
F	快速	Fast	PB	保护箱	Protect box
FA	事故	Failure	PE	保护接地	Protective earthing
FB	反馈	Feedback	PEN	保护接地与中性线共用	Protective earthing neutral
FM	调频	Frequency modulation			
FW	正、向前	Forward	PU	不接地保护	Protective unearthing
FX	固定	Fix	PL	脉冲	Pulse
G	气体	Gas	PM	调相	Phase modulation
GN	绿	Green	PO	并机	Parallel operation
H	高	High	PR	参量	Parameter
HH	最高(较高)	Highest(higher)	R	记录	Recording
HH	手孔	Handhole	R	右	Right
HV	高压	High voltage	R	反	Reverse
IB	仪表箱	Instrument box	RD	红	Red
IN	输入	Input	RES	备用	Reservation
INC	增	Increase	R、RST	复位	Reset
IND	感应	Induction	RTD	热电阻	Resistance temperature detector
L	左	Left	RUN	运转	RUN
L	限制	Limiting	S	信号	Signal
L	低	Low	ST	起动	Start
LL	最低(较低)	Lowest(lower)	S、SET	置位、定位	Setting
LA	闭锁	Latching	SAT	饱和	Saturate
M	主	Main	SB	供电箱	Power supply box

续表

文字符号	中文名称	英文名称	文字符号	中文名称	英文名称
STE	步进	Stepping	TM	发送	Transmit
STP	停止	Stop	U	升	Up
SYN	同步	Synchronizing	UPS	不间断电源	Uninterruptable power supplies
SY	整步	Synchronize	V	真空	Vacuum
S·P	设定点	Set-point	V	速度	Velocity
T	温度	Temperature	V	电压	Voltage
T	时间	Time	VR	可变	Variable
T	力矩	Torque	WH	白	White
TE	无噪声（防干扰）接地	Noiseless earthing	YE	黄	Yellow

（2）电气常见颜色标志（表2.15）

表2.15 电气常见颜色标志

指示器的颜色标识			操作器的颜色标识		
名称	颜色标识	颜色标识来源	名称	颜色标识	颜色标识来源
指示器(信号灯)			操作器(按钮)		
状态	颜色	备注	紧停按钮	红色(RD)	
危险指示	红色(RD)		合闸(开机)(起动)按钮	绿色(GN)、白色(WH)	
警告指示	黄色(YE)				
安全指示	绿色(GN)				
事故跳闸	红色(RD)		分闸(停机)按钮	红色(RD)、黑色(BK)	
重要的服务系统停机	红色(RD)	—			
起重机停止位置超行程	红色(RD)		正常停和紧停合用按钮	红色(RD)	
辅助系统的压力/温度超出安全极限	红色(RD)		电动机降压起动结束按钮	白色(WH)	GB/T 4025
高温报警	黄色(YF)	GB/T 4025	弹簧储能按钮	蓝色(BU)	
过负荷	黄色(YE)				
异常指示	黄色(YE)		危险状态或紧急指令	红色(RD)	
正常指示	绿色(GN)	核准继续运行			
正常分闸(停机)指示	绿色(GN)	设备在安全状态	异常、故障状态	黄色(YE)	
弹簧储能完毕指示	绿色(GN)	设备在安全状态	安全状态	绿色(GN)	
开关的合(分)或运行指示	白色(WH)	单灯指示开关运行状态；双灯指示开关合时运行状态	注：当使用白色和黑色来区分起动/合闸和停机/分闸操作器时，白色应用于起动/合闸操作器时，黑色必须用于停机/分闸操作器。	
电动机降压起动过程指示	蓝色(BU)	设备在安全状态			

续表

导体的颜色标识				小母线的色别			
名称	颜色标识	备注	颜色标识来源	符号	名称	颜色	颜色标识来源
导体(电缆或芯线、母线、电气设备或装置中的导体)				L－或(－700)	信号小母线(负电源)	蓝(BU)	
交流系统L1相	黄色(YE)	—	GB 50053—94 第 3.1.2 条	M100	闪光小母线	红色,间绿(RDGN)	
交流系统L2相	绿色(GN)			L1－6□0	电压小母线(L1相)	黄(YE)	
交流系统L3相	红色(RD)			L2－6□0	电压小母线(L2相)	绿(GN)	
中性导体 N	淡蓝色(BU)			L3－6□0	电压小母线(L3相)	红(RD)	
保护导体 PE	绿/黄双色(GNYE)		GB/T 7947—2006 3.2.2,3.3.2,3.3.3	N	电压小母线(N线)	黑(BK)	
交流系统PEN导体	全长绿/黄双色,终端另用淡蓝色标志 全长淡蓝色,终端另用绿/黄双色标志	两种标识仅选一种		控制屏(台)上模拟母线的色别			
				序号	电压等级 kV	颜色	颜色标识来源
直流系统的正极	棕色(BN)	—		1	直流	褐	
直流系统的负极	蓝色(BU)			2	交流 0.10	浅灰	
				3	交流 0.23	深灰	
直流系统的接地中线	淡蓝色(BU)			4	交流 0.38	黄褐	
				5	交流 3	深绿	
				6	交流 6	深蓝	
				7	交流 10	绛红	
				8	交流 20	梨黄	
小母线的色别				9	交流 35	鲜黄	
符号	名称	颜色	颜色标识来源	10	交流 63	橙黄	
L+或(+)	控制小母线(正电源)	红(RD)		11	交流 110	朱红	
L－或(－)	控制小母线(负电源)	蓝(BU)		12	交流 220	紫	
L+或(+700)	信号小母线(正电源)	红(RD)		注:1. 模拟母线的宽度宜为 12mm。2. 励磁系统的直流回路模拟母线的色别为褐色。3. 变压器中性点引线的模拟母线的色别为黑色。			

(3) 电气测量仪表常用符号（表 2.16）

表 2.16 电气测量仪表常用符号

符号	名称	符号	名称	符号	名称
A	安培表	kW	千瓦表	MΩ	兆欧表
mA	毫安表	var	乏表(无功功率表)	n	转速表
μA	微安表	Wh	瓦时表(电度表)	h	小时表
kA	千安表	varh	乏时表	$\theta(t°)$	温度表(计)
Ah	安培小时表	Hz	频率表	±	极性表
V	伏特表	λ	波长表	ΣA	和量仪表(例:电量和量表)
mV	毫伏表	cosφ	功率因数表		
kV	千伏表	φ	相位表		
W	瓦特表(功率表)	Ω	欧姆表		

2.5 建筑电气常用专业数据

2.5.1 全国主要城市年平均雷暴日数

见图 2.16、表 2.17。

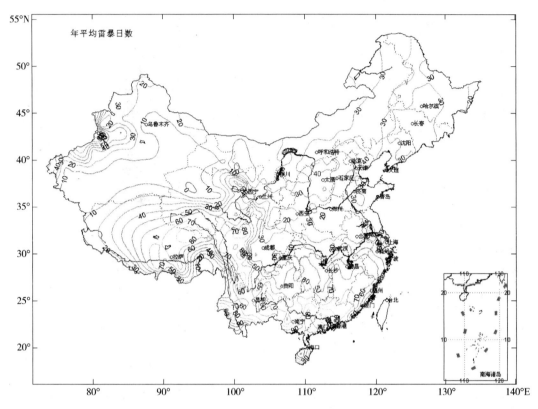

图 2.16 全国年平均雷暴日数区划示意图

(注：本图摘自国家规范 GB 50689—2011)

表 2.17 全国主要城市年平均雷暴日数统计表（摘自 GB 50689—2011）

地名	雷暴日数/(d/a)	地名	雷暴日数/(d/a)	地名	雷暴日数/(d/a)
1. 北京市	36.3	6. 山西省		赤峰市	32.4
2. 天津市	29.3	太原市	34.5	8. 辽宁省	
3. 上海市	28.4	大同市	42.3	沈阳市	26.9
4. 重庆市	36.0	阳泉市	40.0	大连市	19.2
5. 河北省		长治市	33.7	鞍山市	26.9
石家庄市	31.2	临汾市	31.1	本溪市	33.7
保定市	30.7	7. 内蒙古自治区		锦州市	28.8
邢台市	30.2	呼和浩特市	36.1	9. 吉林省	
唐山市	32.7	包头市	34.7	长春市	35.2
秦皇岛市	34.7	海拉尔市(区)	30.1	吉林市	40.5

续表

地名	雷暴日数/(d/a)	地名	雷暴日数/(d/a)	地名	雷暴日数/(d/a)
四平市	33.7	南昌市	56.4	珠海市	64.2
通化市	36.7	九江市	45.7	韶关市	77.9
图们市	23.8	赣州市	67.2	21. 广西壮族自治区	
10. 黑龙江省		上饶市	65.0	南宁市	84.6
哈尔滨市	27.7	新余市	59.4	柳州市	67.3
大庆市	31.9	16. 山东省		桂林市	78.2
伊春市	35.4	济南市	25.4	梧州市	93.5
齐齐哈尔市	27.7	青岛市	20.8	北海市	83.1
佳木斯市	32.2	烟台市	23.2	22. 四川省	
11. 江苏省		济宁市	29.1	成都市	34.0
南京市	32.6	潍坊市	28.4	自贡市	37.6
常州市	35.7	17. 河南省		攀枝花市	66.3
苏州市	28.1	郑州市	21.4	西昌市	73.2
南通市	35.6	洛阳市	24.8	绵阳市	34.9
徐州市	29.4	三门峡市	24.3	内江市	40.6
连云港市	29.6	信阳市	28.8	达州市	37.1
12. 浙江省		安阳市	28.6	乐山市	42.9
杭州市	37.6	18. 湖北省		康定	52.1
宁波市	40.0	武汉市	34.2	23. 贵州省	
温州市	51.0	宜昌市	44.6	贵阳市	49.4
丽水市	60.5	十堰市	18.8	遵义市	53.3
衢州市	57.6	恩施市	49.7	凯里市	59.4
13. 安徽省		黄石市	50.4	六盘水市	68.0
合肥市	30.1	19. 湖南省		兴义市	77.4
蚌埠市	31.4	长沙市	46.6	24. 云南省	
安庆市	44.3	衡阳市	55.1	昆明市	63.4
芜湖市	34.6	大庸市	48.3	东川市(区)	52.4
阜阳市	31.9	邵阳市	57.0	个旧市	50.2
14. 福建省		郴州市	61.5	景洪	120.8
福州市	53.0	20. 广东省		大理市	49.8
厦门市	47.4	广州市	76.1	丽江	75.8
漳州市	60.5	深圳市	73.9	河口	108
三明市	67.5	湛江市	94.6	25. 西藏自治区	
龙岩市	74.1	茂名市	94.4	拉萨市	68.9
15. 江西省		汕头市	52.6	日喀则市	78.8

续表

地名	雷暴日数/(d/a)	地名	雷暴日数/(d/a)	地名	雷暴日数/(d/a)
那曲县	85.2	金昌市	19.6	伊宁市	27.2
昌都县	57.1	28.青海省		库尔勒市	21.6
26.陕西省		西宁市	31.7	31.海南省	
西安市	15.6	格尔木市	2.3	海口市	104.3
宝鸡市	19.7	德令哈市	19.3	三亚市	69.9
汉中市	31.4	29.宁夏回族自治区		琼中	115.5
安康市	32.3	银川市	18.3	32.香港特别行政区	
延安市	30.5	石嘴山市	24.0	香港	34.0
27.甘肃省		固原县(市)	31.0	33.澳门特别行政区	
兰州市	23.6	30.新疆维吾尔自治区		澳门	(暂缺)
酒泉市	12.9	乌鲁木齐市	9.3	34.台湾省	
天水市	16.3	克拉玛依市	31.3	台北市	27.9

2.5.2 常用电力电缆导体的最高允许温度（表2.18）

表2.18 常用电力电缆导体的最高允许温度（GB 50217）

电缆			最高允许温度/℃	
绝缘类别	型式特征	电压/kV	持续工作	短路暂态
聚氯乙烯	普通	≤6	70	160
交联聚乙烯	普通	≤500	90	250
自容式充油	普通牛皮纸	≤500	80	160
	半合成纸	≤500	85	160

2.5.3 35kV及以下电缆敷设度量时的附加长度（表2.19）

表2.19 35kV及以下电缆敷设度量时的附加长度（GB 50217）

项目名称		附加长度/m
电缆终端的制作		0.5
电缆接头的制作		0.5
由地坪引至各设备的终端处	电动机(按接线盒对地坪的实际高度)	0.5~1
	配电屏	1
	车间动力箱	1.5
	控制屏或保护屏	2
	厂用变压器	3
	主变压器	5
	磁力启动器或事故按钮	1.5

注：对厂区引入建筑物，直埋电缆因地形及埋设的要求，电缆沟、隧道、吊架的上下引接，电缆终端、接头等所需的电缆预留量，可取图纸量出的电缆敷设路径长度的5%。

2.5.4 电缆安装时最小弯曲半径（表2.20）

表2.20 电缆安装时最小弯曲半径

项 目	单芯电缆		三芯电缆	
	无铠装	有铠装	无铠装	有铠装
安装时的电缆最小弯曲半径	20D	15D	15D	12D
靠近连接盒和终端的电缆最小弯曲半径（但弯曲要小心控制，如采用成型导板）	15D	12D	12D	10D

注：D为电缆外径。

2.5.5 电力电缆常用型号及其含义

（1）电力电缆常用型号（表2.21）

表2.21 电力电缆常用型号

型 号		名 称
铜芯	铝芯	
VV	VLV	聚氯乙烯绝缘聚氯乙烯护套电力电缆
VY	VLY	聚氯乙烯绝缘聚乙烯护套电力电缆
VV22	VLV22	聚氯乙烯绝缘钢带铠装聚氯乙烯护套电力电缆
VV23	VLV23	聚氯乙烯绝缘钢带铠装聚乙烯护套电力电缆
VV32	VLV32	聚氯乙烯绝缘细钢丝铠装聚氯乙烯护套电力电缆
VV33	VLV33	聚氯乙烯绝缘细钢丝铠装聚乙烯护套电力电缆
YJV	YJLV	交联聚乙烯绝缘聚氯乙烯护套电力电缆
YJY	YJLY	交联聚乙烯绝缘聚乙烯护套电力电缆
YJV22	YJLV22	交联聚乙烯绝缘钢带铠装聚氯乙烯护套电力电缆
YJV23	YJLV23	交联聚乙烯绝缘钢带铠装聚乙烯护套电力电缆
YJV32	YJLV32	交联聚乙烯绝缘细钢丝铠装聚氯乙烯护套电力电缆
YJV33	YJLV33	交联聚乙烯绝缘细钢丝铠装聚乙烯护套电力电缆

（2）常见电力电缆代号（表2.22）

表2.22 常见电力电缆代号

代号类型		符号	代号类型		符号
导体代号	第2种铜导体	（T）省略	铠装代号	双钢带铠装	2
	第5种铜导体	R		细圆钢丝铠装	3
	铝导体	L		粗圆钢丝铠装	4
绝缘代号	聚氯乙烯绝缘	V		（双）非磁性金属带铠装	6
	交联聚乙烯绝缘	YJ			
	乙丙橡胶绝缘	E		非磁性金属丝铠装	7
	硬乙丙橡胶绝缘	EY			
护套代号	聚氯乙烯护套	V	外护套代号	聚氯乙烯外护套	2
	聚乙烯或聚烯烃护套	Y		聚乙烯或聚烯烃外护套	3
	弹性体护套	F		弹性体外护套	4
	铅套	Q			

(3) 电力电缆产品表示方法　产品用型号（型号中有数字代号的电缆外护层，数字前的文字代号表示内护层）、规格（额定电压、芯数、标称截面积）及本部分标准编号表示。产品型号的组成和排列顺序如图 2.17 所示。

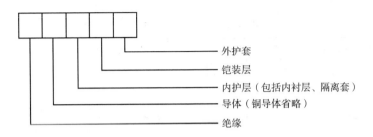

图 2.17　产品型号组成及排列顺序示意

电缆产品表示示例：

a. 铜芯交联聚乙烯绝缘钢带铠装聚氯乙烯护套电力电缆，额定电压为 0.6/1kV，3+1 芯，标称截面积 95mm², 中性线截面积 50mm² 表示为：

　　　　YJV22-0.6/1　3×95+1×50　GB/T 12706.1—2008

b. 铝芯聚氯乙烯绝缘钢带铠装聚氯乙烯护套电力电缆，额定电压为 0.6/1kV，3 芯，标称截面积 70mm²，表示为：

　　　　VLV22-0.6/1　3×70　GB/T 12706.1—2008

2.5.6　阻燃和耐火电线电缆型号及其含义

(1) 阻燃和耐火电线电缆型号组成　阻燃和耐火电线电缆的型号由产品燃烧特性代号和相关电线电缆型号两部分组成，见图 2.18。

交联聚乙烯绝缘聚氯乙烯护套阻燃 C 类耐火电力电缆为：额定电压为 0.6/1kV，3+1 芯，标称截面积 95mm²，中性线截面积 50mm² 表示为：

　　　　ZCN-YJV22-0.6/1　3×95+1×50

如图 2.19 所示。

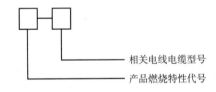

图 2.18　阻燃和耐火电线电缆的型号组成

图 2.19　常见电力电缆示意

聚烯烃绝缘填充式挡潮层聚烯烃护套单层纵包轧纹钢带铠装聚烯烃外套无卤低烟阻燃B类市内通信电缆表示为：

WDZB-HYAT53　规格（略）

（2）产品燃烧特性代号（表2.23）

表2.23　产品燃烧特性代号

代号	名称	代号	名称	代号	名称
Z[①]	阻燃	ZD[②]	阻燃D类	U	低毒
ZA	阻燃A类	省略	有卤	N	耐火
ZB	阻燃B类	W	无卤	NJ	耐火加冲击
ZC	阻燃C类	D	低烟	NS	耐之加喷水

① Z为单根阻燃，仅用于基材不含卤素的产品。基材含卤素的，Z省略。
② ZD为成束阻燃D类，适用于外径不大于12mm即较细的产品。

（3）现行产品燃烧特性代号　现行产品燃烧特性代号见表2.24。有多种燃烧特性要求时，其代号按无卤（有卤省略）、低烟、低毒、阻燃或耐火的顺序排列。

表2.24　现行产品燃烧特性代号

系列名称	代号	名称	系列名称	代号	名称
阻燃系列	ZA	阻燃A类	耐火系列	N	耐火
	ZB	阻燃B类		ZAN	阻燃A类耐火
	ZC	阻燃C类		ZBN	阻燃B类耐火
	ZD	阻燃D类		ZCN	阻燃C类耐火
				ZDN	阻燃D类耐火
无卤低烟	WDZ	无卤低烟阻燃	无卤低烟	WDZN	无卤低烟阻燃耐火
	WDZA	无卤低烟阻燃A类		WDZAN	无卤低烟阻燃A类耐火
	WDZB	无卤低烟阻燃B类		WDZBN	无卤低烟阻燃B类耐火
	WDZC	无卤低烟阻燃C类		WDZCN	无卤低烟阻燃C类耐火
	WDZD	无卤低烟阻燃D类		WDZDN	无卤低烟阻燃D类耐火

2.5.7　常见电压等级

（1）目前我国常用的电压等级：220V、380V、6kV、10kV、35kV、110kV、220kV、330kV、500kV。

（2）我国规定安全电压为36V、24V、12V三种。

（3）通常将35kV及35kV以上的电压线路称为送电线路；10kV及其以下的电压线路称为配电线路；将额定1kV以上电压称为"高电压"，额定电压在1kV以下电压称为"低电压"。

2.6　常见金属材料的导电性能

（1）在电工领域，一般导电材料通常指电阻率为$(1.5 \sim 10) \times 10^{-8} \Omega \cdot m$的金属。导

电材料主要分为 4 类。

① 金属元素（按电导率大小排列）有：银（Ag）、铜（Cu）、金（Au）、铝（Al）、钠（Na）、钼（Mo）、钨（W）、锌（Zn）、镍（Ni）、铁（Fe）、铂（Pt）、锡（Sn）、铅（Pb）等。

② 合金，铜合金有：银铜、镉铜、铬铜、铍铜、锆铜等；铝合金有：铝镁硅、铝镁、铝镁铁、铝锆等。

③ 复合金属，可利用塑性加工进行复合、利用热扩散进行复合、利用镀层进行复合等 3 种加工方法获得。

a. 高机械强度的复合金属有：铝包钢、钢铝电车线、铜包钢等；
b. 高电导率复合金属有：铜包铝、银覆铝等；
c. 高弹性复合金属有：铜覆铍、弹簧铜覆铜等；
d. 耐高温复合金属有：铝覆铁、铝黄铜覆铜、镍包铜、镍包银等；
e. 耐腐蚀复合金属有：不锈钢覆铜、银包铜、镀锡铜、镀银铜包钢等。

④ 特殊功能导电材料是指不以导电为主要功能，而在电热、电磁、电光、电化学效应方面具有良好性能的导体材料。它们广泛应用在电工仪表、热工仪表、电器、电子及自动化装置的技术领域。如高电阻合金、电触头材料、电热材料、测温控温热电材料。重要的有银、镉、钨、铂、钯等元素的合金，铁铬铝合金、碳化硅、石墨等材料。

(2) 常见金属的电阻率如表 2.25 所示。

表 2.25 常见金属的电阻率

金属名称	电阻率 $\rho/(\Omega \cdot m)$	金属名称	电阻率 $\rho/(\Omega \cdot m)$
锌	5.90×10^{-3}	康铜	5.00×10^{-2}
铝（软）	2.75×10^{-3}	锆	4.90×10^{-2}
铝（软）	1.64×10^{-3}	黄铜	$5.00 \times 10^{-3} \sim 7.00 \times 10^{-3}$
阿露美尔合金	3.30×10^{-2}	水银	9.408×10^{-2}
锑	3.87×10^{-2}	水银	9.58×10^{-2}
铱	6.50×10^{-3}	锡	1.14×10^{-2}
铟	8.20×10^{-2}	锶	3.03×10^{-2}
殷钢	7.50×10^{-2}	青铜	$1.30 \times 10^{-2} \sim 1.80 \times 10^{-2}$
锇	9.50×10^{-3}	铯	2.10×10^{-2}
镉	7.40×10^{-3}	铋	1.20×10^{-1}
钾	6.90×10^{-3}	铊	1.90×10^{-2}
钙	4.60×10^{-3}	钨	5.50×10^{-3}
金	2.40×10^{-3}	钨	3.50×10^{-2}
银	1.62×10^{-3}	钨	1.23×10^{-1}
铬（软）	1.70×10^{-2}	钨	3.20×10^{-2}
镍铬合金（克露美尔）	$7.00 \times 10^{-2} \sim 1.10 \times 10^{-1}$	钽	1.50×10^{-2}
钴	6.37×10^{-3}		

2.7 民用建筑中用电负荷分级（表 2.26）

表 2.26 民用建筑中各类建筑物的主要用电负荷分级

序号	建筑物名称	用电负荷名称	负荷级别
1	国家级会堂、国宾馆、国家级国际会议中心	主会场、接见厅、宴会厅照明、电声、录像、计算机系统用电	一级*
		客梯、总值班室、会议室、主要办公室、档案室用电	一级
2	国家及省部级政府办公建筑	客梯、主要办公室、会议室、总值班室、档案室及主要通道照明用电	一级
3	国家及省部级计算中心	计算机系统用电	一级*
4	国家及省部级防灾中心、电力调度中心、交通指挥中心	防灾、电力调度及交通指挥计算机系统用电	一级*
5	地、市级办公建筑	主要办公室、会议室、总值班室、档案室及主要通道照明用电	二级
6	地、市级及以上气象台	气象业务用计算机系统用电	一级*
		气象雷达、电报及传真收发设备、卫星云图接收机及语言广播设备、气象绘图及预报照明用电	一级
7	电信枢纽、卫星地面站	保证通信不中断的主要设备用电	一级*
8	电视台、广播电台	国家及省、市、自治区电视台、广播电台的计算机系统用电，直接播出的电视演播厅、中心机房、录像室、微波设备及发射机房用电	一级*
		语音播音室、控制室的电力和照明用电	一级
		洗印室、电视电影室、审听室、楼梯照明用电	二级
9	剧场	特、甲等剧场的调光用计算机系统用电	一级*
		特、甲等剧场的舞台照明、贵宾室、演员化妆室、舞台机械设备、电声设备、电视转播用电	一级
		甲等剧场的观众厅照明、空调机房及锅炉房电力和照明用电	二级
10	电影院	甲等电影院的照明与放映用电	二级
11	博物馆、展览馆	大型博物馆及展览馆安防系统用电；珍贵展品展室照明	一级*
		展览用电	二级
12	图书馆	藏书量超过 100 万册及重要图书馆的安防系统、图书检索用计算机系统用电	一级*
		其他用电	二级
13	体育建筑	特级体育场(馆)及游泳馆的比赛场(厅)、主席台、贵宾室、接待室、新闻发布厅、广场及主要通道照明、计时记分装置、计算机房、电话机房、广播机房、电台和电视转播及新闻摄影用电	一级*
		甲级体育场(馆)及游泳馆的比赛场(厅)、主席台、贵宾室、接待室、新闻发布厅、广场及主要通道照明、计时记分装置、计算机房、电话机房、广播机房、电台和电视转播及新闻摄影用电	一级
		特级及甲级体育场(馆)及游泳馆中非比赛用电、乙级及以下体育建筑比赛用电	二级

续表

序号	建筑物名称	用电负荷名称	负荷级别
14	商场、超市	大型商场及超市的经营管理用计算机系统用电	一级*
		大型商场及超市营业厅的备用照明用电	一级
		大型商场及超市的自动扶梯、空调用电	二级
		中型商场及超市营业厅的备用照明用电	二级
15	银行、金融中心、证交中心	重要的计算机系统和安防系统用电	一级*
		大型银行营业厅及门厅照明、安全照明用电	一级
		小型银行营业厅及门厅照明用电	二级
16	民用航空港	航空管制、导航、通信、气象、助航灯光系统设施和台站用电，边防、海关的安全检查设备用电，航班预报设备用电，三级以上油库用电	一级*
		候机楼、外航驻机场办事处、机场宾馆及旅客过夜用房、站坪照明、站坪机务用电	一级
		其他用电	二级
17	铁路旅客站	大型站和国境站的旅客站房、站台、天桥、地道用电	一级
18	水运客运站	通信、导航设施用电	一级
		港口重要作业区、一级客运站用电	二级
19	汽车客运站	一、二级客运站用电	二级
20	汽车库(修车库)、停车场	Ⅰ类汽车库、机械停车设备及采用升降梯作车辆疏散出口的升降梯用电	一级
		Ⅱ、Ⅲ类汽车库和Ⅰ类修车库、机械停车设备及采用升降梯作车辆疏散出口的升降梯用电	二级
21	旅游饭店	四星级及以上旅游饭店的经营及设备管理用计算机系统用电	一级*
		四星级及以上旅游饭店的宴会厅、餐厅、厨房、康乐设施、门厅及高级客房、主要通道等场所的照明用电、厨房、排污泵、生活水泵、主要客梯用电，计算机、电话、电声和录像设备、新闻摄影用电	一级
		三星级旅游饭店的宴会厅、餐厅、厨房、康乐设施、门厅及高级客房、主经通道等场所的照明用电、厨房、排污泵、生活水泵、主要客梯用电，计算机、电话、电声和录像设备、新闻摄影用电，除上栏所述之外的四星级及以上旅游饭店的其他用电	二级
22	科研院所、高等院校	四级生物安全实验室等对供电连续性要求极高的国家重点实验室用电	一级*
		除上栏所述之外的其他重要实验室用电	一级
		主要通道照明用电	二级

续表

序号	建筑物名称	用电负荷名称	负荷级别
23	二级以上医院	重要手术室、重症监护等涉及患者生命安全的设备（如呼吸机等）及照明用电	一级*
		急诊部、监护病房、手术部、分娩室、婴儿室、血液病房的净化室、血液透析室、病理切片分析、核磁共振、介入治疗用CT及X光机扫描室、血库、高压氧舱、加速器机房、治疗室及配血室的电力照明用电，培养箱、冰箱、恒温箱用电，走道照明用电，百级洁净度手术室空调系统用电，重症呼吸道感染区的通风系统用电	一级
		除上栏所述之外的其他手术室空调系统用电，电子显微镜、一般诊断用CT及X光机用电，客梯用电，高级病房、肢体伤残康复病房照明用电	二级
24	一类高层建筑	走道照明、值班照明、警卫照明、障碍照明用电，主要业务和计算机系统用电。安防系统用电，电子信息设备机房用电，客梯用电，排污泵、生活水泵用电	一级
25	二类高层建筑	主要通道及楼梯间照明用电，客梯用电，排污泵、生活水泵用电	二级

注：1. 负荷级别表中"一级*"为一级负荷中特别重要负荷。
2. 各类建筑物的分级见现行的有关设计规范，消防负荷分级参见相关标准。
3. 表中当第1~23项各类建筑物与一类或二类高层建筑的用电负荷级别不相同时，负荷级别应按其中高者确定。

第3章 建筑电气供配电系统

3.1 建筑电气负荷分级及相关要求

本章所阐述的内容是指 35kV 及以下的供配电系统新建和扩建工程的电气供配电系统设计。

3.1.1 建筑用电负荷等级

(1) 电力负荷应根据对供电可靠性的要求及中断供电在对人身安全、经济损失上所造成的影响程度进行分级。建筑用电负荷分为三个级别：a. 一级负荷；b. 二级负荷；c. 三级负荷。

(2) 建筑用电负荷的不同等级范围及其要求如表 3.1 所示。

表 3.1 建筑用电负荷的不同等级范围及其要求

负荷等级	可靠性及损失或影响的程度	范围示例
一级 （符合右列情况之一时，应视为一级负荷）	中断供电将造成人身伤害时	—
	中断供电将在经济上造成重大损失时	—
	中断供电将影响重要用电单位的正常工作	重要通信枢纽、重要交通枢纽、重要的经济信息中心、特级或甲级体育建筑、国宾馆、国家级及承担重大国事活动的会堂以及经常用于重要国际活动的大量人员集中的公共场所等用电单位中的重要电力负荷
	特别重要的负荷	在一级负荷中，当中断供电将造成人员伤亡或重大设备损坏或发生中毒、爆炸和火灾等情况的负荷，以及特别重要场所的不允许中断供电的负荷，应视为一级负荷中特别重要的负荷
二级 （符合右列情况之一时，应视为二级负荷）	中断供电将在经济上造成较大损失时	—
	中断供电将影响较重要用电单位的正常工作	—
三级	不属于一级负荷和二级负荷的用电负荷	

3.1.2 各种常见建筑用电负荷级别划分

(1) 民用建筑中各类建筑物的主要用电负荷的分级,参见本书第 2 章节有关规定,在此从略。

(2) 当主体建筑中有一级负荷中特别重要负荷时,直接影响其运行的空调用电应为一级负荷;当主体建筑中有大量一级负荷时,直接影响其运行的空调用电应为二级负荷。

(3) 重要电信机房的交流电源,其负荷级别应与该建筑工程中最高等级的用电负荷相同。

(4) 区域性的生活给水泵房、采暖锅炉房及换热站的用电负荷,应根据工程规模、重要性等因素合理确定负荷等级,且不应低于二级。

3.1.3 民用建筑中消防用电的负荷等级

民用建筑中消防用电的负荷等级,应符合表 3.2 所列的规定。

表 3.2 民用建筑中消防用电的负荷等级

序号	建筑类型	房间类别	负荷等级
1	一类高层民用建筑	消防控制室	应为一级负荷
		火灾自动报警及联动控制装置	
		火灾应急照明及疏散指示标志	
		防烟及排烟设施、自动灭火系统	
		消防水泵、消防电梯及其排水泵	
		电动的防火卷帘及门窗以及阀门等	
2	二类高层民用建筑	消防控制室	应为二级负荷
		火灾自动报警及联动控制装置	
		火灾应急照明及疏散指示标志	
		防烟及排烟设施、自动灭火系统	
		消防水泵、消防电梯及其排水泵	
		电动的防火卷帘及门窗以及阀门等	
3	剧场	特、甲等剧场,本表序号第 1 款中所列的消防用电	应为一级负荷
		乙、丙等剧场	应为二级负荷
4	体育场馆	特级体育场馆的应急照明	为一级负荷中的特别重要负荷
		甲级体育场馆的应急照明	应为一级负荷

3.1.4 不同负荷等级供电要求

(1) 应急电源应根据允许中断供电的时间选择,并应符合表 3.3 规定。

表 3.3 不同类别应急电源的选择

序号	允许中断供电的时间情况	可选的应急电源类别
1	允许中断供电时间为 15s 以上的供电	可选用快速自启动的发电机组
2	自投装置的动作时间能满足允许中断供电时间的	可选用带有自动投入装置的独立于正常电源之外的专用馈电线路
3	允许中断供电时间为毫秒级的供电	可选用蓄电池静止型不间断供电装置或柴油机不间断供电装置

（2）下列电源可作为应急电源，如图3.1所示。

a. 独立于正常电源的发电机组。b. 供电网络中独立于正常电源的专用的馈电线路。c. 蓄电池。d. 干电池。

(a) 柴油发电机组

(b) 不同类型的UPS电源

(c) 不同类型的EPS

图3.1 常见应急电源示意

（3）备用电源的负荷严禁接入应急供电系统。

（4）一级负荷供电要求：

① 一级负荷应由双重电源供电，当一电源发生故障时，另一电源不应同时受到损坏。

② 一级负荷中特别重要的负荷供电，应符合下列要求：

a. 除应由双重电源供电外，尚应增设应急电源，并严禁将其他负荷接入应急供电系统；

b. 设备供电电源的切换时间，应满足设备允许中断供电的要求。

（5）二级负荷供电要求：二级负荷的供电系统，宜由两回线路供电。在负荷较小或地区供电条件困难时，二级负荷可由一回6kV及以上专用的架空线路供电。

（6）三级负荷供电要求：三级负荷对供电无特殊要求。

3.2 建筑电气电源及供配电系统要求

3.2.1 供配电电源基本要求

（1）需要两回电源线路的用户，宜采用同级电压供电。

（2）根据负荷的容量和分布，配变电所应靠近负荷中心。当配电电压为 35kV 时，亦可采用直降至低压配电电压。

（3）符合表 3.4 所列条件之一时，用电单位（用户）宜设置自备电源。

表 3.4 宜设置自备供电电源的情况

序号	宜设置自备电源的情况
1	需要设置自备电源作为一级负荷中的特别重要负荷的应急电源时或第二电源不能满足一级负荷的条件时
2	设置自备电源比从电力系统取得第二电源经济合理时
3	有常年稳定余热、压差、废弃物可供发电，技术可靠、经济合理时
4	所在地区偏僻，远离电力系统，设置自备电源经济合理时
5	有设置分布式电源的条件，能源利用效率高、经济合理时

（4）应急电源与正常电源之间，应采取防止并列运行的措施。当有特殊要求，应急电源向正常电源转换需短暂并列运行时，应采取安全运行的措施。

3.2.2 供配电系统基本要求

（1）供配电系统的设计，除一级负荷中特别重要负荷外，不应按一个电源系统检修或故障的同时另一电源又发生故障进行设计。

（2）供配电系统应简单可靠，同一电压等级的配电级数高压不宜多于两级；低压不宜多于三级。

（3）同时供电的两回及以上供配电线路中，当有一回路中断供电时，其余线路应能满足全部一级负荷及二级负荷。

（4）高压配电系统宜采用放射式。根据变压器的容量、分布及地理环境等情况，亦可采用树干式或环式。

（5）住宅（小区）的供配电系统，宜符合下列规定：

① 住宅（小区）的 10（6）kV 供电系统宜采用环网方式；

② 高层住宅宜在底层或地下一层设置 10（6）kV/0.4kV 户内变电所或预装式变电站；

③ 多层住宅小区、别墅群宜分区设置 10（6）kV/0.4kV 预装式变电站。如图 3.2 所示。

图 3.2 预装式变电站示意

（6）10（6）kV 系统的配电级数不宜多于两级。10（6）kV 配电系统宜采用放射式。根据变压器的容量、分布及地理环境等情况，亦可采用树干式或环式。

3.3 建筑供配电电压和电能质量

3.3.1 供配电电压的选择

（1）供电电压大于等于 35kV 时，用户的一级配电电压宜采用 10kV；当 6kV 用电设备的总容量较大，选用 6kV 经济合理时，宜采用 6kV；低压配电电压宜采用 220V/380V，工矿企业亦可采用 660V；当安全需要时，应采用小于 50V 电压。

（2）供电电压大于等于 35kV，当能减少配变电级数、简化结线及技术经济合理时，配电电压宜采用 35kV 或相应等级电压。

3.3.2 电能质量

（1）正常运行情况下，用电设备端子处电压偏差允许值（以额定电压的百分数表示）宜符合表 3.5 所列要求。

表 3.5 用电设备端子处电压偏差允许值

序号	用电设备		电压偏差允许值
1	电动机		为 ±5% 额定电压
2	照明	在一般工作场所	为 ±5% 额定电压
		对于远离变电所的小面积一般工作场所，难以满足上述要求时	可为 +5%，-10% 额定电压
		应急照明、道路照明和警卫照明等	为 +5%，-10% 额定电压
3	其他用电设备	其他用电设备无特殊规定时	为 ±5% 额定电压

（2）10kV 配电变压器不宜采用有载调压变压器；35/0.4kV 直降配电变压器宜采用有载调压变压器。如图 3.3 所示。

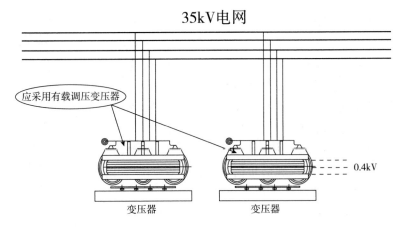

图 3.3 应采用有载调压变压器的情况之一

（3）设计低压配电系统时，宜采取下列措施，降低三相低压配电系统的不对称度。

① 220V 或 380V 单相用电设备接入 220V/380V 三相系统时，宜使三相平衡。

② 由地区公共低压电网供电的 220V 负荷，线路电流小于等于 60A 时，可采用 220V 单相供电；大于 60A 时，宜采用 220V/380V 三相四线制供电。

（4）符合在下列情况之一的变电所中的变压器，应采用有载调压变压器，如图 3.4 所示。

① 大于 35kV 电压的变电所中的降压变压器，直接向 35kV、10kV、6kV 电网送电时。

② 35kV 降压变电所的主变压器，在电压偏差不能满足要求时。

图 3.4 有载调压变压器示意

（5）6kV 配电变压器不宜采用有载调压变压器；但在当地 10kV、6kV 电源电压偏差不能满足要求，且用户有对电压要求严格的设备，单独设置调压装置技术经济不合理时，亦可采用 10kV、6kV 有载调压变压器。

（6）电压偏差应符合用电设备端电压的要求，大于等于 35kV 电网的有载调压宜实行逆调压方式。逆调压的范围为额定电压的 0～+5%。

3.4 建筑供配电的负荷计算和无功补偿

3.4.1 负荷计算基本要求

（1）负荷计算方法：

a. 在方案设计阶段可采用单位指标法；

b. 在初步设计及施工图设计阶段，宜采用需要系数法。

（2）当消防设备的计算负荷大于火灾时切除的非消防设备的计算负荷时，应按消防设备的计算负荷加上火灾时未切除的非消防设备的计算负荷进行计算。当消防设备的计算负荷小于火灾时切除的非消防设备的计算负荷时，可不计入消防负荷。

（3）应急发电机的负荷计算应满足下列要求：

① 当应急发电机仅为一级负荷中特别重要负荷供电时，应以一级负荷中特别重要负荷的计算容量，作为选用应急发电机容量的依据；

② 当应急发电机为消防用电设备及一级负荷供电时，应将两者计算负荷之和作为选用应急发电机容量的依据；

③ 当自备发电机作为第二电源，且尚有第三电源为一级负荷中特别重要负荷供电时，以及当向消防负荷、非消防一级负荷及一级负荷中特别重要负荷供电时，应以三者的计算负荷之和作为选用自备发电机容量的依据。

（4）单相负荷应均衡分配到三相上，当单相负荷的总计算容量小于计算范围内三相对称负荷总计算容量的15%时，应全部按三相对称负荷计算；当超过15%时，应将单相负荷换算为等效三相负荷，再与三相负荷相加。

3.4.2 无功补偿基本要求

（1）当采用提高自然功率因数措施后，仍达不到电网合理运行要求时，应采用并联电力电容器作为无功补偿装置。如图3.5所示。

(a) 柱上高压无功自动补偿装置

(b) 户内高压无功自动补偿成套装置

图3.5 无功自动补偿装置类型

（2）采用并联电力电容器作为无功补偿装置时，宜就地平衡补偿，并符合下列要求。
① 低压部分的无功功率，应由低压电容器补偿。如图3.6所示。
② 高压部分的无功功率，宜由高压电容器补偿。如图3.7所示。
③ 容量较大，负荷平稳且经常使用的用电设备的无功功率，宜单独就地补偿。
④ 补偿基本无功功率的电容器组，应在配变电所内集中补偿。
⑤ 在环境正常的建筑物内，低压电容器宜分散设置。

图3.6 低压电容器示意

图3.7 高压电容器示意

(3) 无功补偿装置的投切方式，具有下列情况之一时，宜采用手动投切的无功补偿装置。

① 补偿低压基本无功功率的电容器组。

② 常年稳定的无功功率。

③ 经常投入运行的变压器或每天投切次数少于三次的高压电动机及高压电容器组。

(4) 无功补偿装置的投切方式，具有下列情况之一时，宜装设无功自动补偿装置。

① 避免过补偿，装设无功自动补偿装置在经济上合理时。

② 避免在轻载时电压过高，造成某些用电设备损坏，而装设无功自动补偿装置在经济上合理时。

③ 只有装设无功自动补偿装置才能满足在各种运行负荷的情况下的电压偏差允许值时。

(5) 当采用高、低压自动补偿装置效果相同时，宜采用低压自动补偿装置。

第4章 变配电所（站）设计

4.1 20kV 及以下变电所设计

4.1.1 20kV 及以下变电所的位置要求

（1）变电所的所址应根据下列要求，经技术经济等因素综合分析和比较后确定：

a. 宜接近负荷中心；

b. 宜接近电源侧；

c. 应方便进出线；

d. 应方便设备运输；

e. 不应设在有剧烈振动或高温的场所；

f. 不宜设在多尘或有腐蚀性物质的场所，当无法远离时，不应设在污染源盛行风向的下风侧，或应采取有效的防护措施；

g. 不应设在卫生间、厕所、浴室、厨房或其他经常积水场所的正下方处，也不宜设在与上述场所相贴邻的地方，当贴邻时，相邻的隔墙应做无渗漏、无结露的防水处理，如图 4.1 所示，

h. 当与有爆炸或火灾危险的建筑物毗连时，变电所的所址应符合现行国家标准《爆炸和火灾危险环境电力装置设计规范》GB 50058 的有关规定；

i. 不应设在地势低洼和可能积水的场所；

j. 不宜设在对防电磁干扰有较高要求的设备机房的正上方、正下方或与其贴邻的场所，当需要设在上述场所时，应采取防电磁干扰的措施。

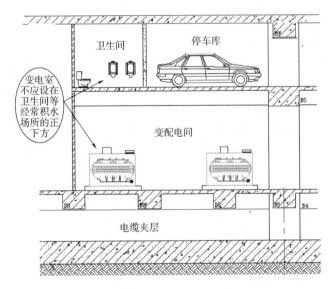

图 4.1 变配电间设置要求示意

(2) 油浸变压器的车间内变电所，不应设在三、四级耐火等级的建筑物内；当设在二级耐火等级的建筑物内时，建筑物应采取局部防火措施。如图 4.2 所示。

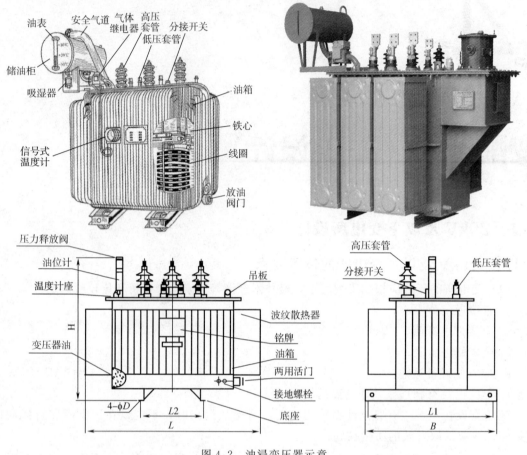

图 4.2　油浸变压器示意

(3) 露天或半露天的变电所，不应设置在下列场所：

a. 有腐蚀性气体的场所；

b. 挑檐为燃烧体或难燃体和耐火等级为四级的建筑物旁；

c. 附近有棉、粮及其他易燃、易爆物品集中的露天堆场；

d. 容易沉积可燃粉尘、可燃纤维、灰尘或导电尘埃且会严重影响变压器安全运行的场所。

(4) 在多层建筑物或高层建筑物的裙房中，不宜设置油浸变压器的变电所；当受条件限制必须设置时，应将油浸变压器的变电所设置在建筑物首层靠外墙的部位，且不得设置在人员密集场所的正上方、正下方、贴邻处以及疏散出口的两旁。

(5) 高层主体建筑内不应设置油浸变压器的变电所。

(6) 在多层或高层建筑物的地下层设置非充油电气设备的配电所、变电所时，应符合下列规定：

a. 当有多层地下层时，不应设置在最底层；当只有地下一层时，应采取抬高地面和防止雨水、消防水等积水的措施。

b. 应设置设备运输通道。

c. 应根据工作环境要求加设机械通风、去湿设备或空气调节设备。

（7）高层或超高层建筑物根据需要可以在避难层、设备层和屋顶设置配电所、变电所，但应设置设备的垂直搬运及电缆敷设的措施。

4.1.2　20kV 及以下变电所电气设计要求

4.1.2.1　主接线要求

（1）配电装置各回路的相序排列宜一致。

（2）配电所、变电所的高压及低压母线宜采用单母线或分段单母线接线。当对供电连续性要求很高时，高压母线可采用分段单母线带旁路母线或双母线的接线。如图 4.3 所示。

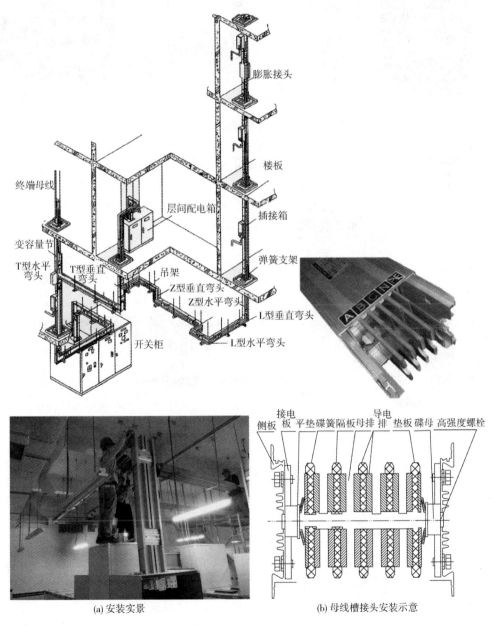

图 4.3　母线安装示意

（3）配电所专用电源线的进线开关宜采用断路器或负荷开关——熔断器组合电器。当进线无继电保护和自动装置要求且无须带负荷操作时，可采用隔离开关或隔离触头。配电所的非专用电源线的进线侧，应装设断路器或负荷开关——熔断器组合电器。

（4）配电所母线的分段开关宜采用断路器；当不需要带负荷操作、无继电保护、无自动装置要求时，可采用隔离开关或隔离触头。如图 4.4 所示。

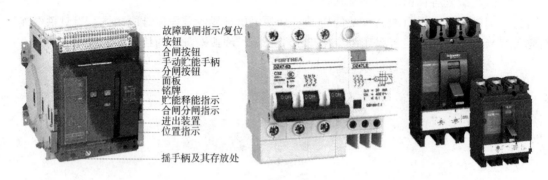

图 4.4　常见断路器示意

（5）配电所的引出线宜装设断路器。当满足继电保护和操作要求时，也可装设负荷开关——熔断器组合电器。

（6）接在母线上的避雷器和电压互感器，宜合用一组隔离开关。接在配电所、变电所的架空进、出线上的避雷器，可不装设隔离开关。如图 4.5 所示。

图 4.5　常见隔离开关示意

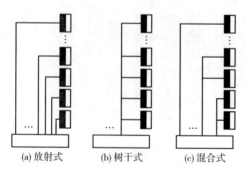

图 4.6　供电方式示意

（7）变压器一次侧高压开关的装设，应符合下列规定，如图 4.6 所示。

① 电源以树干式供电时，应装断路器、负荷开关——熔断器组合电器或跌落式熔断器；

② 电源以放射式供电时，宜装设隔离开关或负荷开关。当变压器安装在本配电所内时，可不装设高压开关。

（8）变压器二次侧电压为 3~10kV 的总开关可采用负荷开关——熔断器组合电器、

隔离开关或隔离触头。但当有下列情况之一时，应采用断路器：

① 配电出线回路较多；

② 变压器有并列运行要求或需要转换操作；

③ 二次侧总开关有继电保护或自动装置要求。

（9）变压器二次侧电压为 1000V 及以下的总开关，宜采用低压断路器。当有继电保护或自动切换电源要求时，低压侧总开关和母线分段开关均应采用低压断路器。

（10）当低压母线为双电源、变压器低压侧总开关和母线分段开关采用低压断路器时，在总开关的出线侧及母线分段开关的两侧，宜装设隔离开关或隔离触头。

4.1.2.2 变压器要求

（1）当符合下列条件之一时，变电所宜装设两台及以上变压器，如图 4.7 所示。

① 有大量一级负荷或二级负荷时；

② 季节性负荷变化较大时；

③ 集中负荷较大时。

(a) 干式电力变压器

(b) 油浸式变压器

(c) 箱式电力变压器

图 4.7

(d) 自耦变压器

图 4.7　各种变压器示意

（2）装有两台及以上变压器的变电所，当任意一台变压器断开时，其余变压器的容量应能满足全部一级负荷及二级负荷的用电。

（3）变电所中低压为 0.4kV 的单台变压器的容量不宜大于 1250kVA，当用电设备容量较大、负荷集中且运行合理时，可选用较大容量的变压器。如图 4.8 所示。

图 4.8　大容量的变压器示意

（4）高层主体建筑内变电所应选用不燃或难燃型变压器；多层建筑物内变电所和防火、防爆要求高的车间内变电所，宜选用不燃或难燃型变压器。

（5）在低压电网中，配电变压器宜选用 Dyn11 接线组别的三相变压器。

4.1.2.3　电源要求

（1）大中型配电所、变电所宜设检修电源。

（2）配电所的所用电源宜从就近的配电变压器的 220V/380V 侧母线引进。

（3）大中型配电所、变电所直流操作电源装置宜采用免维护阀控式密封铅酸蓄电池组的直流电源。

（4）预装式变电站单台变压器的容量不宜大于 800kVA。如图 4.9 所示。

（5）预装式变电站的进、出线宜采用电缆。

4.1.3　20kV 及以下变电所配变电装置的布置

（1）户内变电所每台油量大于或等于 100kg 的油浸三相变压器，应设在单独的变压器室内，并应有储油或挡油、排油等防火设施。

（2）有人值班的变电所，应设单独的值班室。值班室应与配电室直通或经过通道相通，

图 4.9 预装式变电站示意

且值班室应有直接通向室外或通向变电所外走道的门。

(3) 变电所宜单层布置。当采用双层布置时,变压器应设在底层,设于二层的配电室应设搬运设备的通道、平台或孔洞。

(4) 高、低压配电室内,宜留有适当的配电装置备用位置。低压配电装置内,应留有适当数量的备用回路。

(5) 由同一配电所供给一级负荷用电的两回电源线路的配电装置,宜分开布置在不同的配电室。供给一级负荷用电的两回电源线路的电缆不宜通过同一电缆沟。

(6) 变电所型式的选择应符合下列规定:

① 负荷较大的车间和动力站房,宜设附设变电所、户外预装式变电站或露天、半露天变电所;

② 负荷较大的多跨厂房,负荷中心在厂房的中部且环境许可时,宜设车间内变电所或预装式变电站;

③ 高层或大型民用建筑内,宜设户内变电所或预装式变电站;

④ 负荷小而分散的工业企业,民用建筑和城市居民区,宜设独立变电所或户外预装式变电站,当条件许可时,也可设附设变电所;

⑤ 城镇居民区、农村居民区和工业企业的生活区,宜设户外预装式变电站,当环境允许且变压器容量小于或等于 400kVA 时,可设杆上式变电站。如图 4.10 所示。

(a) 杆上变压器示意

图 4.10

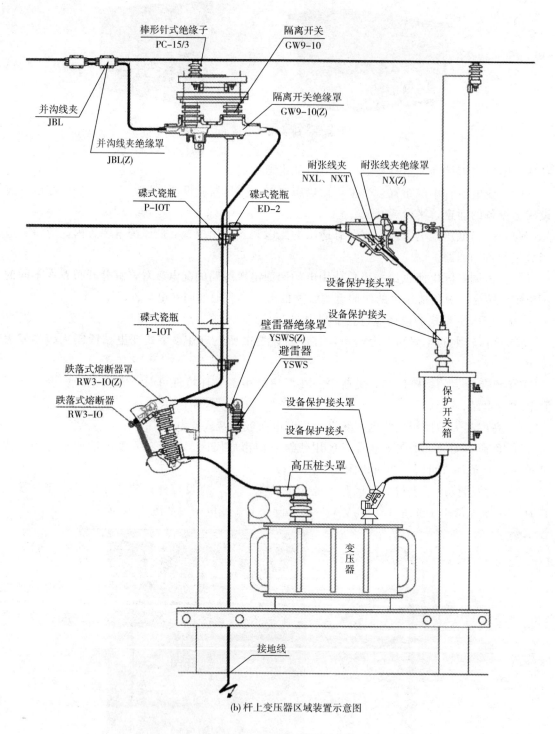

(b) 杆上变压器区域装置示意图

图 4.10 杆上变压器示意

（7）室内、外配电装置的最小电气安全净距应符合表 4.1 的规定。当海拔高度超过 1000m 时，表中符号 A 后的数值应按每升高 100m 增大 1% 进行修正，符号 B、C 后的数值应加上符号 A 的修正值；裸带电部分的遮拦高度不小于 2.2m。

表 4.1　室内、外配电装置的最小电气安全净距　　　　　　　单位：mm

监控项目	场所	额定电压/kV ≤1	3	6	10	15	20	符号
无遮拦裸带电部分至地（楼）面之间	室内	2500	2500	2500	2500	2500	2500	—
	室外	2500	2700	2700	2700	2800	2800	
裸带电部分至接地部分和不同的裸带电部分之间	室内	20	75	100	125	150	180	A
	室外	75	200	200	200	300	300	
距地面 2500mm 以下的遮拦防护等级为 IP2X 时，裸带电部分与遮护物间水平净距	室内	100	175	200	225	250	280	B
	室外	175	300	300	300	400	400	
不同时停电检修的无遮拦裸导体之间的水平距离	室内	1875	1875	1900	1925	1950	1980	—
	室外	2000	2200	2200	2200	2300	2300	
裸带电部分至无孔固定遮拦	室内	50	105	130	155	—	—	
裸带电部分至用钥匙或工具才能打开或拆卸的栅栏	室内	800	825	850	875	900	930	C
	室外	825	950	950	950	1050	1050	
高低压引出线的套管至户外通道地面	室外	3650	4000	4000	4000	4000	4000	

（8）油浸变压器外廓与变压器室墙壁和门的最小净距，应符合表 4.2 的规定。

表 4.2　油浸变压器外廓与变压器室墙壁和门的最小净距　　　　单位：mm

变压器容量/kVA	100～1000 kVA	1250 kVA 及以上
变压器外廓与后壁、侧壁	600	800
变压器外廓与门	800	1000

注：不考虑室内油浸变压器的就地检修。

（9）配电装置的长度大于 6m 时，其柜（屏）后通道应设两个出口，当低压配电装置两个出口间的距离超过 15m 时应增加出口。如图 4.11 所示。

图 4.11　低压配电柜/装置设备示意

（10）高压配电室内成排布置的高压配电装置，其各种通道的最小宽度，应符合表4.3的规定。当固定式开关柜为靠墙布置时，柜后与墙净距应大于50mm，侧面与墙净距宜大于200mm；通道宽度在建筑物的墙面有柱类局部凸出时，凸出部位的通道宽度可减少200mm；当开关柜侧面需设置通道时，通道宽度不应小于800mm；对全绝缘密封式成套配电装置，可根据厂家安装使用说明书减少通道宽度。如图4.12所示。

表4.3 高压配电室内各种通道的最小宽度　　　　　　　　　　　　　单位：mm

开关柜布置方式	柜后维护通道	柜前操作通道	
		固定式开关柜	移开式开关柜
单排布置	800	1500	单手车长度+1200
双排面对面布置	800	2000	双手车长度+900
双排背对背布置	1000	1500	单手车长度+1200

(a) 高压开关柜示意

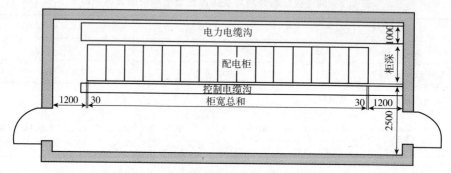

(b) 配电室平面布置示意

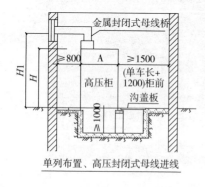

单列布置、高压封闭式母线进线

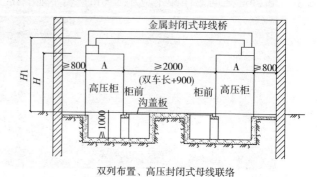

双列布置、高压封闭式母线联络

(c) 高压配电室剖面示意

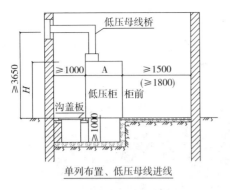
单列布置、低压母线进线

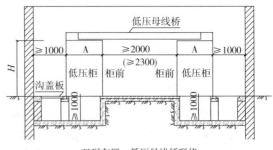
双列布置、低压母线桥联络

(d) 低压配电室剖面示意

图 4.12 配电室配电柜布置示意

(11) 设置在变电所内的非封闭式干式变压器，应装设高度不低于 1.8m 的固定围栏，围栏网孔不应大于 40mm×40mm。变压器的外廓与围栏的净距不宜小于 0.6m，变压器之间的净距不应小于 1.0m。如图 4.13 所示。

图 4.13 变压器固定围栏示意

(12) 露天或半露天变电所的变压器四周应设高度不低于 1.8m 的固定围栏或围墙，变压器外廓与围栏或围墙的净距不应小于 0.8m，变压器底部距地面不应小于 0.3m。如图 4.14 所示。油重小于 1000kg 的相邻油浸变压器外廓之间的净距、不应小于 1.5m；油重 1000～2500kg 的相邻油浸变压器外廓之间的净距不应小于 3.0m；油重大于 2500kg 的相邻油浸变压器外廓之间的净距不应小于 5m；当不能满足上述要求时，应设置防火墙。

图 4.14 露天变压器围栏或围墙示意

4.1.4 变电所的并联电容器装置要求

(1) 并联电容器装置的总回路和分组回路的电器和导体的稳态过电流应为电容器组额定电流的 1.35 倍；单台电容器导体的允许电流不宜小于单台电容器额定电流的 1.5 倍。如图 4.15 所示。

图 4.15 高压并联电容器装置示意

(2) 电容器组应装设放电器件，放电线圈的放电容量不应小于与其并联的电容器组容量。放电器件应满足断开电源后电容器组两端的电压从 $\sqrt{2}$ 倍额定电压降至 50V 所需的时间，高压电容器不应大于 5s，低压电容器不应大于 3min。

(3) 高压电容器组应采用中性点不接地的星形接线，低压电容器组可采用三角形接线或星形接线。

(4) 高压电容器组应直接与放电器件连接，中间不应设置开关或熔断器，低压电容器组宜与放电器件直接连接，也可设置自动接通接点。

(5) 单台高压电容器的内部故障保护应采用专用熔断器，熔丝额定电流宜为电容器额定电流的 1.37～1.50 倍。

(6) 电容器的额定电压与电力网的标称电压相同时，应将电容器的外壳和支架接地；当电容器的额定电压低于电力网的标称电压时，应将每相电容器的支架绝缘，绝缘等级应和电力网的标称电压相配合。

(7) 高压电容器装置宜设置在单独的房间内，当采用非可燃介质的电容器且电容器组容量较小时，可设置在高压配电室内。

(8) 低压电容器装置可设置在低压配电室内，当电容器总容量较大时，宜设置在单独的房间内。

(9) 装配式电容器组单列布置时，网门与墙的距离不应小于 1.3m；当双列布置时，网门之间的距离不应小于 1.5m。

(10) 成套电容器柜单列布置时，柜前通道宽度不应小于 1.5m；当双列布置时，柜面之间的距离不应小于 2.0m。如图 4.16 所示。

4.1.5 变电所对建筑、防火等有关专业的要求

4.1.5.1 对建筑专业要求

(1) 地上变电所宜设自然采光窗。除变电所周围设有 1.8m 高的围墙或围栏外，高压配电室窗户的底边距室外地面的高度不应小于 1.8m，当高度小于 1.8m 时，窗户应采用不易破碎的透光材料或加装格栅；低压配电室可设能开启的采光窗。如图 4.17 所示。

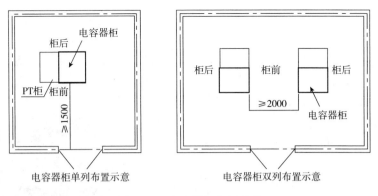

图 4.16 电容器柜布置示意

图 4.17 常见变电站建筑示意

(2)长度大于 7m 的配电室应设两个安全出口,并宜布置在配电室的两端。当配电室的长度大于 60m 时,宜增加一个安全出口,相邻安全出口之间的距离不应大于 40m。当变电所采用双层布置时,位于楼上的配电室应至少设一个通向室外的平台或通向变电所外部通道的安全出口。如图 4.18 所示。

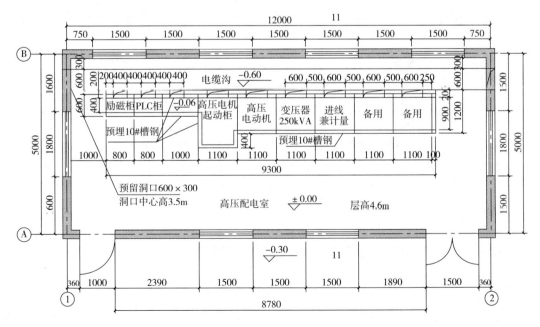

图 4.18 配电室出口示意

(3) 变压器室、配电室、电容器室的门应向外开启。相邻配电室之间有门时，应采用不燃材料制作的双向弹簧门。

(4) 配电装置室的门和变压器室的门的高度和宽度，宜按最大不可拆卸部件尺寸，高度加 0.5m，宽度加 0.3m 确定，其疏散通道门的最小高度宜为 2.0m，最小宽度宜为 750mm。

(5) 变压器室、配电室、电容器室等房间应设置防止雨、雪和蛇、鼠等小动物从采光窗、通风窗、门、电缆沟等处进入室内的设施。如图 4.19 所示。

(6) 配电室、电容器室和各辅助房间的内墙表面应抹灰刷白，地面宜采用耐压、耐磨、防滑、易清洁的材料铺装。配电室、变压器室、电容器室的顶棚以及变压器室的内墙面应刷白。

(7) 变电所、配电所位于室外地坪以下的电缆夹层、电缆沟和电缆室应采取防水、排水措施；位于室外地坪下的电缆进、出口和电缆保护管也应采取防水措施。

图 4.19 配电室设置防鼠板示意

4.1.5.2 对采暖与通风专业要求

(1) 变压器室宜采用自然通风，夏季的排风温度不宜高于 45℃，且排风与进风的温差不宜大于 15℃。当自然通风不能满足要求时，应增设机械通风。

(2) 在采暖地区，控制室和值班室应设置采暖装置。配电室内温度低影响电气设备元件和仪表的正常运行时，也应设置采暖装置或采取局部采暖措施。控制室和配电室内的采暖装置宜采用钢管焊接，且不应有法兰、螺纹接头和阀门等。

(3) 高、低压配电室、变压器室、电容器室、控制室内不应有无关的管道和线路通过。

(4) 有人值班的独立变电所内宜设置厕所和给、排水设施。

(5) 在变压器、配电装置和裸导体的正上方不应布置灯具。当在变压器室和配电室内裸导体上方布置灯具时，灯具与裸导体的水平净距不应小于 1.0m，灯具不得采用吊链和软线吊装。

4.1.5.3 对消防专业要求

(1) 变压器室、配电室和电容器室的耐火等级不应低于二级。

(2) 当露天或半露天变电所安装油浸变压器，且变压器外廓与生产建筑物外墙的距离小于 5m 时，建筑物外墙在下列范围内不得有门、窗或通风孔：

a. 油量大于 1000kg 时，在变压器总高度加 3m 及外廓两侧各加 3m 的范围内；

b. 油量小于或等于 1000kg 时，在变压器总高度加 3m 及外廓两侧各加 1.5m 的范围内。

(3) 高层建筑物的裙房和多层建筑物内的附设变电所及车间内变电所的油浸变压器室，应设置容量为 100% 变压器油量的储油池。

(4) 当设置容量不低于 20% 变压器油量的挡油池时，应有能将油排到安全场所的设施。位于下列场所的油浸变压器室，应设置容量为 100% 变压器油量的储油池或挡油设施：

a. 容易沉积可燃粉尘、可燃纤维的场所；

b. 附近有粮、棉及其他易燃物大量集中的露天场所；

c. 油浸变压器室下面有地下室。

(5) 在多层建筑物或高层建筑物裙房的首层布置油浸变压器的变电站时，首层外墙开口部位的上方应设置宽度不小于 1.0m 的不燃烧体防火挑檐或高度不小于 1.2m 的窗槛墙。

(6) 位于下列场所的油浸变压器室的门应采用甲级防火门：

　　a. 有火灾危险的车间内；

　　b. 容易沉积可燃粉尘、可燃纤维的场所；

　　c. 附近有粮、棉及其他易燃物大量集中的露天堆场；

　　d. 民用建筑物内，门通向其他相邻房间；

　　e. 油浸变压器室下面有地下室。

(7) 民用建筑内变电所防火门的设置应符合下列规定：

　　a. 变电所位于高层主体建筑或裙房内时，通向其他相邻房间的门应为甲级防火门，通向过道的门应为乙级防火门；

　　b. 变电所位于多层建筑物的二层或更高层时，通向其他相邻房间的门应为甲级防火门，通向过道的门应为乙级防火门；

　　c. 变电所位于单层建筑物内或多层建筑物的一层时，通向其他相邻房间或过道的门应为乙级防火门；

　　d. 变电所位于地下层或下面有地下层时，通向其他相邻房间或过道的门应为甲级防火门；

　　e. 变电所附近堆有易燃物品或通向汽车库的门应为甲级防火门；

　　f. 变电所直接通向室外的门应为丙级防火门。

4.2　35~110kV 变电站设计

4.2.1　35~110kV 站址选择和站区布置

(1) 站址标高宜在 50 年一遇高水位上，无法避免时，站区应有可靠的防洪措施或与地区（工业企业）的防洪标准相一致，并应高于内涝水位。

(2) 室外变电站实体围墙不应低于 2.2m。

(3) 变电站内为满足消防要求的主要道路宽度应为 4.0m。

(4) 变电站的场地设计坡度，应根据设备布置、土质条件、排水方式确定，坡度宜为 0.5%~2%，且不应小于 0.3%；平行于母线方向的坡度，应满足电气及结构布置的要求。道路最大坡度不宜大于 6%。当利用路边明沟排水时，沟的纵向坡度不宜小于 0.5%，局部困难地段不应小于 0.3%。

电缆沟及其他类似沟道的沟底纵坡，不宜小于 0.5%。

(5) 变电站内的建筑物标高、基础埋深、路基和管线埋深，应相互配合；建筑物内地面标高，宜高出屋外地面 0.3m，屋外电缆沟壁，宜高出地面 0.1m。

4.2.2　35~110kV 变电站土建部分设计要求

(1) 建筑物、构筑物的安全等级均不应低于二级，相应的结构重要性系数不应小于 1.0。

(2) 高型及半高型配电装置的平台、走道及天桥的活荷载标准值，宜采用 $1.5kN/m^2$，装配式板应取 1.5kN 集中荷载验算。在计算梁、柱及基础，活荷载标准值应乘以折减系数，当荷重面积为 10~20m^2 时，折减系数宜取 0.7，当荷重面积超过 20m^2 时，折减系数宜取 0.6。

(3) 室外场地电缆沟荷载应取 4.0kN/m²。

(4) 控制楼（室）可根据规模和需要布置成单层或多层建筑。控制室（含继电器室）的净高宜采用 3.0m。电缆夹层的净高宜采用 2.0~2.4m；辅助生产房屋的净高宜采用 2.7~3.0m。

(5) 变电站生活污水、生产废水和雨水宜采用分流制。

(6) 配电装置室及电抗器室等其他电气设备房间，宜设置机械通风系统，并宜维持夏季室内温度不高于 40℃。配电装置室应设置换气次数不少于 10 次/h 的事故排风机，事故排风机可兼作平时通风用。通风机和降温设备应与火灾探测系统连锁，火灾时应切断通风机的电源。

(7) 六氟化硫开关室应采用机械通风，室内空气不应再循环。六氟化硫电气设备室的正常通风量不应少于 2 次/h，事故时通风量不应少于 4 次/h。

(8) 变压器室、电容器室、蓄电池室、电缆夹层、配电装置室，以及其他有充油电气设备房间的门，应向疏散方向开启，当门外为公共走道或其他房间时，应采用乙级防火门。

(9) 电缆从室外进入室内的入口处与电缆竖井的出、入口处，以及控制室与电缆层之间，应采取防止电缆火灾蔓延的阻燃及分隔的措施。

(10) 消防控制室应与变电站控制室合并设置。

4.3　110（66）~220kV 智能变电站设计

4.3.1　110（66）~220kV 智能变电站选址

(1) 站址应具有适宜的地质、地形条件，应避开滑坡、泥石流、塌陷区和地震断裂地带等不良地质构造。

(2) 围墙宜采用高度不低于 2.3m 的实体墙，围墙顶部应设置电子围栏。

4.3.2　110（66）~220kV 智能变电站土建部分设计要求

(1) 无人值班变电站在满足功能要求的前提下，宜减少窗的设置数量。建筑物的外门窗应采取防盗措施。

(2) SF_6 气体绝缘电气设备所在房间应设置 SF_6 气体超限报警，当 SF_6 气体浓度超限时应自动启动机械通风装置。

(3) 采暖、通风和空气调节系统应与火灾探测系统联锁，并应配合消防系统设置防火隔断和排烟设备。

(4) 无人值班变电站主变压器固定式灭火系统的火灾探测及报警信号应实现远传。

(5) 生活给水设备应具备自动启停和运行信号远传功能。消防给水设备应具备自动启停、现场控制及远方控制功能。消防蓄水池应设置水位监测和传感控制，根据水位变化自动补水，并应设定报警水位。

(6) 排水泵站应设置水位监测和传感控制，排水泵的运行应根据水位变化自动控制，其水位超限运行信号宜具备远传功能。

4.3.3　110（66）~220kV 智能变电站电气一次部分设计要求

(1) 20kV 电压等级避雷器宜配置动作次数、泄漏电流、阻性电流等参量的监测功能。

(2) 互感器的选择应符合下列规定：

① 110（66）～220kV 电压等级可采用电子式互感器，也可采用常规电磁式互感器。

② 35kV 及以下电压等级可采用常规电磁式互感器，也可采用电子式互感器。

③ 电子式互感器可为独立设备，也可集成于其他高压设备。

（3）当变电站有太阳能、风能等清洁能源接入时，无功补偿装置的配置宜满足其接入的要求。

（4）站内照明宜与图像监视、火灾报警、电子围栏等实现联动控制。

（5）二次设备室内网络通信连接宜采用超五类屏蔽双绞线，不同房间之间的网络连接宜采用光缆，采样值和保护 GOOSE 等可靠性要求较高的信息传输宜采用光缆。

（6）双重化保护的电流、电压，以及 GOOSE 跳闸控制回路等需要增强可靠性的回路接线，应采用相互独立的电缆或光缆。起点、终点为同一对象的多根光缆宜整合。

（7）当光缆与站内电力电缆、控制电缆在同一通道内同一侧的多层支架上敷设时，光缆宜布置在支架的底层，可采用专用的槽盒或聚氯乙烯塑料管保护。

（8）当光缆沿槽盒敷设时，光缆可多层叠置。当光缆穿聚氯乙烯管敷设时，每根光缆宜单独穿管，同一层支架上的聚氯乙烯管可紧靠布置。

4.3.4　110（66）～220kV 智能变电站电气二次系统设计要求

（1）220kV 母联（分段、桥）断路器保护可双重化配置。

（2）双重化配置的继电保护及安全自动装置的输入、输出、网络及供电电源等各环节应完全独立。

（3）110kV 及以下电压等级的继电保护设备宜采用集成装置。

（4）不宜设置独立的通信机房，当变电站按无人值班运行管理模式建设时，不宜设独立的主控制室。

（5）通信电源宜与站内直流电源整合。

第5章

建筑电气低压配电

本章所阐述的是适用于新建、改建和扩建工程中交流、工频1000V及以下的低压配电设计。

5.1 低压配电电器和导体的选择

5.1.1 低压配电电器的选择

（1）在TN-C系统中不应将保护接地中性导体隔离，严禁将保护接地中性导体接入开关电器。

（2）半导体开关电器，严禁作为隔离电器。

（3）隔离电器应采用表5.1所列电器，如图5.1所示。

表 5.1 隔离电器类别

序号	隔离电器类别	序号	隔离电器类别
1	单极或多极隔离器、隔离开关或隔离插头	4	连接片
2	插头与插座	5	不需要拆除导线的特殊端子
3	熔断器	6	具有隔离功能的开关和断路器

(a) 隔离器示意　　(b) 隔离插头示意　　(c) 隔离开关示意　　(d) 熔断器示意

图 5.1 常见隔离电器类型示意

（4）半导体开关电器，严禁作为隔离电器。

(5) 独立控制电气装置的电路的每一部分,均应装设功能性开关电器。

(6) 隔离器、熔断器和连接片,严禁作为功能性开关电器。

(7) 功能性开关电器可采用表 5.2 列电器。

表 5.2 功能性开关电器类别

序号	功能性开关电器类别	序号	功能性开关电器类别
1	开关	4	接触器
2	半导体开关电器	5	继电器
3	断路器	6	16A 及以下的插头和插座

(8) 采用剩余电流动作保护电器作为间接接触防护电器的回路时,必须装设保护导体。

(9) 在 IT 系统中安装的绝缘监测电器,应能连续监测电气装置的绝缘。绝缘监测电器应只有使用钥匙或工具才能改变其整定值,其测试电压和绝缘电阻整定值应符合下列规定:

① SELV 和 PELV 回路的测试电压应为 250V,绝缘电阻整定值应低于 0.5MΩ;

② SELV 和 PELV 回路以外且不高于 500V 回路的测试电压应为 500V,绝缘电阻整定值应低于 0.5MΩ;

③ 高于 500V 回路的测试电压应为 1000V,绝缘电阻整定值应低于 1.0MΩ。

5.1.2 低压配电导体的选择

(1) 选择导体截面,如图 5.2 所示,应符合下列规定:

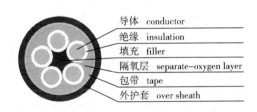

图 5.2 常见电缆的构造示意

① 按敷设方式及环境条件确定的导体载流量,不应小于计算电流;

② 导体应满足线路保护的要求;

③ 导体应满足动稳定与热稳定的要求;

④ 线路电压损失应满足用电设备正常工作及启动时端电压的要求;

⑤ 导体最小截面应满足机械强度的要求。固定敷设的导体最小截面,应根据敷设方式、绝缘子支持点间距和导体材料按表 5.3 的规定确定;

⑥ 用于负荷长期稳定的电缆,经技术经济比较确认合理时,可按经济电流密度选择导体截面,且应符合现行国家标准《电力工程电缆设计规范》的有关规定。

表 5.3 固定敷设的导体最小截面

敷设方式	绝缘子支持点间距/m	导体最小截面/mm²	
		铜导体	铝导体
裸导体敷设在绝缘子上	—	10	16
绝缘导体敷设在绝缘子上	≤2	1.5	10
	>2,且≤6	2.5	10
	>6,且≤16	4	10
	>16,且≤25	6	10
绝缘导体穿导管敷设或在槽盒中敷设	—	1.5	10

（2）导体的负荷电流在正常持续运行中产生的温度，不应使绝缘的温度超过表5.4的规定。

表5.4 各类绝缘最高运行温度　　　　　　　　　　　　　　　　　　单位：℃

绝缘类型	导体的绝缘	护套
聚氯乙烯	70	—
交联聚乙烯和乙丙橡胶	90	—
聚氯乙烯护套矿物绝缘电缆或可触及的裸护套矿物绝缘电缆	—	70
不允许触及和不与可燃物相接触的裸护套矿物绝缘电缆	—	105

（3）绝缘导体或电缆敷设处的环境温度应按表5.5的规定确定。

表5.5 绝缘导体或电缆敷设处的环境温度

电缆敷设场所	有无机械通风	选取的环境温度
土中直埋	—	埋深处的最热月平均地温
水下	—	最热月的日最高水温平均值
户外空气中、电缆沟	—	最热月的日最高温度平均值
有热源设备的厂房	有	通风设计温度
有热源设备的厂房	无	最热月的日最高温度平均值另加5℃
一般性厂房及其他建筑物内	有	通风设计温度
一般性厂房及其他建筑物内	无	最热月的日最高温度平均值
户内电缆沟	无	最热月的日最高温度平均值另加5℃①
隧道、电气竖井	无	最热月的日最高温度平均值另加5℃①
隧道、电气竖井	有	通风设计温度

①数量较多的电缆工作温度大于70℃的电缆敷设于未装机械通风的隧道、电气竖井时，应计入对环境温升的影响，不能直接采取仅加5℃。

（4）符合下列情况之一的线路，中性导体的截面应与相导体的截面相同：
① 单相两线制线路；
② 铜相导体截面小于等于16mm² 或铝相导体截面小于等于25mm² 的三相四线制线路。

（5）符合下列条件的线路，中性导体截面可小于相导体截面：
① 铜相导体截面大于16mm² 或铝相导体截面大于25mm²；
② 铜中性导体截面大于等于16mm² 或铝中性导体截面大于等于25mm²；
③ 在正常工作时，包括谐波电流在内的中性导体预期最大电流小于等于中性导体的允许载流量；
④ 中性导体已进行了过电流保护。

（6）当三相平衡系统中存在谐波电流，4芯或5芯电缆内中性导体与相导体材料相同和截面相等时，电缆载流量的降低系数应按表5.6的规定确定。

（7）在配电线路中固定敷设的铜保护接地中性导体的截面积不应小于10mm²，铝保护接地中性导体的截面积不应小于16mm²。

（8）保护接地中性导体应按预期出现的最高电压进行绝缘。

表 5.6　电缆载流量的降低系数

相电流中三次谐波分量/%	降低系数		相电流中三次谐波分量/%	降低系数	
	按相电流选择截面	按中性导体电流选择截面		按相电流选择截面	按中性导体电流选择截面
0～15	1.0	—	>33,且≤45	—	0.86
>15,且≤33	0.86	—	>45	—	1.0

（9）装置外可导电部分严禁作为保护接地中性导体的一部分。

（10）保护导体的截面积应符合计算的要求，或按表 5.7 的规定确定。

表 5.7　保护导体的最小截面积　　　　　　　　　　单位：mm²

相导体截面积	保护导体的最小截面积	
	保护导体与相导体使用相同材料	保护导体与相导体使用不同材料
≤16	S	$(S \times k_1)/k_2$
>16,且≤35	16	$(16 \times k_1)/k_2$
>35	S/2	$(S \times k_1)/(2 \times k_2)$

注：S—相导体截面积；k_1—相导体的系数，应按表 5.7-1 的规定确定；k_2—保护导体的系数，应按表 5.7-2～表 5.7-6 的规定确定。

① 相导体的初始、最终温度和系数，其值应按表 5.7-1 的规定确定。

表 5.7-1　相导体的初始、最终温度和系数

导体绝缘		温度/℃		相导体的系数		
		初始温度	最终温度	铜	铝	铜导体的锡焊接头
聚氯乙烯		70	160(140)	115(103)	76(68)	115
交联聚乙烯和乙丙橡胶		90	250	143	94	—
工作温度 60℃的橡胶		60	200	141	93	—
矿物质	聚氯乙烯护套	70	160	115	—	—
	裸护套	105	250	135	—	—

注：括号内数值适用于截面积大于 300mm² 的聚氯乙烯绝缘导体。

② 非电缆芯线且不与其他电缆成束敷设的绝缘保护导体的初始、最终温度和系数，其值应按表 5.7-2 的规定确定。

表 5.7-2　非电缆芯线且不与其他电缆成束敷设的绝缘保护导体的初始、最终温度和系数

导体绝缘	温度/℃		导体材料的系数		
	初始	最终	铜	铝	钢
70℃聚氯乙烯	30	160(140)	143(133)	95(88)	52(49)
90℃聚氯乙烯	30	160(140)	143(133)	95(88)	52(49)
90℃热固性材料	30	250	176	116	64
60℃橡胶	30	200	159	105	58
85℃橡胶	30	220	166	110	60
硅橡胶	30	350	201	133	73

注：括号内数值适用于截面积大于 300mm² 的聚氯乙烯绝缘导体。

③ 与电缆护层接触但不与其他电缆成束敷设的裸保护导体的初始、最终温度和系数,其值应按表 5.7-3 的规定确定。

表 5.7-3 与电缆护层接触但不与其他电缆成束敷设的裸保护导体的初始、最终温度和系数

电缆护层	温度/℃		导体材料的系数		
	初始	最终	铜	铝	钢
聚氯乙烯	30	200	159	105	58
聚乙烯	30	150	138	91	50
氯磺化聚乙烯	30	220	166	110	60

④ 电缆芯线或与其他电缆或绝缘导体成束敷设的保护导体的初始、最终温度和系数,其值应按表 5.7-4 的规定确定。

表 5.7-4 电缆芯线或与其他电缆或绝缘导体成束敷设的保护导体的初始、最终温度和系数

导体绝缘	温度/℃		导体材料的系数		
	初始	最终	铜	铝	钢
70℃聚氯乙烯	70	160(140)	115(103)	76(68)	42(37)
90℃聚氯乙烯	90	160(140)	100(86)	66(57)	36(31)
90℃热固性材料	90	250	143	94	52
60℃橡胶	60	200	141	93	51
85℃橡胶	85	220	134	89	48
硅橡胶	180	350	132	87	47

注:括号内数值适用于截面积大于 300mm² 的聚氯乙烯绝缘导体。

⑤ 用电缆的金属护层作保护导体的初始、最终温度和系数,其值应按表 5.7-5 的规定确定。

表 5.7-5 用电缆的金属护层作保护导体的初始、最终温度和系数

电缆绝缘	温度/℃		导体材料的系数			
	初始	最终	铜	铝	铅	钢
70℃聚氯乙烯	60	200	141	93	26	51
90℃聚氯乙烯	80	200	128	85	23	46
90℃热固性材料	80	200	128	85	23	46
60℃橡胶	55	200	144	95	26	52
85℃橡胶	75	220	140	93	26	51
硅橡胶	70	200	135	—	—	—
裸露的矿物护套	105	250	135			

注:电缆的金属护层,如铠装、金属护管、同心导体等。

⑥ 裸导体温度不损伤相邻材料时的初始、最终温度和系数,其值应按表 5.7-6 的规定确定。

表 5.7-6　裸导体温度不损伤相邻材料时的初始、最终温度和系数

裸导体所在的环境	温度/℃				导体材料的系数		
	初始温度	最终温度			铜	铝	钢
		铜	铝	钢			
可见的和狭窄的区域内	30	500	300	500	228	125	82
正常环境	30	200	200	200	159	105	58
有火灾危险	30	150	150	150	138	91	50

（11）电缆外的保护导体或不与相导体共处于同一外护物内的保护导体，其截面积应符合下列规定：

① 有机械损伤防护时，铜导体不应小于 2.5mm²，铝导体不应小于 16mm²；

② 无机械损伤防护时，铜导体不应小于 4mm²，铝导体不应小于 16mm²。

（12）永久性连接的用电设备的保护导体预期电流超过 10mA 时，保护导体的截面积应按下列条件之一确定：

① 铜导体不应小于 10mm² 或铝导体不应小于 16mm²；

② 当保护导体小于本款第 1 项规定时，应为用电设备敷设第二根保护导体，其截面积不应小于第一根保护导体的截面积。第二根保护导体应一直敷设到截面积大于等于 10mm² 的铜保护导体或 16mm² 的铝保护导体处，并应为用电设备的第二根保护导体设置单独的接线端子；

③ 当铜保护导体与铜相导体在一根多芯电缆中时，电缆中所有铜导体截面积的总和不应小于 10mm²；

④ 当保护导体安装在金属导管内并与金属导管并接时，应采用截面积大于等于 2.5mm² 的铜导体。

（13）总等电位联结用保护联结导体的截面积，不应小于配电线路的最大保护导体截面积的 1/2，保护联结导体截面积的最小值和最大值应符合表 5.8 的规定。

表 5.8　保护联结导体截面积的最小值和最大值　　　　单位：mm²

导体材料	最小值	最大值
铜	6	25
铝	16	按载流量与 25mm² 铜导体的载流量相同确定

（14）局部等电位联结用保护联结导体截面积的选择，应符合下列规定：

① 保护联结导体的电导不应小于局部场所内最大保护导体截面积 1/2 的导体所具有的电导；

② 保护联结导体采用铜导体时，其截面积最大值为 25mm²。保护联结导体为其他金属导体时，其截面积最大值应按其与 25mm² 铜导体的载流量相同确定。

5.2　低压配电设备的布置

5.2.1　低压配电设备布置要求

（1）配电室内除本室需用的管道外，不应有其他的管道通过。室内水、汽管道上不应设

置阀门和中间接头；水、汽管道与散热器的连接应采用焊接，并应做等电位联结。配电屏上、下方及电缆沟内不应敷设水、汽管道。

（2）落地式配电箱的底部应抬高，高出地面的高度室内不应低于 50mm，室外不应低于 200mm；其底座周围应采取封闭措施，并应能防止鼠、蛇类等小动物进入箱内。如图 5.3 所示。

图 5.3 落地式配电箱示意

（3）高压及低压配电设备设在同一室内，且两者有一侧柜顶有裸露的母线时，两者之间的净距不应小于 2.0m。

（4）成排布置的配电屏，其长度超过 6.0m 时，屏后的通道应设 2 个出口，并宜布置在通道的两端；当两出口之间的距离超过 15m 时，其间尚应增加出口。

（5）配电室通道上方裸带电体距地面的高度不应低于 2.5m；当低于 2.5m 时，应设置不低于现行国家标准《外壳防护等级（IP 代码）》GB 4208 规定的 IP××B 级或 IP2× 级的遮栏或外护物，遮栏或外护物底部距地面的高度不应低于 2.2m。

（6）当防护等级不低于现行国家标准《外壳防护等级（IP 代码）》GB 4208 规定的 IP2X 级时，成排布置的配电屏通道最小宽度应符合表 5.9 的规定。

表 5.9 成排布置的配电屏通道最小宽度　　　　　　　　　　　　　　　　单位：m

配电屏种类		单排布置			双排面对面布置			双排背对背布置			多排同向布置			屏侧通道
		屏前	屏后		屏前	屏后		屏前	屏后		屏间	前、后排屏距墙		
			维护	操作		维护	操作		维护	操作		前排屏前	后排屏后	
固定式	不受限制时	1.5	1.0	1.2	2.0	1.0	1.2	1.5	1.5	2.0	2.0	1.5	1.0	1.0
	受限制时	1.3	0.8	1.2	1.8	0.8	1.2	1.3	1.3	2.0	1.8	1.3	0.8	0.8
抽屉式	不受限制时	1.8	1.0	1.2	2.3	1.0	1.2	1.8	1.8	2.0	2.3	1.8	1.0	1.0
	受限制时	1.6	0.8	1.2	2.1	0.8	1.2	1.6	1.6	2.0	2.1	1.6	0.8	0.8

注：1. 受限制时是指受到建筑平面的限制、通道内有柱等局部突出物的限制；
　　2. 屏后操作通道是指需在屏后操作运行中的开关设备的通道；
　　3. 背靠背布置时屏前通道宽度可按本表中双排背对背布置的屏前尺寸确定；
　　4. 控制屏、控制柜、落地式动力配电箱前后的通道最小宽度可按本表确定；
　　5. 挂墙式配电箱的箱前操作通道宽度，不宜小于 1.0m。

5.2.2 低压配电设备布置对建筑要求

(1) 配电室长度超过 7.0m 时,应设 2 个出口,并宜布置在配电室两端。当配电室双层布置时,楼上配电室的出口应至少设一个通向该层走廊或室外的安全出口。配电室的门均应向外开启,但通向高压配电室的门应为双向开启门。如图 5.4 所示。

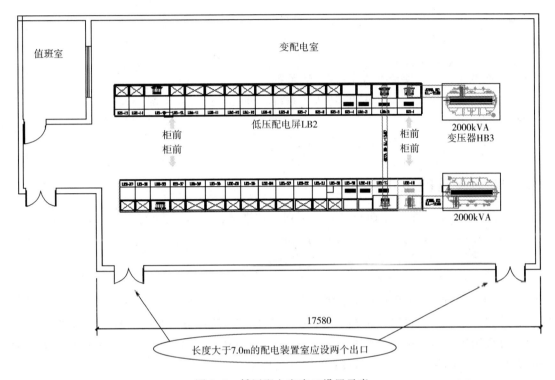

图 5.4 低压配电室出口设置示意

(2) 配电室不宜设在建筑物地下室最底层。设在地下室最底层时,应采取防止水进入配电室内的措施。配电室的地面宜高出本层地面 50mm 或设置防水门槛。

(3) 配电室的顶棚、墙面及地面的建筑装修,应使用不易积灰和不易起灰的材料;顶棚不应抹灰。

(4) 配电室屋顶承重构件的耐火等级不应低于二级,其他部分不应低于三级。当配电室与其他场所毗邻时,门的耐火等级应按两者中耐火等级高的确定。

5.3 特低电压配电

(1) 特低电压 (ELV) 的额定电压不应超过交流 50V。特低电压可分为安全特低电压 (SELV) 及保护特低电压 (PELV)。

(2) 符合下列要求之一的设备,可作为特低电压电源:
① 一次绕组和二次绕组之间采用加强绝缘层或接地屏蔽层隔离开的安全隔离变压器;
② 安全等级相当于安全隔离变压器的电源;
③ 电化电源或与电压较高回路无关的其他电源;
④ 符合相应标准的某些电子设备。这些电子设备已经采取了措施,可以保障即使发生内

部故障，引出端子的电压也不超过交流 50V；或允许引出端子上出现大于交流 50V 的规定电压，但能保证在直接接触或间接接触情况下，引出端子上的电压立即降至不大于交流 50V。

（3）ELV 宜应用在下列场所及范围：
① 潮湿场所（如喷水池、游泳池）内的照明设备；
② 狭窄的可导电场所；
③ 正常环境条件使用的移动式手持局部照明；
④ 电缆隧道内照明。

（4）在正常干燥的情况下，下列情况可不设基本防护：
① 标称电压不超过交流 25V 的 SELV 系统；
② 标称电压不超过交流 25V 的 PELV 系统，并且外露可导电部分或带电部分由保护导体连接至总接地端子；
③ 标称电压不超过 12V 的其他任何情况。

5.4 电气装置的电击防护

（1）低压配电系统的电击防护可采取下列三种措施：
① 直接接触防护，适用于正常工作时的电击防护或基本防护；
② 间接接触防护，适用于故障情况下的电击防护；
③ 直接接触及间接接触两者兼有的防护。

（2）直接接触防护可采用下列方式：
① 可将带电体进行绝缘。被绝缘的设备应符合该电气设备国家现行的绝缘标准。
② 可采用遮栏和外护物的防护。遮栏和外护物在技术上应符合现行国家标准《建筑物的电气装置 电击防护》GB/T 14821.1 的有关规定。
③ 可采用阻挡物进行防护。阻挡物应防止身体无意识地接近带电部分、应防止设备运行期中无意识地触及带电部分。
④ 应使设备置于伸臂范围以外的防护。能同时触及不同电位的两个带电部位间的距离，严禁在伸臂范围以内。计算伸臂范围时，必须将手持较大尺寸的导电物件计算在内。
⑤ 可采用安全特低电压（SELV）系统供电。
⑥ 可采用剩余电流动作保护器作为附加保护。

（3）间接接触防护可采用下列方式：
① 可采用自动切断电源的保护（包括剩余电流动作保护）；
② 可将电气设备安装在非导电场所内；
③ 可使用双重绝缘或加强绝缘的保护；
④ 可采用等电位联结的保护；
⑤ 可采用电气隔离；
⑥ 采用安全特低电压（SELV）系统供电。

5.4.1 直接接触防护措施

（1）标称电压超过交流方均根值 25V 容易被触及的裸带电体，应设置遮栏或防护物。其防护等级不应低于现行国家标准《外壳防护等级（IP 代码）》GB 4208 规定的 IP××B 级或 IP2×级。

(2) 可触及的遮栏或外护物的顶面，其防护等级不应低于现行国家标准《外壳防护等级（IP代码）》GB 4208规定的IP××D级或IP4×级。

(3) 按规范设置的遮栏或外护物与裸带电体之间的净距，采用网状遮栏或外护物时，不应小于100mm；采用板状遮栏或外护物时，不应小于50mm。

(4) 采用防护等级低于现行国家标准《外壳防护等级（IP代码）》GB 4208规定的IP××B级或IP2×级的阻挡物时，阻挡物与裸带电体的水平净距不应小于1.25m，阻挡物的高度不应小于1.4m。

(5) 伸臂范围（图5.5）应符合下列规定：

① 裸带电体布置在有人活动的区域上方时，其与平台或地面的垂直净距不应小于2.5m；

② 裸带电体布置在有人活动的平台侧面时，其与平台边缘的水平净距不应小于1.25m；

③ 裸带电体布置在有人活动的平台下方时，其与平台下方的垂直净距不应小于1.25m，且与平台边缘的水平净距不应小于0.75m；

④ 裸带电体在水平方向的阻挡物、遮栏或外护物，其防护等级低于现行国家标准《外壳防护等级（IP代码）》GB 4208规定的IP××B级或IP2×级时，伸臂范围应从阻挡物、遮栏或外护物算起；

⑤ 在有人活动区域上方的裸带电体的阻挡物、遮栏或外护物，其防护等级低于现行国家标准《外壳防护等级（IP代码）》GB 4208规定的IP××B级或IP2×级时，伸臂范围2.5m应从人所在地面算起；

⑥ 人手持大的或长的导电物体时，伸臂范围应计及该物体的尺寸。

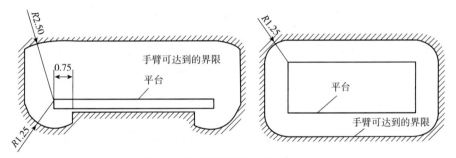

图5.5 伸臂范围示意（单位：m）

5.4.2 间接接触防护措施

(1) 电气装置的外露可导电部分，应与保护导体相连接。

(2) 建筑物内的总等电位联结，每个建筑物中的表5.10所列可导电部分，应做总等电位联结。来自外部的表5.10所列规定的可导电部分，应在建筑物内距离引入点最近的地方做总等电位联结。

表5.10 应做总等电位联结建筑部位

序号	应做总等电位联结建筑部位
1	总保护导体（保护导体、保护接地中性导体）
2	电气装置总接地导体或总接地端子排
3	建筑物内的水管、燃气管、采暖和空调管道等各种金属干管
4	可接用的建筑物金属结构部分

（3）TN系统中电气装置的所有外露可导电部分，应通过保护导体与电源系统的接地点连接。

（4）TN系统中配电线路的间接接触防护电器切断故障回路的时间，应符合下列规定：

① 配电线路或仅供给固定式电气设备用电的末端线路，不宜大于5.0s；

② 供给手持式电气设备和移动式电气设备用电的末端线路或插座回路，TN系统的最长切断时间不应大于表5.11的规定。

表5.11　TN系统的最长切断时间

相导体对地标称电压/V	切断时间/s
220	0.4
380	0.2
>380	0.1

（5）TT系统中，配电线路内由同一间接接触防护电器保护的外露可导电部分，应用保护导体连接至共用或各自的接地极上。当有多级保护时，各级应有各自的或共同的接地极。

（6）TT系统中，配电线路的间接接触防护的保护电器应采用剩余电流动作保护电器或过电流保护电器。

（7）IT系统不宜配出中性导体。

（8）在IT系统的配电线路中，当发生第二次接地故障时，故障回路的最长切断时间不应大于表5.12的规定。

表5.12　IT系统第二次故障时最长切断时间

相对地标称电压/相间标称电压/V	切断时间/s	
	没有中性导体配出	有中性导体配出
220/380	0.4	0.8
380/660	0.2	0.4
580/1000	0.1	0.2

5.4.3　SELV系统和PELV系统及FELV系统

（1）SELV系统和PELV系统的标称电压不应超过交流方均根值50V。

（2）SELV系统和PELV系统的安全隔离变压器或电动发电机等移动式安全电源，应达到Ⅱ类设备或与Ⅱ类设备等效绝缘的防护要求。

（3）当SELV系统的标称电压不超过交流方均根值25V时，除国家现行有关标准另有规定外，可不设直接接触防护。

（4）SELV系统的回路带电部分严禁与地、其他回路的带电部分或保护导体相连接，并应符合下列要求：

① 设备的外露可导电部分不应与地面、其他回路的保护导体或外露可导电部分、装置外可导电部分等部分连接。

② 电气设备因功能的要求与装置外可导电部分连接时，应采取能保证这种连接的电压不会高于交流方均根值50V的措施。

③ SELV系统回路的外露可导电部分有可能接触其他回路的外露可导电部分时，其电

击防护除依靠 SELV 系统保护外，尚应依靠可能被接触的其他回路的外露可导电部分所采取的保护措施。

5.5 配电线路的保护

（1）配电线路的短路保护应在短路电流对导体和连接件产生的热效应和机械力造成危险之前切断短路电流。

（2）配电线路的过负荷保护，应在过负荷电流引起的导体温升对导体的绝缘、接头、端子或导体周围的物质造成损害前切断负荷电流。对于突然断电比过负荷造成的损失更大的线路，该线路的过负荷保护应作用于信号而不应切断电路。

（3）配电线路应装设短路保护和过负荷保护。

（4）当短路保护电器为断路器时，被保护线路末端的短路电流不应小于断路器瞬时或短延时过电流脱扣器整定电流的 1.3 倍。

（5）短路保护电器应装设在回路首端和回路导体载流量减小的地方。当不能设置在回路导体载流量减小的地方时，应采用下列措施：

① 短路保护电器至回路导体载流量减小处的这一段线路长度，不应超过 3m；

② 应采取将该段线路的短路危险减至最小的措施；

③ 该段线路不应靠近可燃物。

（6）下列连接线或回路，当在布线时采取了防止机械损伤等保护措施，且布线不靠近可燃物时，可不装设短路保护电器：

① 发电机、变压器、整流器、蓄电池与配电控制屏之间的连接线；

② 断电比短路导致的线路烧毁更危险的旋转电机励磁回路、超重电磁铁的供电回路、电流互感器的二次回路等；

③ 测量回路。

（7）为减少接地故障引起的电气火灾危险而装设的剩余电流监测或保护电器，其动作电流不应大于 300mA；当动作于切断电源时，应断开回路的所有带电导体。

第6章 室内外配电线路布线

6.1 室内外配电线路布线基本规定

6.1.1 室内外配电线路布线基本要求

（1）金属导管、可挠金属电线保护套管、刚性塑料导管（槽）及金属线槽等布线，应采用绝缘电线和电缆。如图6.1所示。

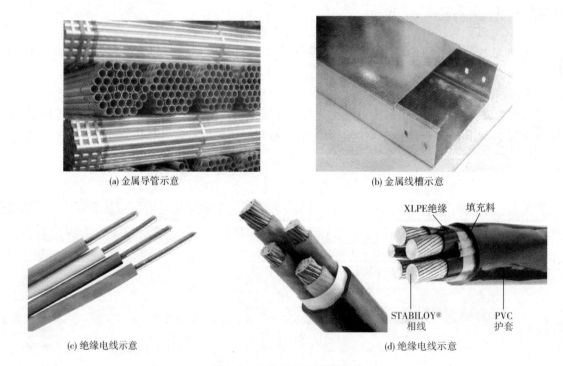

(a) 金属导管示意　　(b) 金属线槽示意

(c) 绝缘电线示意　　(d) 绝缘电线示意

图6.1　金属导管和线槽示意

（2）不同电压等级的电线、电缆不宜同（管）槽敷设。同一配电回路的所有相导体和中性导体，应敷设在同一金属槽盒内。如图6.2所示。

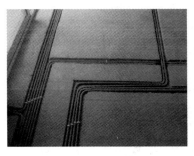  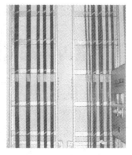

图 6.2　金属槽及大小电缆敷设示意

（3）敷设在钢筋混凝土现浇楼板内的电线导管的最大外径不宜大于板厚的 1/3。

（4）除下列回路的线路可穿在同一根导管内外，其他回路的线路不应穿于同一根导管内。

① 同一设备或同一流水作业线设备的电力回路和无防干扰要求的控制回路；

② 穿在同一管内绝缘导线总数不超过 8 根，且为同一照明灯具的几个回路或同类照明的几个回路。

（5）在同一个槽盒里有几个回路时，其所有的绝缘导线应采用与最高标称电压回路绝缘相同的绝缘。

6.1.2　室内外配电线路布线防火要求

（1）布线用各种电缆、导管、桥架、金属槽盒及封闭式母线在穿越防火分区楼板、隔墙及防火卷帘上方的防火隔板时，其空隙应采用相当于建筑构件耐火极限的不燃烧材料填塞密实。如图 6.3 所示。

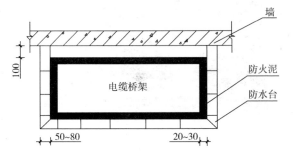 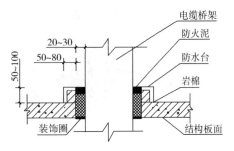

图 6.3　防火封堵示意

(2) 布线用塑料导管、槽盒及附件应采用难燃类制品。

6.2 室内外配电线路各种布线方式要求

6.2.1 直敷布线

(1) 正常环境的室内场所除建筑物顶棚及地沟内外，可采用直敷布线。直敷布线应采用不低于 B 级阻燃护套绝缘电线，其截面积不宜大于 $6mm^2$。当导线垂直敷设时，距地面低于 1.8m 段的导线，应用导管保护。

(2) 直敷布线应采用护套绝缘，导线至地面的最小距离应符合表 6.1 的规定。

表 6.1　护套绝缘导线至地面的最小距离　　　　　　　　　　　单位：m

布线方式		最小距离	布线方式		最小距离
水平敷设	室内	2.5	垂直敷设	室内	1.8
	室外	2.7		室外	2.7

(3) 直敷布线不应将导线直接埋入墙壁、顶棚的抹灰层内。直敷布线的导线与接地导体及不发热的管道紧贴交叉时，应加绝缘管保护。

(4) 在易受机械损伤的场所不应采用直敷布线，若确需敷设在易受机械损伤的场所应用钢管保护。

6.2.2 金属导管布线

(1) 明敷于潮湿场所或埋于素土内的金属导管，应采用管壁厚度不小于 2.0mm 的钢导管。明敷或暗敷于干燥场所的金属导管宜采用管壁厚度不小于 1.5mm 的电线管。

(2) 穿导管的绝缘电线（两根除外），其总截面积（包括外护层）不应超过导管内截面积的 40%。

(3) 除下列情况外，不同回路的线路不宜穿于同一根金属导管内：

① 标称电压为 50V 及以下的回路；

② 同一用电设备或同一联动系统设备的主回路和无电磁兼容要求的控制回路；

③ 同一照明灯具的若干个回路。

(4) 当电线导管与热水管、蒸汽管同侧敷设时，宜敷设在热水管、蒸汽管的下方；当有困难时，可敷设在其上方，如图 6.4 所示。电线导管与热水管、蒸汽管相互间的净距宜符合下列规定：

图 6.4　电线管与其他管线位置关系示意

① 当电线管路平行敷设在热水管下方时，净距不宜小于 200mm；当电线管路平行敷设

在热水管上方时，净距不宜小于300mm；交叉敷设时，净距不宜小于100mm。

② 当电线管路敷设在蒸汽管下方时净距不宜小于500mm；当电线管路敷设在蒸汽管上方时，净距不宜小于1000mm；交叉敷设时，净距不宜小于300mm。

③ 当不能符合上列要求时，应采取隔热措施。当蒸汽管有保温措施时，电线管与蒸汽管间的净距可减至200mm。

④ 电线导管与其他管道（不包括可燃气体及易燃、可燃液体管道）的平行净距不应小于100mm；交叉净距不应小于50mm。

(5) 金属导管布线暗敷布线时，应符合下列规定：

① 不应穿过设备基础；

② 当穿过建筑物基础时，应加防水套管保护；

③ 当穿过建筑物变形缝时，应设补偿装置。

(6) 绝缘电线穿金属导管在室外埋地敷设时，应采用壁厚不小于2.5mm的钢导管，并采取防水、防腐蚀措施，引出地（楼）面的管路应采取防止机械损伤的措施。

(7) 对于暗敷于建筑物、构筑物内的可弯曲金属导管，其与建筑物、构筑物表面的外护层厚度不应小于30mm。

6.2.3 金属槽盒布线

(1) 本节是指宽度200mm以下的金属槽盒布线，宜用于民用建筑正常环境的室内场所线路明敷。

(2) 槽盒内电线或电缆的总截面（包括外护层）不应超过槽盒内截面的20%。控制和信号线路的电线或电缆的总截面不应超过槽盒内截面的50%。

(3) 电线或电缆在金属槽盒内不宜有接头，当必须在金属槽盒内设置接头时，应采用专用连接件。金属槽盒不得在穿过楼板或墙体等处进行连接。

(4) 金属槽盒布线与各种管道平行或交叉时，其最小净距应符合表6.2的规定。

表6.2 金属槽盒与各种管道的最小净距　　　　　　　　　　　单位：m

管道类别	平行净距	交叉净距	管道类别		平行净距	交叉净距
一般工艺管道	0.4	0.3	热力管道	有保温层	0.5	0.3
具有腐蚀性气体管道	0.5	0.5		无保温层	1.0	0.5

(5) 金属槽盒及其支架应可靠与接地联结体连接，且全长不应少于2处与保护接地体连接。

(6) 金属槽盒布线的直线段长度超过30m时，宜设置伸缩节；跨越建筑物变形缝处宜设置补偿装置。

(7) 金属槽盒敷设时，宜在下列部位设置吊架或支架：

① 直线段不大于2.0m及槽盒接头处；

② 槽盒首端、终端及进出接线盒0.5m处；

③ 线槽转角处。

6.2.4 电缆桥架布线

(1) 电缆桥架包括梯架、托盘和槽盒（宽200mm及以上），宜用于电缆数量较多或较集中的场所。如图6.5所示。

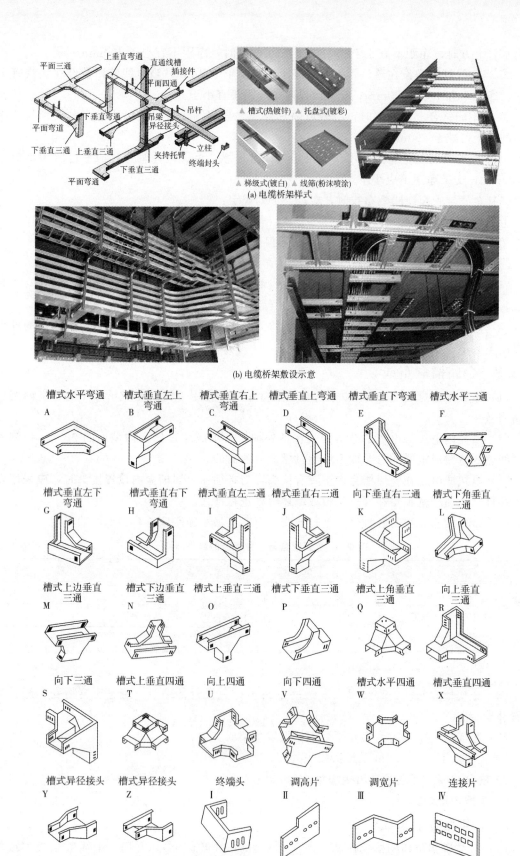

图 6.5 电缆桥架示意

(2) 电缆桥架水平敷设时的距地高度不宜低于 2.5m，垂直敷设时距地高度不宜低于 1.8m。除敷设在电气专用房间内之外，当不能满足要求时，应加防护措施。

(3) 下列不同电压、不同用途的电缆，不宜敷设在同层桥架上。当受条件限制需安装在同一层桥架上时，宜采用不同梯架、托盘、槽盒敷设，当为同类负荷电缆时，可用隔板隔开。

① 1kV 以上和 1kV 以下的电缆；
② 向同一负荷供电的两回路电源电缆；
③ 应急照明和其他照明的电缆；
④ 电力和电信电缆。

(4) 电缆桥架多层敷设时，其层间距离应符合下列规定：
① 电力电缆梯架（托盘）间不应小于 0.3m；
② 电信电缆与电力电缆梯架（托盘）间不宜小于 0.5m，当有屏蔽盖板时可减少到 0.3m；
③ 控制电缆梯架（托盘）间不应小于 0.2m；
④ 梯架（托盘）上部距顶棚、楼板或梁等障碍物不宜小于 0.15m。

(5) 金属电缆桥架及其支架应与等电位联结体可靠连接，且全长不应少于 2 处。

6.2.5 刚性塑料导管（槽）布线

(1) 暗敷于墙内或混凝土内的刚性塑料导管，应选用壁厚 2mm 及以上的导管。
(2) 室外埋地部分不得采用塑料线槽。
(3) 沿建筑的表面或在支架上敷设的刚性塑料导管（槽），宜在线路直线段部分每隔 30m 加装伸缩接头。

6.2.6 瓷夹、塑料线夹、鼓形绝缘子和针式绝缘子布线

(1) 采用鼓形绝缘子和针式绝缘子在室内、室外布线时，其导线最小间距，应符合表 6.3 的规定。如图 6.6 所示。

表 6.3 室内、室外布线的导线最小间距

支持点间距/m	导线最小间距/mm		支持点间距/m	导线最小间距/mm	
	室内布线	室外布线		室内布线	室外布线
≤1.5	50	100	>3,且≤6	100	150
>1.5,且≤3	75	100	>6,且≤10	150	200

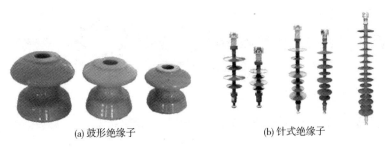

(a) 鼓形绝缘子　　(b) 针式绝缘子

图 6.6 鼓形绝缘子和针式绝缘子示意

（2）采用瓷夹、塑料线夹、鼓形绝缘子和针式绝缘子布线时，导线明敷在室内高温辐射或对导线有腐蚀的场所时，导线之间及导线至建筑物表面的最小净距应符合表6.4的规定。

表6.4 导线之间及导线至建筑物表面的最小净距

固定点间距/m	最小净距/mm	固定点间距/m	最小净距/mm
≤1.5	75	>3,且≤6	150
>1.5,且≤3	100	>6	200

（3）采用瓷夹、塑料线夹、鼓形绝缘子和针式绝缘子布线时，室外布线的导线至建筑物的最小间距，应符合表6.5的规定。

表6.5 导线至建筑物的最小间距　　　　　　　　单位：mm

布线方式		最小间距
水平敷设时的垂直间距	在阳台、平台上和跨越建筑物顶	2500
	在窗户上	200
	在窗户下	800
垂直敷设时至阳台、窗户的水平间距		600
导线至墙壁和构架的间距（挑檐下除外）		35

（4）对金属导管、金属槽盒有严重腐蚀的场所，不宜采用金属导管、金属槽盒布线。在建筑物闷顶内有可燃物时，应采用金属导管、金属槽盒布线。

（5）采用地面内暗装金属槽盒布线时，应将电力线路、非电力线路分槽或增加隔板敷设，两种线路交叉处应设置有屏蔽分线板的分线盒。

（6）可弯曲金属导管布线，管内导线的总截面积不宜超过管内截面积的40%。

（7）暗敷于现浇钢筋混凝土楼板内的可弯曲金属导管，其表面混凝土覆盖层不应小于15mm。

（8）暗敷于地下的可弯曲金属导管的管路不应穿过设备基础。

（9）塑料导管和塑料槽盒不宜与热水管、蒸汽管同侧敷设。

6.2.7 钢索布线

（1）钢索布线所采用钢索的截面积，应根据跨距、荷重和机械强度等因素确定，且不宜小于$10mm^2$。钢索固定件应镀锌或涂防腐漆。钢索除两端拉紧外，跨距大的应在中间增加支持点，其间距不宜大于12m。如图6.7所示。

图6.7 钢索示意

（2）钢索上吊装护套绝缘导线布线时，应符合下列规定，如图 6.8 所示。

① 采用铝卡子直敷在钢索上时，其支持点间距不应大于 500mm；卡子距接线盒的间距不应大于 100mm；

② 采用橡胶和塑料护套绝缘导线时，接线盒应采用塑料制品。

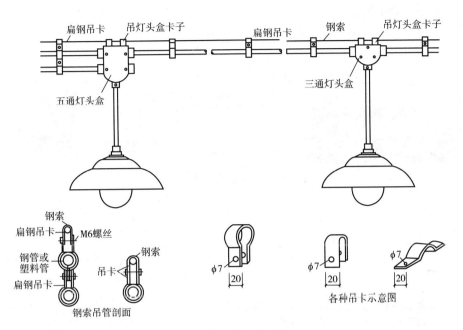

图 6.8 钢索布线示意

（3）钢索上采用瓷瓶吊装绝缘导线布线时，应符合下列规定：

① 支持点间距不应大于 1.5m；

② 线间距离，室内不应小于 50mm；室外不应小于 100mm；

③ 扁钢吊架终端应加拉线，其直径不应小于 3mm。

（4）在钢索上吊装金属导管或塑料导管布线时，应符合下列规定：

① 支持点之间及支持点与灯头盒之间的最大间距，应符合表 6.6 的规定；

② 吊装接线盒和管道的扁钢卡子宽度，不应小于 20mm；吊装接线盒的卡子，不应少于 2 个。

表 6.6 支持点之间及支持点与灯头盒之间的最大间距　　单位：mm

布线类别	支持点之间	支持点与灯头盒之间	布线类别	支持点之间	支持点与灯头盒之间
金属导管	1500	200	塑料导管	1000	150

6.2.8 裸导体布线

（1）除配电室外，无遮护的裸导体至地面的距离，不应小于 3.5m；采用防护等级不低于现行国家标准《外壳防护等级（IP 代码）》GB 4208 的规定 IP2× 的网孔遮栏时，不应小于 2.5m。网状遮栏与裸导体的间距，不应小于 100mm；板状遮栏与裸导体的间距，不应小于 50mm。

（2）裸导体与需经常维护的管道以及与生产设备最凸出部位的净距不应小于 1.8m；当

其净距小于等于1.8m时,应加遮栏。

(3) 桥式起重机上方的裸导体至起重机平台铺板的净距不应小于2.5m;当其净距小于等于2.5m时,在裸导体下方应装设遮栏。除滑触线本身的辅助导线外,裸导体不宜与起重机滑触线敷设在同一支架上。

6.2.9 封闭式母线布线

(1) 干燥和无腐蚀性气体的室内场所,可采用封闭式母线布线。如图6.9所示。

(a) 封闭式母线示意

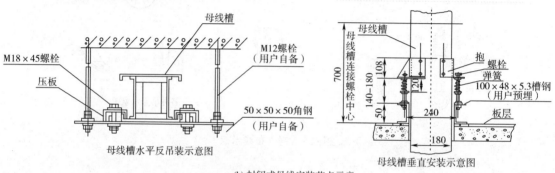

(b) 封闭式母线安装节点示意

(c) 封闭式母线布线示意

图6.9 封闭式母线示意

(2) 封闭式母线外壳及支架应可靠接地,全长应不少于2处与接地干线相连。水平为30m连接一次,垂直每三层楼连接一次。

(3) 封闭式母线敷设时,应符合下列规定。

① 水平敷设时,除电气专用房间外,与地面的距离不应小于2.2m;垂直敷设时,距地面1.8m以下部分应采取防止母线机械损伤措施。母线终端无引出线和引入线时,端头应

封闭。

② 水平敷设时，宜按荷载曲线选取最佳跨距进行支撑，且支撑点间距宜为2～3m。

③ 垂直敷设时，在通过楼板处应采用专用附件支撑。进线盒及末端悬空时，应采用支架固定。

④ 直线敷设长度超过制造厂给定的数值时，宜设置伸缩节。在封闭式母线水平跨越建筑物的伸缩缝或沉降缝处，应采取防止伸缩或沉降的措施。

⑤ 母线的插接分支点，应设在安全及安装维护方便的地方。

⑥ 母线的连接点不应在穿过楼板或墙壁处。

⑦ 母线在穿过防火墙及防火楼板时，应采取防火隔离措施。

(4) 当封闭式母线直线敷设长度超过80m时，每50～60m宜设置膨胀节。

6.2.10 电力电缆布线

(1) 电力电缆不宜在有热力管道的隧道或沟道内敷设。当需要敷设时，应采取隔热措施。如图6.10所示。

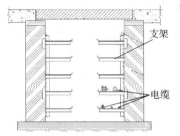

(a) 电缆沟剖面示意

(b) 综合管廊示意

图6.10 电缆沟剖面示意

(2) 电缆宜在进户处、接头、电缆头处或地沟及隧道中留有一定长度的余量。

(3) 支承电缆的构架，采用钢制材料时，应采取热镀锌或其他防腐措施。

(4) 电缆敷设时，任何弯曲部位都应满足允许弯曲半径的要求，如图6.11所示。电缆的最小允许弯曲半径，不应小于表6.7的规定。

表6.7 电缆最小允许弯曲半径

电缆种类	最小允许弯曲半径	电缆种类	最小允许弯曲半径
无铅包和钢铠护套的橡皮绝缘电力电缆	10D	交联聚乙烯绝缘电力电缆	15D
有钢铠护套的橡皮绝缘电力电缆	20D	控制电缆	10D
聚氯乙烯绝缘电力电缆	10D		

注：D为电缆外径。

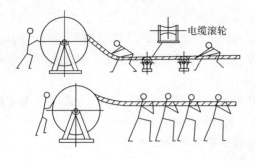

图 6.11 电缆敷设人工敷设示意

(5) 电缆支架采用钢制材料时，应采取热镀锌防腐。

6.2.10.1 电缆在室内敷设

(1) 无铠装的电缆在室内明敷，除明敷在电气专用房间外，水平敷设时，与地面的距离不应小于 2.5m；垂直敷设时，与地面的距离不应小于 1.8m；当不能满足上述要求时，应采取防止电缆机械损伤的措施。

(2) 室内相同电压的电缆并列明敷时，除敷设在托盘、梯架和槽盒内外，电缆之间的净距不应小于 35mm，且不应小于电缆外径。1kV 及以下电力电缆及控制电缆与 1kV 以上电力电缆并列明敷时，其净距不应小于 150mm。

(3) 在室内架空明敷的电缆与热力管道的净距，平行时不应小于 1.0m；交叉时不应小于 0.5m；当净距不能满足要求时，应采取隔热措施。电缆与非热力管道的净距，不应小于 0.15m；当净距不能满足要求时，应在与管道接近的电缆段上，以及由该段两端向外延伸大于等于 0.5m 以内的电缆段上，采取防止电缆受机械损伤的措施。在有腐蚀性介质的房室内明敷的电缆，宜采用塑料护套电缆。

(4) 钢索上电缆布线吊装时，电力电缆固定点间的间距不应大于 0.75m；控制电缆固定点间的间距不应大于 0.6m。

(5) 电缆在室内埋地穿管敷设，或通过墙、楼板穿管时，其穿管的内径不应小于电缆外径的 1.5 倍。

(6) 除技术夹层外，电缆托盘和梯架距地面的高度不宜低于 2.5m。

(7) 下列电缆，不宜敷设在同一层托盘和梯架上：
① 1kV 以上与 1kV 及以下的电缆；
② 同一路径向一级负荷供电的双路电源电缆；
③ 应急照明与其他照明的电缆；
④ 电力电缆与非电力电缆。

(8) 电缆托盘和梯架不宜敷设在热力管道的上方及腐蚀性液体管道的下方；腐蚀性气体的管道，当气体密度大于空气时，电缆托盘和梯架宜敷设在其上方；当气体密度小于空气时，宜敷设在其下方。电缆托盘和梯架与管道的最小净距，应符合表 6.8 的规定。

(9) 电缆托盘和梯架多层敷设时，其层间距离应符合下列规定：
① 控制电缆间不应小于 0.20m；
② 电力电缆间不应小于 0.30m；
③ 非电力电缆与电力电缆间不应小于 0.50m；当有屏蔽盖板时，可为 0.30m；
④ 托盘和梯架上部距顶棚或其他障碍物不应小于 0.30m。

表 6.8 电缆托盘和梯架与各种管道的最小净距　　　　　　　　　　单位：m

管道类别		平行净距	交叉净距
有腐蚀性液体、气体的管道		0.5	0.5
热力管道	有保温层	0.5	0.3
	无保温层	1.0	0.5
其他工艺管道		0.4	0.3

（10）电缆在托盘和梯架内敷设时，电缆总截面积与托盘和梯架横截面面积之比，电力电缆不应大于 40%，控制电缆不应大于 50%。

（11）电缆托盘和梯架水平敷设时，宜按荷载曲线选取最佳跨距进行支撑，且支撑点间距宜为 1.5~3m。垂直敷设时，其固定点间距不宜大于 2.0m。

（12）电缆托盘和梯架在穿过防火墙及防火楼板时，应采取防火封堵。

6.2.10.2 电缆埋地敷设

（1）电缆直接埋地敷设时，沿同一路径敷设的电缆数量不宜超过 6 根。

（2）电缆在室外直接埋地敷设的深度不应小于 700mm；当直埋在农田时，不应小于 1.0m。在电缆上下方应均匀铺设砂层，其厚度宜为 100mm；在砂层应覆盖混凝土保护板等保护层，保护层宽度应超出电缆两侧各 50mm。如图 6.12 所示。

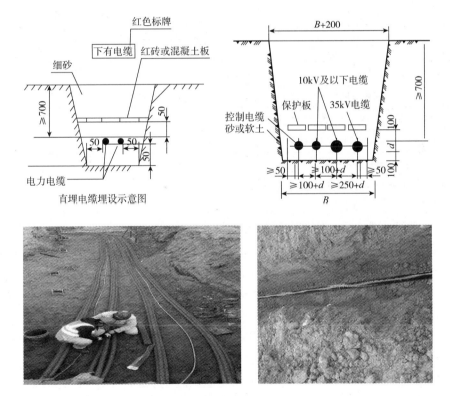

图 6.12　直接埋地敷设示意

（3）在寒冷地区，室外直接埋地敷设的电缆应埋设于冻土层以下。

（4）电缆与建筑物平行敷设时，电缆应埋设在建筑物的散水坡外。电缆引入建筑物时，其保护管应超出建筑物散水坡 100mm。

（5）电缆与道路、铁路交叉时，应穿管保护，保护管应伸出路基 1.0m。

（6）电缆与热力管沟交叉，当采用电缆穿隔热水泥管保护时，其长度应伸出热力管沟两侧各 2.0m；采用隔热保护层时，其长度应超过热力管沟两侧各 1.0m。

（7）直埋敷设的电缆，严禁位于地下管道的正上方或正下方。电缆与电缆、管道、道路、构筑物等之间的容许最小距离，应符合表 6.9 的规定。

表 6.9　电缆与电缆、管道、道路、构筑物等之间的容许最小距离　　单位：m

电缆直埋敷设时的配置情况		平行	交叉
控制电缆之间		—	0.5①
电力电缆之间或与控制电缆之间	10kV 及以下电力电缆	0.1	0.5①
	10kV 及以上电力电缆	0.25②	0.5①
不同部门使用的电缆		0.5②	0.5①
电缆与地下管沟	热力管沟	2③	0.5①
	油管或易（可）燃气管道	1	0.5①
	其他管道	0.5	0.5①
电缆与铁路	非直流电气化铁路路轨	3	1.0
	直流电气化铁路路轨	10	1.0
电缆与建筑物基础		0.6③	—
电缆与公路边		1.0③	
电缆与排水沟		1.0③	
电缆与树木的主干		0.7	
电缆与 1kV 以下架空线电杆		1.0③	
电缆与 1kV 以上架空线杆塔基础		4.0③	

① 用隔板分隔或电缆穿管时不得小于 0.25m；

② 用隔板分隔或电缆穿管时不得小于 0.1m；

③ 特殊情况时，减小值不得小于 50%。

（8）直埋敷设电缆方式，应符合下列规定。

① 电缆应敷设于壕沟里，并应沿电缆全长的上、下紧邻侧铺以厚度不少于 100mm 的软土或砂层。

② 沿电缆全长应覆盖宽度不小于电缆两侧各 50mm 的保护板，保护板宜采用混凝土。

③ 城镇电缆直埋敷设时，宜在保护板上层铺设醒目标志带。

④ 位于城郊或空旷地带，沿电缆路径的直线间隔 100m、转弯处或接头部位，应竖立明显的方位标志或标桩。

⑤ 当采用电缆穿波纹管敷设于壕沟时，应沿波纹管顶全长浇注厚度不小于 100mm 的素混凝土，宽度不应小于管外侧 50mm，电缆可不含铠装。

6.2.10.3　电缆在电缆隧道或电缆沟内敷设

（1）电缆在电缆隧道或电缆沟内敷设时，其通道宽度和支架层间垂直的最小净距，应符合表 6.10 的规定。

表 6.10　通道宽度和电缆支架层间垂直的最小净距　　　　　　　　　　　单位：m

项　目		通道宽度		支架层间垂直最小净距	
		两侧设支架	一侧设支架	电力线路	控制线路
电缆隧道		1.00	0.90	0.20	0.12
电缆沟	沟深≤0.60	0.30	0.30	0.15	0.12
	沟深>0.60	0.50	0.45	0.15	0.12

（2）电缆在电缆隧道或电缆沟内敷设时，支架间或固定点间的最大间距应符合表 6.11 的规定。电缆支架的长度，在电缆沟内不宜大于 0.35m；在隧道内不宜大于 0.50m。如图 6.13 所示。

图 6.13　电缆沟内敷设支架间距示意

表 6.11　电缆支架或固定点间的最大间距　　　　　　　　　　　单位：m

敷设方式		水平敷设	垂直敷设
塑料护套、钢带铠装	电力电缆	1.0	1.5
	控制电缆	0.8	1.0
钢丝铠装		3.0	6.0

（3）在多层支架上敷设电缆时，电力电缆应敷设在控制电缆的上层；当两侧均有支架时，1kV 及以下的电力电缆和控制电缆宜与 1kV 以上的电力电缆分别敷设于不同侧支架上。

（4）电缆支架的长度，在电缆沟内不宜大于 350mm；在电缆隧道内不宜大于 500mm。

（5）电缆隧道内的净高不应低于 1.9m。局部或与管道交叉处净高不宜小于 1.4m。隧道内应采取通风措施，有条件时宜采用自然通风。当电缆隧道长度大于 7m 时，电缆隧道两端应设出口；两个出口间的距离超过 75m 时，尚应增加出口。人孔井可作为出口，人孔井直径不应小于 0.7m。

（6）电缆沟盖板宜采用钢筋混凝土盖板或钢盖板。钢筋混凝土盖板的质量不宜超过 50kg，钢盖板的质量不宜超过 30kg。

（7）电缆隧道内应设照明，其电压不应超过 36V；当照明电压超过 36V 时，应采取安全措施。

（8）电缆沟和电缆隧道应采取防水措施，其底部应做不小于 0.5% 的坡度坡向集水坑（井）。

6.2.10.4　电缆在多孔导管（排管）内敷设

（1）电缆在多孔导管内的敷设，应采用塑料护套电缆或裸铠装电缆。多孔导管可采用混凝土或塑料管。如图 6.14 所示。

图 6.14　电缆多孔导管示意

（2）采用多孔导管敷设，在转角、分支或变更敷设方式改为直埋或电缆沟敷设时，应设电缆人孔井。在直线段上设置的电缆人孔井，其间距不宜大于 100m。电缆人孔井的净空高度不应小于 1.8m，其上部人孔的直径不应小于 0.7m。

（3）多孔导管的敷设，多孔导管顶部距地面不应小于 0.7m，在人行道下面时不应小于 0.5m；多孔导管沟底部应垫平夯实，并应铺设厚度大于等于 60mm 的混凝土垫层。

（4）电缆排管内敷设方式宜用于电缆根数不超过 12 根，不宜采用直埋或电缆沟敷设的地段。

（5）电缆排管敷设时应符合下列要求，如图 6.15 所示。

①排管安装时，应有倾向人（手）孔井侧不小于 0.5% 的排水坡度，必要时可采用人字坡，并在人（手）孔井内设集水坑；

②排管顶部距地面不宜小于 0.7m，位于人行道下面的排管距地面不应小于 0.5m；

③排管沟底部应垫平夯实，并应铺设不少于 80mm 厚的混凝土垫层。

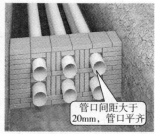

图 6.15　电缆排管敷设示意

6.2.10.5　矿物绝缘电缆敷设

（1）室内高温或耐火需要的场所，宜采用矿物绝缘电缆。矿物绝缘电缆敷设时，其允许最小弯曲半径应符合表 6.12 的规定。如图 6.16 所示。

表 6.12　矿物绝缘电缆允许最小弯曲半径　　　　　　　　　　单位：mm

电缆外径	最小弯曲半径	电缆外径	最小弯曲半径
<7	2D	≥12,且<15	4D
≥7,且<12	3D	≥15	6D

注：D 为电缆外径。

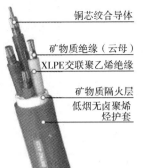
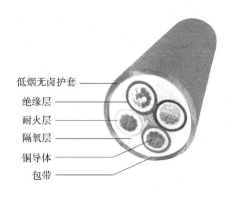

图 6.16 矿物绝缘电缆示意

（2）矿物绝缘电缆敷设时，除在转弯处、中间联结器两侧外，应设置固定点固定，固定点的最大间距应符合表 6.13 的规定。

表 6.13 矿物绝缘电缆固定点间的最大间距　　　　　　　　单位：mm

电缆外径	固定点间的最大间距	
	水平敷设	垂直敷设
＜9	600	800
≥9,且＜15	900	1200
≥15	1500	2000

（3）电缆在下列场所敷设时，应将电缆敷设成"S"或"Ω"形弯，MI 电缆弯曲半径不应小于电缆的 6 倍。柔性电缆弯曲半径不应小于电缆的 15 倍。

① 在温度变化大的场所；
② 有振动源场所的布线；
③ 建筑物变形缝。

6.2.11 电气竖井布线

（1）多层和高层建筑内垂直配电干线的敷设，宜采用电气竖井布线。电气竖井内布线适用于多层和高层建筑内强电及弱电垂直干线的敷设。可采用金属导管、金属线槽、电缆、电缆桥架及封闭式母线等布线方式。如图 6.17 所示。

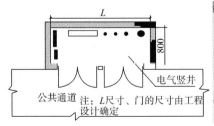

图 6.17 电气竖井示意

（2）电气竖井的井壁应采用耐火极限不低于 1.0h 的非燃烧体。电气竖井在每层楼应设维护检修门并应开向公共走廊，检修门的耐火极限不应低于丙级。楼层间应采用防火密封隔离。电缆和绝缘线在楼层间穿钢管时，两端管口空隙应做密封隔离。

（3）同一电气竖井内的高压、低压和应急电源的电气线路，其间距不应小于300mm或采取隔离措施。高压线路应设有明显标志。

（4）管路垂直敷设，当导线截面积小于等于50mm²、长度大于30m或导线截面积大于50mm²、长度大于20m时，应装设导线固定盒，且在盒内用线夹将导线固定。

（5）强电和弱电线路，宜分别设置竖井。

（6）电气竖井内不应设有与其无关的管道。电气竖井的尺寸，除应满足布线间隔及端子箱、配电箱布置的要求外，在箱体前宜有大于等于0.8m的操作、维护距离。

（7）电气竖井不应和电梯井、管道井共用同一竖井；不应贴临有烟道、热力管道及其他散热量大或潮湿的设施。

6.2.12 铝合金电缆布线

（1）铝合金电缆在室内场所敷设时，宜采用电缆梯架、托盘、支架或吊架等方式明敷设。如图6.18所示。

图6.18 铝合金电缆示意

（2）铝合金电缆敷设时，弯曲半径不应小于表6.14的规定。

表6.14 铝合金电缆最小允许弯曲半径　　　　　　　　　　　　　单位：mm

结构 电压	单芯		三芯或多芯	
	无铠装	有铠装	无铠装	有铠装
1kV及以下	7D	7D	7D	7D
1kV以上至20kV	20D	15D	15D	12D

注：D为电缆外径；1kV以上至20kV铝合金电缆为三芯电缆。

（3）铝合金电缆沿梯架、支架或吊架敷设时，电缆支撑点或固定点间的距离不应大于表6.15的规定。

表6.15 铝合金电缆支撑点或固定点间的最大距离　　　　　　　　单位：mm

铝合金电缆类型	水平敷设	垂直敷设
1kV及以下铠装型电缆	1800	1800
1kV及以下非铠装型电缆	800	1500
1kV以上至20kV铠装型或非铠装型电缆	800	1500

（4）铝合金电缆敷设拖放时，应使牵引力作用在缆芯上，不得作用在铠装和护套上。

第7章 建筑电气照明

7.1 建筑电气照明基本规定

本章阐述的建筑电气照明适用于新建、改建和扩建以及装饰的居住、公共和工业建筑的照明设计。

7.1.1 照明方式

（1）照明方式可分为如表7.1所列几种类型，如图7.1所示。

(a) 一般照明示意

(b) 局部照明示意

(c) 重点照明示意

(d) 混合照明

图7.1 照明方式示意

表 7.1 照明方式

序号	照明方式	照明场所
1	一般照明	工作场所
2	分区一般照明	当同一场所内的不同区域有不同照度要求时
3	局部照明	在一个工作场所内不应只采用局部照明
4	混合照明	对于作业面照度要求较高,只采用一般照明不合理的场所
5	重点照明	当需要提高特定区域或目标的照度时

（2）局部照明一般宜在表 7.2 所列的情况中采用。

表 7.2 宜采用局部照明的情况

序号	宜采用局部照明的情况	序号	宜采用局部照明的情况
1	局部需要有较高的照度	4	需要减少工作区的反射眩光
2	由于遮挡而使一般照明照射不到的某些范围	5	为加强某方向光照以增强质感时
3	视觉功能降低的人需要有较高的照度		

7.1.2 照明种类

（1）建筑电气的照明种类可分为如表 7.3 所列的几种类型，如图 7.2 所示。

(a) 正常照明示意

(b) 应急照明示意

(c) 景观照明示意

(d) 障碍照明示意

图 7.2 照明种类示意

表 7.3 建筑电气的照明种类

序号	照明种类	序号	照明种类
1	正常照明	4	警卫照明
2	应急照明:应急照明包括备用照明(供继续和暂时继续工作的照明)、疏散照明和安全照明	5	景观照明
		6	障碍照明(标志灯)
3	值班照明		

(2) 照明种类按下列要求确定设置。

① 室内工作及相关辅助场所。

② 需在夜间非工作时间值守或巡视的场所应设置值班照明。

③ 需警戒的场所，应根据警戒范围的要求设置警卫照明。

④ 在危及航行安全的建筑物、构筑物上，应根据相关部门的规定设置障碍照明。

⑤ 表 7.4 所列场所的正常照明电源失效时应设置应急照明。

表 7.4 应设置应急照明的情况

序号	应设置应急照明的情况	设置要求
1	正常照明因故障熄灭后，需确保正常工作或活动继续进行的场所，应设置备用照明	备用照明宜装设在墙面或顶棚部位
2	正常照明因故障熄灭后，需确保处于潜在危险之中的人员安全的场所，应设置安全照明	—
3	正常照明因故障熄灭后，需确保人员安全疏散的出口和通道，应设置疏散照明	疏散照明宜设在疏散出口的顶部或疏散走道及其转角处距地 1.0m 以下的墙面上。走道上的疏散指示标志灯间距不宜大于 20.0m

(3) 障碍标志灯应装设在建筑物或构筑物的最高部位，障碍标志灯电源应按主体建筑中最高负荷等级要求供电。障碍标志灯的水平、垂直距离不宜大于 45m；在烟囱顶上设置障碍标志灯时宜将其安装在低于烟囱口 1.5～3m 部位并成三角形水平排列。航空障碍标志灯技术标准应符合表 7.5 所列的功能。如图 7.3 所示。

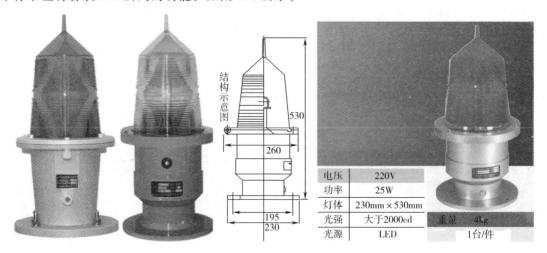

图 7.3 障碍标志灯示意

表7.5 航空障碍标志灯技术标准

障碍标志灯类型	低光强	中光强	高光强
灯光颜色	航空红色	航空白色/红色	航空白色
控光方式及数据/(次/min)	恒定光或闪光 40~60	闪光 20~60	闪光 20~60
有效光强	2000cd 用于夜间	2000cd 用于夜间 7500cd 用于黄昏与黎明	2000cd 用于夜间 20000cd 用于黄昏与黎明 270000cd 用于白昼
可视范围	光源中心垂线15°以上全方位	光源中心垂线15°以上全方位	光源中心垂线15°以上全方位
适用高度	高出地面45m时	高出地面90m时	高出地面153m(500ft)时

注：表中时间段对应的背景亮度：夜间＜50 cd/m²；黄昏与黎明 50~500cd/m²；白昼＜500cd/m²。

7.1.3 照明光源选择原则

（1）照明设计不应采用普通照明白炽灯，对电磁干扰有严格要求，且其他光源无法满足的特殊场所除外。

（2）室内一般照明宜采用同一类型的光源。当有装饰性或功能性要求时，亦可采用不同种类的光源。照明设计时可按表7.6所列条件选择光源。

表7.6 建筑场所照明光源选择

序号	建筑场所	采用的光源
1	灯具安装高度较低的房间	宜采用细管直管形三基色荧光灯
2	商店营业厅	宜采用细管直管形三基色荧光灯、小功率陶瓷金属卤化物灯；重点照明宜采用小功率陶瓷金属卤化物灯、发光二极管灯
3	灯具安装高度较高的场所	应按使用要求，采用金属卤化物灯、高压钠灯或高频大功率细管直管荧光灯
4	旅馆建筑的客房	宜采用发光二极管灯或紧凑型荧光灯
5	一般情况下	室内外照明不应采用普通照明白炽灯

（3）照明设计应根据识别颜色要求和场所特点，选用相应显色指数的光源。

（4）应急照明应选用能快速点燃的光源。

7.1.4 照明灯具选择原则

（1）选择的照明灯具、镇流器应通过国家强制性产品认证。如图7.4所示。

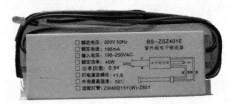

图7.4 镇流器示意

(2) 各种场所严禁采用触电防护的类别为 0 类的灯具。

(3) 高强度气体放电灯的触发器与光源的安装距离应满足现场使用的要求。

(4) 根据照明场所的环境条件,分别选用表 7.7 所列的灯具。

表 7.7 建筑场所照明灯具选择

序号	建筑场所	采用的灯具
1	特别潮湿场所	应采用相应防护措施的灯具
2	有腐蚀性气体或蒸汽场所	应采用相应防腐蚀要求的灯具
3	高温场所	宜采用散热性能好、耐高温的灯具
4	多尘埃的场所	应采用防护等级不低于 IP5X 的灯具
5	在室外的场所	应采用防护等级不低于 IP54 的灯具
6	装有锻锤、大型桥式吊车等震动、摆动较大场所	应有防震和防脱落措施的灯具
7	易受机械损伤、光源自行脱落可能造成人员伤害或财物损失场所	应有防护措施的灯具
8	有洁净度要求的场所	应采用不易积尘、易于擦拭的洁净灯具,并应满足洁净场所的相关要求的灯具
9	需防止紫外线照射的场所	应采用隔紫外线灯具或无紫外线光源
10	有爆炸或火灾危险场所	应符合国家现行有关标准的规定的灯具

(5) 在满足眩光限制和配光要求条件下,应选用效率或效能高的灯具,并应符合下列规定。

① 直管形荧光灯灯具的效率不应低于表 7.8 的规定。

表 7.8 直管形荧光灯灯具的效率　　　　　　　　　　　　　单位:%

灯具出光口形式	开敞式	保护罩(玻璃或塑料)		格栅
		透明	棱镜	
灯具效率/%	75	70	55	65

② 紧凑型荧光灯筒灯灯具的效率不应低于表 7.9 的规定。如图 7.5 所示。

图 7.5 紧凑型荧光灯

表7.9　紧凑型荧光灯筒灯灯具的效率

灯具出光口形式	开敞式	保护罩	格栅
灯具效率/%	55	50	45

③ 小功率金属卤化物灯筒灯灯具的效率不应低于表7.10的规定。

表7.10　小功率金属卤化物灯筒灯灯具的效率

灯具出光口形式	开敞式	保护罩	格栅
灯具效率/%	60	55	50

④ 高强度气体放电灯灯具的效率不应低于表7.11的规定，如图7.6所示。

图7.6　高强度气体放电灯示意

表7.11　高强度气体放电灯灯具的效率

灯具出光口形式	开敞式	格栅或透光罩
灯具效率/%	75	60

⑤ 发光二极管筒灯灯具的效能不应低于表7.12的规定。

表7.12　发光二极管筒灯灯具的效能

色温	2700K		3000K		4000K	
灯具出光口形式	格栅	保护罩	格栅	保护罩	格栅	保护罩
灯具效能/(lm/W)	55	60	60	65	65	70

⑥ 发光二极管平面灯灯具的效能不应低于表7.13的规定。

表7.13　发光二极管平面灯灯具的效能

色温	2700K		3000K		4000K	
灯盘出光口形式	反射式	直射式	反射式	直射式	反射式	直射式
灯盘效能/(lm/W)	60	65	65	70	70	75

7.2 建筑照明数量和质量要求

7.2.1 照度水平（照度标准值）

（1）建筑照明的照度标准值应按如表7.14所列要求进行分级。
（2）设计照度与照度标准值的偏差不应超过±10%。

表7.14 照度分级（照度标准值）

序号	照度/lx	序号	照度/lx	序号	照度/lx
1	0.5	9	30	17	750
2	1	10	50	18	1000
3	2	11	75	19	1500
4	3	12	100	20	2000
5	5	13	150	21	3000
6	10	14	200	22	5000
7	15	15	300		
8	20	16	500		

（3）照明设计的维护系数应按表7.15选用。

表7.15 维护系数

环境污染特征		房间或场所举例	灯具最少擦拭次数/(次/a)	维护系数值
室内	清洁	卧室、办公室、影院、剧场、餐厅、阅览室、教室、病房、客房、仪器仪表装配间、电子元器件装配间、检验室、商店营业厅、体育馆、体育场等	2	0.80
	一般	机场候机厅、候车室、机械加工车间、机械装配车间、农贸市场等	2	0.70
	污染严重	公用厨房、锻工车间、铸工车间、水泥车间等	3	0.60
开敞空间		雨篷、站台	2	0.65

（4）符合表7.16所列的条件之一及以上时，作业面或参考平面的照度，可按照度标准值分级提高一级。

表7.16 可按照度标准值分级提高一级的条件

序号	可按照度标准值分级提高一级的条件	序号	可按照度标准值分级提高一级的条件
1	视觉要求高的精细作业场所，眼睛至识别对象的距离大于500mm	4	视觉作业对操作安全有重要影响
		5	识别对象与背景辨认困难
2	连续长时间紧张的视觉作业，对视觉器官有不良影响	6	作业精度要求高，且产生差错会造成很大损失
		7	视觉能力显著低于正常能力
3	识别移动对象，要求识别时间短促而辨认困难	8	建筑等级和功能要求高

(5) 符合表 7.17 所列的条件之一及以上时,作业面或参考平面的照度,可按照度标准值分级降低一级。

表 7.17 可按照度标准值分级降低一级的条件

序号	可按照度标准值分级降低一级的条件	序号	可按照度标准值分级降低一级的条件
1	进行很短时间的作业时	3	建筑等级和功能要求较低时
2	作业精度或速度无关紧要时		

(6) 作业面邻近周围照度可低于作业面照度,但不宜低于表 7.18 的数值。作业面邻近周围指作业面外宽度不小于 0.5m 的区域。

表 7.18 作业面邻近周围照度

作业面照度/lx	作业面邻近周围照度/lx	作业面照度/lx	作业面邻近周围照度/lx
≥750	500	300	200
500	300	≤200	与作业面照度相同

7.2.2 眩光限制和光源颜色

(1) 长期工作或停留的房间或场所,选用的直接型灯具的遮光角不应小于表 7.19 的规定。如图 7.7 所示。

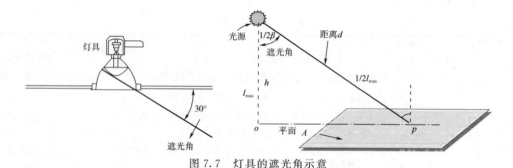

图 7.7 灯具的遮光角示意

表 7.19 直接型灯具的遮光角

光源平均亮度/(kcd/m²)	遮光角/(°)	光源平均亮度/(kcd/m²)	遮光角/(°)
1~20	10	50~500	20
20~50	15	≥500	30

(2) 有视觉显示终端的工作场所,在与灯具中垂线成 65°~90° 范围内的灯具平均亮度限值应符合表 7.20 的规定。

表 7.20 灯具平均亮度限值　　　　　　　　　　单位:cd/m²

屏幕分类	灯具平均亮度限值	
	屏幕亮度>200cd/m²	屏幕亮度≤200cd/m²
亮背景暗字体或图像	3000	1500
暗背景亮字体或图像	1500	1000

（3）防止或减少光幕反射和反射眩光应采用下列措施，如图7.8所示：
① 应将灯具安装在不易形成眩光的区域内；
② 可采用低光泽度的表面装饰材料；
③ 应限制灯具出光口表面发光亮度；
④ 墙面的平均照度不宜低于50lx，顶棚的平均照度不宜低于30lx。

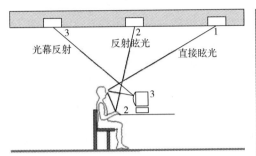 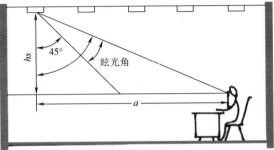

图7.8 眩光示意

（4）室内照明光源色表特征及适用场所宜符合表7.21的规定。如图7.9所示。

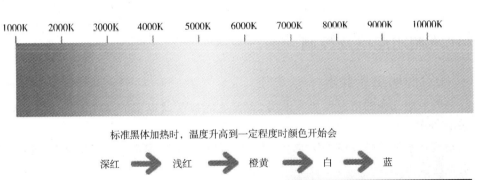

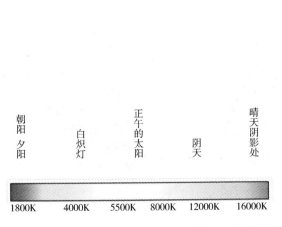 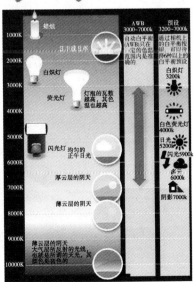

图7.9 色温对照示意

表 7.21 光源色表特征及适用场所

相关色温/K	色表特征	适用场所
<3300	暖	客房、卧室、病房、酒吧
3300~5300	中间	办公室、教室、阅览室、商场、诊室、检验室、实验室、控制室、机加工车间、仪表装配
>5300	冷	热加工车间、高照度场所

（5）长期工作或停留的房间或场所，照明光源的显色指数（Ra）不应小于80。在灯具安装高度大于8m的工业建筑场所，Ra可低于80，但必须能够辨别安全色。

（6）当选用发光二极管灯光源时，长期工作或停留的房间或场所，色温不宜高于4000K，特殊显色指数$R9$应大于零。

7.2.3 反射比

（1）长时间工作的房间，作业面的反射比宜限制在0.2~0.6。

（2）长时间工作房间内表面的反射比宜按表7.22选取。

表 7.22 工作房间内表面反射比

表面名称	反射比	表面名称	反射比	表面名称	反射比
顶棚	0.6~0.9	墙面	0.3~0.8	地面	0.1~0.5

7.3 建筑照明配电及控制

7.3.1 建筑照明电压要求

（1）一般照明光源的电源电压应采用220V，1500W及以上的高强度气体放电灯的电源电压宜采用380V。

（2）安装在水下的灯具应采用安全特低电压供电，其交流电压值不应大于12V，无纹波直流供电不应大于30V。

（3）当移动式和手提式灯具采用Ⅲ类灯具时，应采用安全特低电压（SELV）供电，其电压限值应符合下列规定，如图7.10所示。

① 在干燥场所交流供电不大于50V，无纹波直流供电不大于120V；

② 在潮湿场所不大于25V，无纹波直流供电不大于60V。

图 7.10 移动式和手提式灯具示意

（4）照明灯具的端电压不宜大于其额定电压的 105%，且宜符合下列规定：

① 一般工作场所不宜低于其额定电压的 95%；

② 当远离变电所的小面积一般工作场所难以满足第 1 款要求时，可为 90%；

③ 应急照明和用安全特低电压（SELV）供电的照明不宜低于其额定电压的 90%。

7.3.2 建筑照明配电系统要求

（1）正常照明单相分支回路的电流不宜大于 16A，所接光源数或发光二极管灯具数不宜超过 25 个；当连接建筑装饰性组合灯具时，回路电流不宜大于 25A，光源数不宜超过 60 个；连接高强度气体放电灯的单相分支回路的电流不宜大于 25A。

（2）照明分支线路应采用铜芯绝缘电线，分支线截面不应小于 1.5mm^2。如图 7.11 所示。

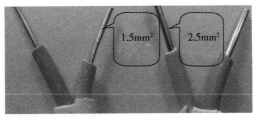

图 7.11　铜芯绝缘电线示意

（3）电源插座不宜和普通照明灯接在同一分支回路。

（4）在电压偏差较大的场所，宜设置稳压装置。

（5）使用电感镇流器的气体放电灯应在灯具内设置电容补偿，荧光灯功率因数不应低于 0.9，高强气体放电灯功率因数不应低于 0.85。当采用 I 类灯具时，灯具的外露可导电部分应可靠接地。

（6）在气体放电灯的频闪效应对视觉作业有影响的场所，应采用下列措施之一：

① 采用高频电子镇流器；

② 相邻灯具分接在不同相序。

（7）当照明装置采用安全特低电压供电时，应采用安全隔离变压器，且二次侧不应接地。

（8）三相配电干线的各相负荷宜平衡分配，最大相负荷不宜大于三相负荷平均值的 115%，最小相负荷不宜小于三相负荷平均值的 85%。

（9）供照明用的配电变压器的设置应符合下列规定：

① 当电力设备无大功率冲击性负荷时，照明和电力宜共用变压器；

② 当电力设备有大功率冲击性负荷时，照明宜与冲击性负荷接自不同变压器；当需接自同一变压器时，照明应由专用馈电线供电；

③ 当照明安装功率较大或有谐波含量较大时，宜采用照明专用变压器。

（10）应急照明的供电应符合下列规定：

① 疏散照明的应急电源宜采用蓄电池（或干电池）装置，或蓄电池（或干电池）与供电系统中有效地独立于正常照明电源的专用馈电线路的组合，或采用蓄电池（或干电池）装置与自备发电机组组合的方式；

② 安全照明的应急电源应和该场所的供电线路分别接自不同变压器或不同馈电干线，必要时可采用蓄电池组供电；

③ 备用照明的应急电源宜采用供电系统中有效地独立于正常照明电源的专用馈电线路或自备发电机组。

7.3.3 建筑照明控制

（1）建筑照明控制主要有集中控制、分区控制、分组控制等不同类型，对不同建筑类型的控制方法按表7.23规定执行。

表7.23 建筑照明控制方式

序号	建筑或场所类型	照明控制方式
1	公共建筑和工业建筑的走廊、楼梯间、门厅等公共场所的照明	宜按建筑使用条件和天然采光状况采取分区、分组控制措施
2	公共场所的照明	应采用集中控制，并按需要采取调光或降低照度的控制措施
3	居住建筑的照明	共用部位的照明，应采用延时自动熄灭或自动降低照度等节能措施。当应急疏散照明采用节能自熄开关时，应采取消防时强制点亮的措施
4	旅馆的照明	旅馆的每间（套）客房应设置节能控制型总开关；楼梯间、走道的照明，除应急疏散照明外，宜采用自动调节照度等节能措施
5	当房间或场所装设两列或多列灯具时，宜按分组控制	① 生产场所宜按车间、工段或工序分组 ② 在有可能分隔的场所，宜按每个有可能分隔的场所分组 ③ 电化教室、会议厅、多功能厅、报告厅等场所，宜按靠近或远离讲台分组 ④ 除上述场所外，所控灯列可与侧窗平行
6	有条件的场所，宜采用合适的控制方式	① 可利用天然采光的场所，宜随天然光照度变化自动调节照度 ② 办公室的工作区域，公共建筑的楼梯间、走道等场所，可按使用需求自动开关灯或调光 ③ 地下车库宜按使用需求自动调节照度 ④ 门厅、大堂、电梯厅等场所，宜采用夜间定时降低照度的自动控制装置

（2）除设置单个灯具的房间外，每个房间照明控制开关不宜少于2个。

（3）大型公共建筑宜按使用需求采用适宜的自动（含智能控制）照明控制系统。

7.4 建筑照明节能

7.4.1 建筑照明节能基本要求

（1）照明节能应采用一般照明的照明功率密度值（LPD）作为评价指标。

（2）照明场所应以用户为单位计量和考核照明用电量。

（3）一般场所不应选用卤钨灯，对商场、博物馆显色要求高的重点照明可采用卤钨灯。如图7.12所示。

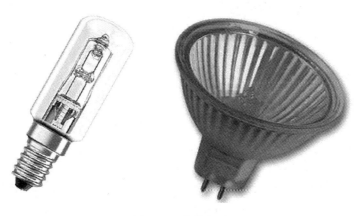

图 7.12 卤钨灯

（4）一般照明不应采用荧光高压汞灯。一般照明在满足照度均匀度条件下，宜选择单灯功率较大、光效较高的光源。如图 7.13 所示。

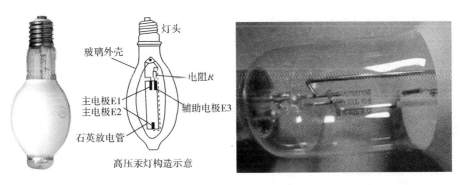

图 7.13 荧光高压汞灯示意

（5）下列场所宜选用配用感应式自动控制的发光二极管灯，如图 7.14 所示。
① 旅馆、居住建筑及其他公共建筑的走廊、楼梯间、厕所等场所；
② 地下车库的行车道、停车位；
③ 无人长时间逗留，只进行检查、巡视和短时操作等工作的场所。

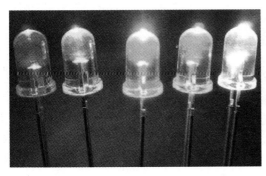 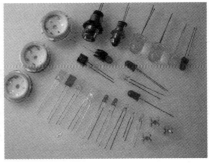

图 7.14 发光二极管灯示意

7.4.2 常见建筑照明功率密度限值

(1) 当房间或场所的室形指数值等于或小于1时，其照明功率密度限值应增加，但增加值不应超过限值的20%。当房间或场所的照度标准值提高或降低一级时，其照明功率密度限值应按比例提高或折减。

(2) 住宅建筑每户照明功率密度限值宜符合表7.24的规定。

表7.24 住宅建筑每户照明功率密度限值

房间或场所	照度标准值/lx	照明功率密度限值/（W/m²）	
		现行值	目标值
起居室	100	≤6.0	≤5.0
卧室	75		
餐厅	150		
厨房	100		
卫生间	100		
职工宿舍	100	≤4.0	≤3.5
车库	30	≤2.0	≤1.8

(3) 图书馆建筑照明功率密度限值应符合表7.25的规定。

表7.25 图书馆建筑照明功率密度限值

房间或场所	照度标准值/lx	照明功率密度限值/（W/m²）	
		现行值	目标值
一般阅览室、开放式阅览室	300	≤9.0	≤8.0
目录厅（室）、出纳室	300	≤11.0	≤10.0
多媒体阅览室	300	≤9.0	≤8.0
老年阅览室	500	≤15.0	≤13.5

(4) 办公建筑和其他类型建筑中具有办公用途场所的照明功率密度限值应符合表7.26的规定。

表7.26 办公建筑和其他类型建筑中具有办公用途场所照明功率密度限值

房间或场所	照度标准值/lx	照明功率密度限值/（W/m²）		房间或场所	照度标准值/lx	照明功率密度限值/（W/m²）	
		现行值	目标值			现行值	目标值
普通办公室	300	≤9.0	≤8.0	会议室	300	≤9.0	≤8.0
高档办公室、设计室	500	≤15.0	≤13.5	服务大厅	300	≤11.0	≤10.0

(5) 商店建筑照明功率密度限值应符合表7.27的规定。当商店营业厅、高档商店营业厅、专卖店营业厅需装设重点照明时，该营业厅的照明功率密度限值应增加5W/m²。

表 7.27　商店建筑照明功率密度限值

房间或场所	照度标准值/lx	照明功率密度限值/(W/m²)		房间或场所	照度标准值/lx	照明功率密度限值/(W/m²)	
		现行值	目标值			现行值	目标值
一般商店营业厅	300	≤10.0	≤9.0	高档超市营业厅	500	≤17.0	≤15.5
高档商店营业厅	500	≤16.0	≤14.5	专卖店营业厅	300	≤11.0	≤10.0
一般超市营业厅	300	≤11.0	≤10.0	仓储超市	300	≤11.0	≤10.0

（6）旅馆建筑照明功率密度限值应符合表 7.28 的规定。

表 7.28　旅馆建筑照明功率密度限值

房间或场所	照度标准值/lx	照明功率密度限值/(W/m²)		房间或场所	照度标准值/lx	照明功率密度限值/(W/m²)	
		现行值	目标值			现行值	目标值
客房	—	≤7.0	≤6.0	客房层走廊	50	≤4.0	≤3.5
中餐厅	200	≤9.0	≤8.0	大堂	200	≤9.0	≤8.0
西餐厅	150	≤6.5	≤5.5	会议室	300	≤9.0	≤8.0
多功能厅	300	≤13.5	≤12.0				

（7）医疗建筑照明功率密度限值应符合表 7.29 的规定。

表 7.29　医疗建筑照明功率密度限值

房间或场所	照度标准值/lx	照明功率密度限值/(W/m²)		房间或场所	照度标准值/lx	照明功率密度限值/(W/m²)	
		现行值	目标值			现行值	目标值
治疗室、诊室	300	≤9.0	≤8.0	护士站	300	≤9.0	≤8.0
化验室	500	≤15.0	≤13.5	药房	500	≤15.0	≤13.5
候诊室、挂号厅	200	≤6.5	≤5.5	走廊	100	≤4.5	≤4.0
病房	100	≤5.0	≤4.5				

（8）教育建筑照明功率密度限值应符合表 7.30 的规定。

表 7.30　教育建筑照明功率密度限值

房间或场所	照度标准值/lx	照明功率密度限值/(W/m²)		房间或场所	照度标准值/lx	照明功率密度限值/(W/m²)	
		现行值	目标值			现行值	目标值
教室、阅览室	300	≤9.0	≤8.0	多媒体教室	300	≤9.0	≤8.0
实验室	300	≤9.0	≤8.0	计算机教室、电子阅览室	500	≤15.0	≤13.5
美术教室	500	≤15.0	≤13.5	学生宿舍	150	≤5.0	≤4.5

（9）美术馆建筑照明功率密度限值应符合表 7.31 的规定。

表 7.31 美术馆建筑照明功率密度限值

房间或场所	照度标准值/lx	照明功率密度限值/(W/m²)		房间或场所	照度标准值/lx	照明功率密度限值/(W/m²)	
		现行值	目标值			现行值	目标值
会议报告厅	300	≤9.0	≤8.0	绘画展厅	100	≤5.0	≤4.5
美术品售卖区	300	≤9.0	≤8.0	雕塑展厅	150	≤6.5	≤5.5
公共大厅	200	≤9.0	≤8.0				

（10）科技馆建筑照明功率密度限值应符合表 7.32 的规定。

表 7.32 科技馆建筑照明功率密度限值

房间或场所	照度标准值/lx	照明功率密度限值/(W/m²)		房间或场所	照度标准值/lx	照明功率密度限值/(W/m²)	
		现行值	目标值			现行值	目标值
科普教室	300	≤9.0	≤8.0	儿童乐园	300	≤10.0	≤8.0
会议报告厅	300	≤9.0	≤8.0	公共大厅	200	≤9.0	≤8.0
纪念品售卖区	300	≤9.0	≤8.0	常设展厅	200	≤9.0	≤8.0

（11）博物馆建筑其他场所照明功率密度限值应符合表 7.33 的规定。

表 7.33 博物馆建筑其他场所照明功率密度限值

房间或场所	照度标准值/lx	照明功率密度限值/(W/m²)		房间或场所	照度标准值/lx	照明功率密度限值/(W/m²)	
		现行值	目标值			现行值	目标值
会议报告厅	300	≤9.0	≤8.0	藏品库房	75	≤4.0	≤3.5
美术制作室	500	≤15.0	≤13.5	藏品提看室	150	≤5.0	≤4.5
编目室	300	≤9.0	≤8.0				

（12）会展建筑照明功率密度限值应符合表 7.34 的规定。

表 7.34 会展建筑照明功率密度限值

房间或场所	照度标准值/lx	照明功率密度限值/(W/m²)		房间或场所	照度标准值/lx	照明功率密度限值/(W/m²)	
		现行值	目标值			现行值	目标值
会议室、洽谈室	300	≤9.0	≤8.0	一般展厅	200	≤9.0	≤8.0
宴会厅、多功能厅	300	≤13.5	≤12.0	高档展厅	300	≤13.5	≤12.0

（13）交通建筑照明功率密度限值应符合表 7.35 的规定。

表 7.35　交通建筑照明功率密度限值

房间或场所		照度标准值/lx	照明功率密度限值/(W/m²)	
			现行值	目标值
候车(机、般)室	普通	150	≤7.0	≤6.0
	高档	200	≤9.0	≤8.0
中央大厅、售票大厅		200	≤9.0	≤8.0
行李认领、到达大厅、出发大厅		200	≤9.0	≤8.0
地铁站厅	普通	100	≤5.0	≤4.5
	高档	200	≤9.0	≤8.0
地铁进出站门厅	普通	150	≤6.5	≤5.5
	高档	200	≤9.0	≤8.0

（14）金融建筑照明功率密度限值应符合表 7.36 的规定。

表 7.36　金融建筑照明功率密度限值

房间或场所	照度标准值/lx	照明功率密度限值/(W/m²)		房间或场所	照度标准值/lx	照明功率密度限值/(W/m²)	
		现行值	目标值			现行值	目标值
营业大厅	200	≤9.0	≤8.0	交易大厅	300	≤13.5	≤12.0

（15）工业建筑非爆炸危险场所照明功率密度限值应符合表 7.37 的规定。

表 7.37　工业建筑非爆炸危险场所照明功率密度限值

房间或场所		照度标准值/lx	照明功率密度限值/(W/m²)	
			现行值	目标值
1　机、电工业				
机械加工	粗加工	200	≤7.5	≤6.5
	一般加工公差≥0.1mm	300	≤11.0	≤10.0
	精密加工公差<0.1mm	500	≤17.0	≤15.0
机电、仪表装配	大件	200	≤7.5	≤6.5
	一般件	300	≤11.0	≤10.0
	精密	500	≤17.0	≤15.0
	特精密	750	≤24.0	≤22.0
电线、电缆制造		300	≤11.0	≤10.0
线圈绕制	大线圈	300	≤11.0	≤10.0
	中等线圈	500	≤17.0	≤15.0
	精细线圈	750	≤24.0	≤22.0
线圈浇注		300	≤11.0	≤10.0
焊接	一般	200	≤7.5	≤6.5
	精密	300	≤11.0	≤10.0

续表

房间或场所		照度标准值/lx	照明功率密度限值/(W/m²)	
			现行值	目标值
1 机、电工业				
钣金		300	≤11.0	≤10.0
冲压、剪切		300	≤11.0	≤10.0
热处理		200	≤7.5	≤6.5
铸造	熔化、浇铸	200	≤9.0	≤8.0
	造型	300	≤13.0	≤12.0
精密铸造的制模、脱壳		500	≤17.0	≤15.0
锻工		200	≤8.0	≤7.0
电镀		300	≤13.0	≤12.0
酸洗、腐蚀、清洗		300	≤15.0	≤14.0
抛光	一般装饰性	300	≤12.0	≤11.0
	精细	500	≤18.0	≤16.0
复合材料加工、铺叠、装饰		500	≤17.0	≤15.0
机电修理	一般	200	≤7.5	≤6.5
	精密	300	≤11.0	≤10.0
2 电子工业				
整机类	整机厂	300	≤11.0	≤10.0
	装配厂房	300	≤11.0	≤10.0
元器件类	微电子产品及集成电路	500	≤18.0	≤16.0
	显示器件	500	≤18.0	≤16.0
	印制线路板	500	≤18.0	≤16.0
	光伏组件	300	≤11.0	≤10.0
	电真空器件、机电组件等	500	≤18.0	≤16.0
电子材料类	半导体材料	300	≤11.0	≤10.0
	光纤、光缆	300	≤11.0	≤10.0
酸、碱、药液及粉配制		300	≤13.0	≤12.0

（16）公共和工业建筑非爆炸危险场所通用房间或场所照明功率密度限值应符合表7.38的规定。

表7.38 公共和工业建筑非爆炸危险场所通用房间或场所照明功率密度限值

房间或场所		照度标准值/lx	照明功率密度限值/(W/m²)	
			现行值	目标值
走廊	一般	50	≤2.5	≤2.0
	高档	100	≤4.0	≤3.5
厕所	一般	75	≤3.5	≤3.0
	高档	150	≤6.0	≤5.0

续表

房间或场所		照度标准值/lx	照明功率密度限值/(W/m²)	
			现行值	目标值
试验室	一般	300	≤9.0	≤8.0
	精细	500	≤15.0	≤13.5
检验	一般	300	≤9.0	≤8.0
	精细,有颜色要求	750	≤23.0	≤21.0
计量室、测量室		500	≤15.0	≤13.5
控制室	一般控制室	300	≤9.0	≤8.0
	主控制室	500	≤15.0	≤13.5
电话站、网络中心、计算机站		500	≤15.0	≤13.5
动力站	风机房、空调机房	100	≤4.0	≤3.5
	泵房	100	≤4.0	≤3.5
	冷冻站	150	≤6.0	≤5.0
	压缩空气站	150	≤6.0	≤5.0
	锅炉房、煤气站的操作层	100	≤5.0	≤4.5
仓库	大件库	50	≤2.5	≤2.0
	一般件库	100	≤4.0	≤3.5
	半成品库	150	≤6.0	≤5.0
	精细件库	200	≤7.0	≤6.0
公共车库		50	≤2.5	≤2.0
车辆加油站		100	≤5.0	≤4.5

7.5 各种建筑的照明标准值基本要求

7.5.1 住宅建筑照明标准值

(1) 居住建筑照明标准值宜符合表 7.39 的规定。

表 7.39 居住建筑照明标准值

房间或场所		参考平面及其高度	照度标准值/lx	R_a
起居室	一般活动	0.75m 水平面	100	80
	书写、阅读		300*	
卧室	一般活动	0.75m 水平面	75	80
	床头、阅读		150*	
餐厅		0.75m 餐桌面	150	80
厨房	一般活动	0.75m 水平面	100	80
	操作台	台面	150*	
卫生间		0.75m 水平面	100	80

续表

房间或场所	参考平面及其高度	照度标准值/lx	R_a
电梯前厅	地面	75	60
走道、楼梯间	地面	50	60
车库	地面	30	60

注：*指混合照明照度，本节后表同此。

(2) 老年人公寓等其他居住建筑照明标准值宜符合表7.40规定。

表7.40 其他居住建筑照明标准值

房间或场所		参考平面及其高度	照度标准值/lx	R_a
职工宿舍		地面	100	80
老年人卧室	一般活动	0.75m 水平面	150	80
	床头、阅读		300*	80
老年人起居室	一般活动	0.75m 水平面	200	80
	书写、阅读		500*	80
酒店式公寓		地面	150	80

7.5.2 公共建筑照明标准值

(1) 图书馆建筑照明标准值应符合表7.41的规定。

表7.41 图书馆建筑照明标准值

房间或场所	参考平面及其高度	照度标准值/lx	UGR	U_0	R_a
一般阅览室、开放式阅览室	0.75 m 水平面	300	19	0.60	80
多媒体阅览室	0.75 m 水平面	300	19	0.60	80
老年阅览室	0.75 m 水平面	500	19	0.70	80
珍善本、舆图阅览室	0.75 m 水平面	500	19	0.60	80
陈列室、目录厅(室)、出纳厅	0.75m 水平面	300	19	0.60	80
档案库	0.75m 水平面	200	19	0.60	80
书库、书架	0.25m 垂直面	50	—	0.40	80
工作间	0.75m 水平面	300	19	0.60	80
采编、修复工作间	0.75m 水平面	500	19	0.60	80

(2) 办公建筑照明标准值应符合表7.42的规定。此表适用于所有类型建筑的办公室和类似用途场所的照明。

表7.42 办公建筑照明标准值

房间或场所	参考平面及其高度	照度标准值/lx	UGR	U_0	R_a
普通办公室	0.75m 水平面	300	19	0.60	80
高档办公室	0.75m 水平面	500	19	0.60	80
会议室	0.75m 水平面	300	19	0.60	80

续表

房间或场所	参考平面及其高度	照度标准值/lx	UGR	U_0	R_a
视频会议室	0.75m 水平面	750	19	0.60	80
接待室、前台	0.75m 水平面	200	—	0.40	80
服务大厅、营业厅	0.75m 水平面	300	22	0.40	80
设计室	实际工作面	500	19	0.60	80
文件整理、复印、发行室	0.75m 水平面	300	—	0.40	80
资料、档案存放室	0.75m 水平面	200	—	0.40	80

（3）商店建筑照明标准值应符合表 7.43 的规定。

表 7.43　商店建筑照明标准值

房间或场所	参考平面及其高度	照度标准值/lx	UGR	U_0	R_a
一般商店营业厅	0.75m 水平面	300	22	0.60	80
一般室内商业街	地面	200	22	0.60	80
高档商店营业厅	0.75m 水平面	500	22	0.60	80
高档室内商业街	地面	300	22	0.60	80
一般超市营业厅	0.75m 水平面	300	22	0.60	80
高档超市营业厅	0.75m 水平面	500	22	0.60	80
仓储式超市	0.75m 水平面	300	22	0.60	80
专卖店营业厅	0.75m 水平面	300	22	0.60	80
农贸市场	0.75m 水平面	200	25	0.40	80
收款台	台面	500*	—	0.60	80

（4）观演建筑照明标准值应符合表 7.44 的规定。

表 7.44　观演建筑照明标准值

房间或场所		参考平面及其高度	照度标准值/lx	UGR	U_0	R_a
门厅		地面	200	22	0.40	80
观众厅	影院	0.75m 水平面	100	22	0.40	80
	剧场、音乐厅	0.75m 水平面	150	22	0.40	80
观众休息厅	影院	地面	150	22	0.40	80
	剧场、音乐厅	地面	200	22	0.40	80
排演厅		地面	300	22	0.60	80
化妆室	一般活动区	0.75m 水平面	150	22	0.60	80
	化妆台	1.1m 高处垂直面	500*	—	—	90

（5）旅馆建筑照明标准值应符合表 7.45 的规定。

表 7.45 旅馆建筑照明标准值

房间或场所		参考平面及其高度	照度标准值/lx	UGR	U_0	R_a
客房	一般活动区	0.75m 水平面	75	—	—	80
	床头	0.75m 水平面	150	—	—	80
	写字台	台面	300*	—	—	80
	卫生间	0.75m 水平面	150	—	—	80
中餐厅		0.75m 水平面	200	22	0.60	80
西餐厅		0.75m 水平面	150	—	0.60	80
酒吧间、咖啡厅		0.75m 水平面	75	—	0.40	80
多功能厅、宴会厅		0.75m 水平面	300	22	0.60	80
会议室		0.75m 水平面	300	19	0.60	80
大堂		地面	200	—	0.40	80
总服务台		台面	300*	—	—	80
休息厅		地面	200	22	0.40	80
客房层走廊		地面	50	—	0.40	80
厨房		台面	500*	—	0.70	80
游泳池		水面	200	22	0.60	80
健身房		0.75m 水平面	200	22	0.60	80
洗衣房		0.75m 水平面	200	—	0.40	80

（6）医疗建筑照明标准值应符合表 7.46 的规定。

表 7.46 医疗建筑照明标准值

房间或场所	参考平面及其高度	照度标准值/lx	UGR	U_0	R_a
治疗室、检查室	0.75m 水平面	300	19	0.70	80
化验室	0.75m 水平面	500	19	0.70	80
手术室	0.75m 水平面	750	19	0.70	90
诊 室	0.75m 水平面	300	19	0.60	80
候诊室、挂号厅	0.75m 水平面	200	22	0.40	80
病房	地面	100	19	0.60	80
走道	地面	100	19	0.60	80
护士站	0.75m 水平面	300	—	0.60	80
药 房	0.75m 水平面	500	19	0.60	80
重症监护室	0.75m 水平面	300	19	0.60	90

（7）教育建筑照明标准值应符合表 7.47 的规定。

表 7.47 教育建筑照明标准值

房间或场所	参考平面及其高度	照度标准值/lx	UGR	U_0	R_a
教室、阅览室	课桌面	300	19	0.60	80
实验室	实验桌面	300	19	0.60	80
美术教室	桌 面	500	19	0.60	90
多媒体教室	0.75m 水平面	300	19	0.60	80
电子信息机房	0.75m 水平面	500	19	0.60	80
计算机教室、电子阅览室	0.75m 水平面	500	19	0.60	80
楼梯间	地 面	100	22	0.40	80
教室黑板	黑板面	500*	—	0.70	80
学生宿舍	地 面	150	22	0.40	80

（8）美术馆建筑照明标准值应符合表 7.48 的规定。绘画、雕塑展厅的照明标准值中不含展品陈列照明；当展览对光敏感要求的展品时应满足博物馆建筑陈列室展品照度标准值的要求。

表 7.48 美术馆建筑照明标准值

房间或场所	参考平面及其高度	照度标准值/lx	UGR	U_0	R_a
会议报告厅	0.75m 水平面	300	22	0.60	80
休息厅	0.75m 水平面	150	22	0.40	80
美术品售卖	0.75m 水平面	300	19	0.60	80
公共大厅	地 面	200	22	0.40	80
绘画展厅	地 面	100	19	0.60	80
雕塑展厅	地 面	150	19	0.60	80
藏画库	地 面	150	22	0.60	80
藏画修理	0.75m 水平面	500	19	0.70	90

（9）科技馆建筑照明标准值应符合表 7.49 的规定；常设展厅和临时展厅的照明标准值中不含展品陈列照明。

表 7.49 科技馆建筑照明标准值

房间或场所	参考平面及其高度	照度标准值/lx	UGR	U_0	R_a
科普教室、实验区	0.75m 水平面	300	19	0.60	80
会议报告厅	0.75m 水平面	300	22	0.60	80
纪念品售卖区	0.75m 水平面	300	22	0.60	80
儿童乐园	地 面	300	22	0.60	80
公共大厅	地 面	200	22	0.40	80
球幕、巨幕、3D、4D影院	地 面	100	19	0.40	80
常设展厅	地 面	200	22	0.60	80
临时展厅	地 面	200	22	0.60	80

（10）博物馆建筑陈列室展品照度标准值及年曝光量限值应符合表7.50的规定，博物馆建筑其他场所照明标准值应符合表7.51的规定。陈列室一般照明应按展品照度值的20%～30%选取；陈列室一般照明UGR不宜大于19；一般场所R_a不应低于80，辨色要求高的场所，R_a不应低于90。

表7.50　博物馆建筑陈列室展品照度标准值及年曝光量限值

类　别	参考平面及其高度	照度标准值/lx	年曝光量/(lx·h/a)
对光特别敏感的展品：纺织品、织绣品、绘画、纸质物品、彩绘、陶(石)器、染色皮革、动物标本等	展品面	≤50	≤50000
对光敏感的展品：油画、蛋清画、不染色皮革、角制品、骨制品、象牙制品、竹木制品和漆器等	展品面	≤150	≤360000
对光不敏感的展品：金属制品、石质器物、陶瓷器、宝玉石器、岩矿标本、玻璃制品、搪瓷制品、珐琅器等	展品面	≤300	不限制

表7.51　博物馆建筑其他场所照明标准值

房间或场所	参考平面及其高度	照度标准值/lx	UGR	U_0	R_a
门　厅	地面	200	22	0.40	80
序　厅	地面	100	22	0.40	80
会议报告厅	0.75m水平面	300	22	0.60	80
美术制作室	0.75m水平面	500	22	0.60	90
编目室	0.75m水平面	300	22	0.60	80
摄影室	0.75m水平面	100	22	0.60	80
熏蒸室	实际工作面	150	—	0.60	80
实验室	实际工作面	300	22	0.60	80
保护修复室	实际工作面	750*	19	0.70	90
文物复制室	实际工作面	750*	19	0.70	90
标本制作室	实际工作面	750*	19	0.70	90
周转库房	地面	50	22	0.40	80
藏品库房	地面	75	22	0.40	80
藏品提看室	0.75m水平面	150	22	0.60	80

注：其一般照明的照度值应按混合照明照度的20%～30%选取。

（11）会展建筑照明标准值应符合表7.52的规定。

表7.52　会展建筑照明标准值

房间或场所	参考平面及其高度	照度标准值/lx	UGR	U_0	R_a
会议事、洽谈室	0.75m水平面	300	19	0.60	80
宴会厅	0.75m水平面	300	22	0.60	80
多功能厅	0.75m水平面	300	22	0.60	80
公共大厅	地面	200	22	0.40	80
一般展厅	地面	200	22	0.60	80
高档展厅	地面	300	22	0.60	80

(12) 交通建筑照明标准值应符合表 7.53 的规定。

表 7.53 交通建筑照明标准值

房间或场所		参考平面及其高度	照度标准值/lx	UGR	U_0	R_a
售票台		台面	500*	—	—	80
问讯处		0.75m 水平面	200	—	0.60	80
候车(机、船)室	普通	地面	150	22	0.40	80
	高档	地面	200	22	0.60	80
贵宾室休息室		0.75m 水平面	300	22	0.60	80
中央大厅、售票大厅		地面	200	22	0.40	80
海关、护照检查		工作面	500	—	0.70	80
安全检查		地面	300	—	0.60	80
换票、行李托运		0.75m 水平面	300	19	0.60	80
行李认领、到达大厅、出发大厅		地面	200	22	0.40	80
通道、连接区、扶梯、换乘厅		地面	150	—	0.40	80
有棚站台		地面	75	—	0.60	60
无棚站台		地面	50	—	0.40	20
走廊、楼梯、平台、流动区域	普通	地面	75	25	0.40	60
	高档	地面	150	25	0.60	80
地铁站厅	普通	地面	100	25	0.60	80
	高档	地面	200	22	0.60	80
地铁进出站门厅	普通	地面	150	25	0.60	80
	高档	地面	200	22	0.60	80

(13) 金融建筑照明标准值应符合表 7.54 的规定。本表适用于银行、证券、期货、保险、电信、邮政等行业，也适用于类似用途（如供电、供水、供气）的营业厅、柜台和客服中心。

表 7.54 金融建筑照明标准值

房间及场所		参考平面及其高度	照度标准值/lx	UGR	U_0	R_a
营业大厅		地面	200	22	0.60	80
营业柜台		台面	500	—	0.60	80
客户服务中心	普通	0.75m 水平面	200	22	0.60	60
	贵宾室	0.75m 水平面	300	22	0.60	80
交易大厅		0.75m 水平面	300	22	0.60	80
数据中心主机房		0.75m 水平面	500	19	0.60	80
保管库		地面	200	22	0.40	80
信用卡作业区		0.75m 水平面	300	19	0.60	80
自助银行		地面	200	19	0.60	80

(14) 无电视转播的体育建筑照明标准值应符合表 7.55 的规定；当表中同一格有两个值时，"/"前为内场的值，"/"后为外场的值；表中规定的照度应为比赛场地参考平面上的使用照度。

表 7.55 无电视转播的体育建筑照明标准值

运动项目		参考平面及其高度	照度标准值/lx			R_a		眩光指数(GR)	
			训练和娱乐	业余比赛	专业比赛	训练	比赛	训练	比赛
篮球、排球、手球、室内足球		地面	300	500	750	65	65	35	30
体操、艺术体操、技巧、蹦床、举重		台面							
速度滑冰		冰面							
羽毛球		地面	300	750/500	1000/500	65	65	35	30
乒乓球、柔道、摔跤、跆拳道、武术		台面	300	500	1000	65	65	35	30
冰球、花样滑冰、冰上舞蹈、短道速滑		冰面							
拳击		台面	500	1000	2000	65	65	35	30
游泳、跳水、水球、花样游泳		水面	200	300	500	65	65	—	—
马术		地面							
射击、射箭	射击区、弹（箭）道区	地面	200	200	300	65	65	—	—
	靶心	靶心垂直面	1000	1000	1000				
击剑		地面	300	500	750	65	65	—	—
		垂直面	200	300	500				
网球	室外	地面	300	500/300	750/500	65	65	55	50
	室内							35	30
场地自行车	室外	地面	200	500	750	65	65	55	50
	室内							35	30
足球、田径		地面	200	300	500	20	65	55	50
曲棍球		地面	300	500	750	20	65	55	50
棒球、垒球		地面	300/200	500/300	750/500	20	65	55	50

（15）有电视转播的体育建筑照明标准值应符合表 7.56 的规定。HDTV 指高清晰度电视；其特殊显色指数 $R9$ 应大于零；表中同一格有两个值时，"/"前为内场的值，"/"后为外场的值。

表 7.56 有电视转播的体育建筑照明标准值

运动项目		参考平面及其高度	照度标准值/lx			R_a		T_{cp}/K		眩光指数 (GR)
			国家、国际比赛	重大国际比赛	HDTV	国家、国际比赛、重大国际比赛	HDTV	国家、国际比赛、重大国际比赛	HDTV	
篮球、排球、手球、室内足球、乒乓球		地面 1.5m	1000	1400	2000	≥80	>80	≥4000	≥5500	30
体操、艺术体操、技巧、蹦床、柔道、摔跤、跆拳道、武术、举重		台面 1.5m								30
击剑		台面 1.5m								—
游泳、跳水、水球、花样游泳		水面 0.2m								—
冰球、花样滑冰、冰上舞蹈、短道速滑、速度滑冰		冰面 1.5m								30
羽毛球		地面 1.5m	1000/750	1400/1000	2000/1400					30
拳击		台面 1.5m	1000	2000	2500					30
射箭	射击区、箭道区	地面 1.0m	500	500	500					—
	靶心	靶心垂直面	1500	1500	2000					—
场地自行车	室内	地面 1.5m	1000	1400	2000					30
	室外									50
足球、田径、曲棍球		地面 1.5m								50
马术		地面 1.5m								—
网球	室内	地面 1.5m	1000/750	1400/1000	2000/1400					30
	室外									50
棒球、垒球		地面 1.5m								50
射击	射击区、弹道区	地面 1.0m	500	500	500	≥80		≥3000	≥4000	—
	靶心	靶心垂直面	1500	1500	2000					—

7.5.3 工业建筑照明标准值

工业建筑一般照明标准值应符合表 7.57 的规定。需增加局部照明的作业面，增加的局部照明照度值宜按该场所一般照明照度值的 1.0～3.0 倍选取。

表 7.57　工业建筑一般照明标准值

房间或场所		参考平面及其高度	照度标准值/lx	UGR	U_0	R_a	备 注
1　机、电工业							
机械加工	粗加工	0.75m 水平面	200	22	0.40	60	可另加局部照明
	一般加工公差≥0.1mm	0.75m 水平面	300	22	0.60	60	应另加局部照明
	精密加工公差<0.1mm	0.75m 水平面	500	19	0.70	60	应另加局部照明
机电仪表装配	大件	0.75m 水平面	200	25	0.60	80	可另加局部照明
	一般件	0.75m 水平面	300	25	0.60	80	可另加局部照明
	精密	0.75m 水平面	500	22	0.70	80	应另加局部照明
	特精密	0.75m 水平面	750	19	0.70	80	应另加局部照明
电线、电缆制造		0.75m 水平面	300	25	0.60	60	—
线圈绕制	大线圈	0.75m 水平面	300	25	0.60	80	
	中等线圈	0.75m 水平面	500	22	0.70	80	可另加局部照明
	精细线圈	0.75m 水平面	750	19	0.70	80	应另加局部照明
线圈浇注		0.75m 水平面	300	25	0.60	80	
焊接	一般	0.75m 水平面	200	—	0.60	60	
	精密	0.75m 水平面	300	—	0.70	60	
钣金		0.75m 水平面	300	—	0.60	60	
冲压、剪切		0.75m 水平面	300	—	0.60	60	
热处理		地面至 0.5m 水平面	200	—	0.60	20	
铸造	熔化、浇铸	地面至 0.5m 水平面	200	—	0.60	20	
	造型	地面至 0.5m 水平面	300	25	0.60	60	
精密铸造的制模、脱壳		地面至 0.5m 水平面	500	25	0.60	60	
锻工		地面至 0.5m 水平面	200	—	0.60	20	
电镀		0.75m 水平面	300	—	0.60	80	
喷漆	一般	0.75m 水平面	300	—	0.60	80	
	精细	0.75m 水平面	500	22	0.70	80	
酸洗、腐蚀、清洗		0.75m 水平面	300	—	0.60	80	
抛光	一般性装饰	0.75m 水平面	300	22	0.60	80	应防频闪
	精细	0.75m 水平面	500	22	0.70	80	应防频闪

续表

房间或场所		参考平面及其高度	照度标准值/lx	UGR	U_0	R_a	备 注
复合材料加工、铺叠、装饰		0.75m水平面	500	22	0.60	80	—
机电修理	一般	0.75m水平面	200	—	0.60	60	可另加局部照明
	精密	0.75m水平面	300	22	0.70	60	可另加局部照明
2 电子工业							
整机类	整机厂	0.75m水平面	300	22	0.60	80	—
	装配厂房	0.75m水平面	300	22	0.60	80	应另加局部照明
元器件类	微电子产品及集成电路	0.75m水平面	500	19	0.70	80	—
	显示器件	0.75m水平面	500	19	0.70	80	可根据工艺要求降低照度值
	印制线路板	0.75m水平面	500	19	0.70	80	—
	光伏组件	0.75m水平面	300	19	0.60	80	—
	电真空器件、机电组件等	0.75m水平面	500	19	0.60	80	—
电子材料类	半导体材料	0.75m水平面	300	22	0.60	80	—
	光纤、光缆	0.75m水平面	300	22	0.60	80	—
酸、碱、药液及粉配制		0.75m水平面	300	—	0.60	80	—
3 纺织、化纤工业							
纺织	选毛	0.75m水平面	300	22	0.70	80	可另加局部照明
	清棉、和毛、梳毛	0.75m水平面	150	22	0.60	80	—
	前纺:梳棉、并条、粗纺	0.75m水平面	200	22	0.60	80	—
	纺纱	0.75m水平面	300	22	0.60	80	—
	织布	0.75m水平面	300	22	0.60	80	—
织袜	穿综筘、缝纫、量呢、检验	0.75m水平面	300	22	0.70	80	可另加局部照明
	修补、剪毛、染色、印花、裁剪、熨烫	0.75m水平面	300	22	0.70	80	可另加局部照明
化纤	投料	0.75m水平面	100	—	0.60	80	—
	纺丝	0.75m水平面	150	22	0.60	80	—
	卷绕	0.75m水平面	200	22	0.60	80	—
	平衡间、中间贮存、干燥间、废丝间、油剂高位槽间	0.75m水平面	75	—	0.60	60	—

续表

房间或场所		参考平面及其高度	照度标准值/lx	UGR	U_0	R_a	备注
化纤	集束间、后加工间、打包间、油剂调配间	0.75m水平面	100	25	0.60	60	—
	组件清洗间	0.75m水平面	150	25	0.60	60	—
	拉伸、变形、分级包装	0.75m水平面	150	25	0.70	80	操作面可另加局部照明
	化验、检验	0.75m水平面	200	22	0.70	80	可另加局部照明
	聚合车间、原液车间	0.75m水平面	100	22	0.60	60	—
4 制药工业							
	制药生产:配制、清洗灭菌、超滤、制粒、压片、混匀、烘干、灌装、轧盖等	0.75m水平面	300	22	0.60	80	—
	制药生产流转通道	地面	200	—	0.40	80	—
	更衣室	地面	200	—	0.40	80	—
	技术夹层	地面	100	—	0.40	40	—
5 橡胶工业							
	炼胶车间	0.75m水平面	300	—	0.60	80	
	压延压出工段	0.75m水平面	300	—	0.60	80	
	成型裁断工段	0.75m水平面	300	22	0.60	80	
	硫化工段	0.75m水平面	300	—	0.60	80	
6 电力工业							
	火电厂锅炉房	地面	100	—	0.60	60	
	发电机房	地面	200	—	0.60	60	
	主控室	0.75m水平面	500	19	0.60	80	
7 钢铁工业							
炼铁	高炉炉顶平台、各层平台	平台面	30	—	0.60	60	
	出铁场、出铁机室	地面	100	—	0.60	60	
	卷扬机室、碾泥机室、煤气清洗配水室	地面	50	—	0.60	60	
炼钢及连铸	炼钢主厂房和平台	地面、平台面	150	—	0.60	60	需另加局部照明
	连铸浇注平台、切割区、出坯区	地面	150	—	0.60	60	需另加局部照明
	精整清理线	地面	200	25	0.60	60	—

续表

房间或场所		参考平面及其高度	照度标准值/lx	UGR	U_0	R_a	备 注
轧钢	棒线材主厂房	地面	150	—	0.60	60	—
	钢管主厂房	地面	150	—	0.60	60	—
	冷轧主厂房	地面	150	—	0.60	60	需另加局部照明
	冷轧主厂房、钢坯台	地面	150	—	0.60	60	—
	加热炉周围	地面	50	—	0.60	20	—
	垂绕、横剪及纵剪机组	0.75m水平面	150	25	0.60	80	—
	打印、检查、精密分类、验收	0.75m水平面	200	22	0.70	80	—
8 制浆造纸工业							
备料		0.75m水平面	150	—	0.60	60	—
蒸煮、选洗、漂白		0.75m水平面	200	—	0.60	60	—
打浆、纸机底部		0.75m水平面	200	—	0.60	60	—
纸机网部、压榨部、烘缸、压光、卷取、涂布		0.75m水平面	300	—	0.60	60	—
复卷、切纸		0.75m水平面	300	25	0.60	60	—
选纸		0.75m水平面	500	22	0.60	60	—
碱回收		0.75m水平面	200	—	0.60	60	—
9 食品及饮料工业							
食品	糕点、糖果	0.75m水平面	200	22	0.60	80	—
	肉制品、乳制品	0.75m水平面	300	22	0.60	80	—
饮料		0.75m水平面	300	22	0.60	80	—
啤酒	糖化	0.75m水平面	200	—	0.60	80	—
	发酵	0.75m水平面	150	—	0.60	80	—
	包装	0.75m水平面	150	25	0.60	80	—
10 玻璃工业							
备料、退火、熔制		0.75m水平面	150	—	0.60	60	—
窑炉		地面	100	—	0.60	20	—
11 水泥车间							
主要生产车间（破碎、原料粉磨、烧成、水泥粉磨、包装）		地面	100	—	0.60	20	—
储存		地面	75	—	0.60	60	—
输送走廊		地面	30	—	0.40	20	—

续表

房间或场所		参考平面及其高度	照度标准值/lx	UGR	U_0	R_a	备注
粗坯成型		0.75m 水平面	300	—	0.60	60	—
12 皮革工业							
原皮、水浴		0.75m 水平面	200	—	0.60	60	—
轻鞣、整理、成品		0.75m 水平面	200	22	0.60	60	可另加局部照明
干燥		地面	100	—	0.60	20	—
13 卷烟工业							
制丝车间	一般	0.75m 水平面	200	—	0.60	80	
	较高	0.75m 水平面	300	—	0.70	80	
卷烟、接过滤嘴、包装、滤棒成型车间	一般	0.75m 水平面	300	22	0.60	80	
	较高	0.75m 水平面	500	22	0.70	80	
膨胀烟丝车间		0.75m 水平面	200	—	0.60	60	
贮叶间		1.0m 水平面	100	—	0.60	60	
贮丝间		1.0m 水平面	100	—	0.60	60	
14 化学、石油工业							
厂区内经常操作的区域,如泵、压缩机、阀门、电操作柱等		操作位高度	100	—	0.60	20	
装置区现场控制和检测点,如指示仪表、液位计等		测控点高度	75	—	0.70	60	
人行通道、平台、设备顶部		地面或台面	30	—	0.60	20	
装卸站	装卸设备顶部和底部操作位	操作位高度	75	—	0.60	20	
	平台	平台	30	—	0.60	20	
电缆夹层		0.75m 水平面	100	—	0.40	60	
避难间		0.75m 水平面	150	—	0.40	60	
压缩机厂房		0.75m 水平面	150	—	0.60	60	
15 木业和家具制造							
一般机器加工		0.75m 水平面	200	22	0.60	60	应防频闪
精细机器加工		0.75m 水平面	500	19	0.70	80	应防频闪
锯木区		0.75m 水平面	300	25	0.60	60	应防频闪
模型区	一般	0.75m 水平面	300	22	0.60	60	—
	精细	0.75m 水平面	750	22	0.70	60	—
胶合、组装		0.75m 水平面	300	25	0.60	60	—
磨光、异形细木工		0.75m 水平面	750	22	0.70	80	—

7.5.4 通用房间或场所照明标准值

公共和工业建筑通用房间或场所照明标准值应符合表7.58的规定。

表7.58 公共和工业建筑通用房间或场所照明标准值

房间或场所		参考平面及其高度	照度标准值/lx	UGR	U_0	R_a	备注
门厅	普通	地面	100	—	0.40	60	—
	高档	地面	200	—	0.60	80	—
走廊、流动区域、楼梯间	普通	地面	50	25	0.40	60	
	高档	地面	100	25	0.60	80	
自动扶梯		地面	150	—	0.60	60	
厕所、盥洗室、浴室	普通	地面	75	—	0.40	60	
	高档	地面	150	—	0.60	80	
电梯前厅	普通	地面	100	—	0.40	60	
	高档	地面	150	—	0.60	80	
休息室		地面	100	22	0.40	80	
更衣室		地面	150	22	0.40	80	
储藏室		地面	100	—	0.40	60	
餐厅		地面	200	22	0.60	80	
公共车库		地面	50	—	0.60	60	
公共车库检修间		地面	200	25	0.60	80	可另加局部照明
试验室	一般	0.75m水平面	300	22	0.60	80	可另加局部照明
	精细	0.75m水平面	500	19	0.60	80	可另加局部照明
检验	一般	0.75m水平面	300	22	0.60	80	可另加局部照明
	精细,有颜色要求	0.75m水平面	750	19	0.60	80	可另加局部照明
计量室,测量室		0.75m水平面	500	19	0.70	80	可另加局部照明
电话站、网络中心		0.75m水平面	500	19	0.60	80	
计算机站		0.75m水平面	500	19	0.60	80	防光幕反射
变、配电站	配电装置室	0.75m水平面	200	—	0.60	80	
	变压器室	地面	100	—	0.60	60	
电源设备室、发电机室		地面	200	25	0.60	80	
电梯机房		地面	200	25	0.60	80	
控制室	一般控制室	0.75m水平面	300	22	0.60	80	
	主控制室	0.75m水平面	500	19	0.60	80	
动力站	风机房、空调机房	地面	100	—	0.60	60	
	泵房	地面	100	—	0.60	60	
	冷冻站	地面	150	—	0.60	60	
	压缩空气站	地面	150	—	0.60	60	

续表

房间或场所		参考平面及其高度	照度标准值/lx	UGR	U_0	R_a	备注
动力站	锅炉房、煤气站的操作层	地面	100	—	0.60	60	锅炉水位表照度不小于50lx
仓库	大件库	1.0m 水平面	50	—	0.40	20	—
	一般件库	1.0m 水平面	100	—	0.60	60	—
	半成品库	1.0m 水平面	150	—	0.60	80	—
	精细件库	1.0m 水平面	200	—	0.60	80	货架垂直照度不小于50lx
车辆加油站		地面	100	—	0.60	60	油表表面照度不小于50lx

7.6 建筑景观照明

(1) 当建筑和园林景观照明涉及文物古建、航空航海标志等，或将照明设施安装在公共区域时，应取得相关部门批准。

(2) 城市景观照明宜与城市街区照明结合设置，应满足道路照明要求并注意避免对行人、行车视线的干扰以及对正常灯光标志的干扰。

(3) 建筑物泛光照明应考虑整体效果。光线的主投射方向宜与主视线方向构成 30°～70°夹角。不应单独使用色温高于 6000K 的光源。如图 7.15 所示。

图 7.15 建筑物泛光照明示意

(4) 当建筑表面反射比低于 0.2 时，不宜采用投射光照明方式。采用投射光照明的被照景物的平均亮度水平宜符合表 7.59 的规定。

表 7.59 被照景物亮度水平

被照景物所处区域	亮度范围/(cd/m²)
城市中心商业区、娱乐区、大型广场	＜15
一般城市街区、边缘商业区、城镇中心区	＜10
居住区、城市郊区、较大面积的园林景区	＜5

(5) 当采用安装于行人水平视线以下位置的照明灯具时，应避免出现眩光。景观照明的灯具安装位置，应避免在白天对建筑外观产生不利的影响。

(6) 建筑景观照明的供电与控制应符合下列规定：

① 室内分支线路每一单相回路电流不宜超过 16A，室外分支线路每一单相回路电流不宜超过 25A。室外单相 220V 支路线路长度不宜超过 100m，220V/380V 三相四线制线路长度不宜超过 300m，并应进行保护灵敏度的校验。

② 除采用 LED 光源外，建筑物轮廓灯每一单相回路不宜超过 100 个。

③ 安装于建筑内的景观照明系统应与该建筑配电系统的接地形式一致。安装于室外的景观照明中距建筑外墙 20m 以内的设施，应与室内系统的接地形式一致，距建筑物外墙大于 20m 宜采用 TT 接地形式。

④ 室外分支线路应装设剩余电流动作保护器。

第8章 建筑物防雷

8.1 建筑物的防雷分类及其防雷措施

8.1.1 建筑物防雷分类及基本要求

（1）建筑物应根据建筑物的重要性、使用性质、发生雷电事故的可能性和后果，按防雷要求分为三类。如图8.1所示。

图8.1 雷电电击建筑物示意

（2）第一类防雷建筑物、第二类防雷建筑物和第三类防雷建筑物的范围详见表8.1所列。

表8.1 建筑物的防雷分类

类型	序号	建筑物重要性和使用性质
第一类 防雷建筑物	1	凡制造、使用或贮存火炸药及其制品的危险建筑物，因电火花而引起爆炸、爆轰，会造成巨大破坏和人身伤亡者
	2	具有0区或20区爆炸危险场所的建筑物
	3	具有1区或21区爆炸危险场所的建筑物，因电火花而引起爆炸，会造成巨大破坏和人身伤亡者

续表

类型	序号	建筑物重要性和使用性质
第二类防雷建筑物	1	国家级重点文物保护的建筑物
	2	国家级的会堂、办公建筑物、大型展览和博览建筑物、大型火车站和飞机场、国宾馆、国家级档案馆、大型城市的重要给水泵房等特别重要的建筑物(注:飞机场不含停放飞机的露天场所和跑道)
	3	国家级计算中心、国际通信枢纽等对国民经济有重要意义的建筑物
	4	国家特级和甲级大型体育馆
	5	制造、使用或贮存火炸药及其制品的危险建筑物,且电火花不易引起爆炸或不致造成巨大破坏和人身伤亡者
	6	具有 1 区或 21 区爆炸危险场所的建筑物,且电火花不易引起爆炸或不致造成巨大破坏和人身伤亡者
	7	具有 2 区或 22 区爆炸危险场所的建筑物
	8	有爆炸危险的露天钢质封闭气罐
	9	预计雷击次数大于 0.05 次/a(年)的部、省级办公建筑物和其他重要或人员密集的公共建筑物以及火灾危险场所
	10	预计雷击次数大于 0.25 次/a(年)的住宅、办公楼等一般性民用建筑物或一般性工业建筑物
第三类防雷建筑物	1	省级重点文物保护的建筑物及省级档案馆
	2	预计雷击次数大于或等于 0.01 次/a,且小于或等于 0.05 次/a 的部、省级办公建筑物和其他重要或人员密集的公共建筑物,以及火灾危险场所
	3	预计雷击次数大于或等于 0.05 次/a,且小于或等于 0.25 次/a 的住宅、办公楼等一般性民用建筑物或一般性工业建筑物
	4	在平均雷暴日大于 15d/a 的地区,高度在 15m 及以上的烟囱、水塔等孤立的高耸建筑物;在平均雷暴日小于或等于 15d/a 的地区,高度在 20m 及以上的烟囱、水塔等孤立的高耸建筑物

注:0~23 区火灾危险环境的划分参见《爆炸和火灾危险环境电力装置设计规范》。

(3) 各类防雷建筑物应设防直击雷的外部防雷装置,并应采取防闪电电涌侵入的措施。第一类防雷建筑物和表 8.1 所列第 5~7 款所规定的第二类防雷建筑物,尚应采取防闪电感应的措施。如图 8.2 所示。

(4) 各类防雷建筑物应设内部防雷装置,并应符合下列规定:

① 在建筑物的地下室或地面层处,下列物体应与防雷装置做防雷等电位联结,如图 8.3 所示

a. 建筑物金属体。b. 金属装置。c. 建筑物内系统。d. 进出建筑物的金属管线。

②除本条第①款的措施外,外部防雷装置与建筑物金属体、金属装置、建筑物内系统之间,尚应满足间隔距离的要求。

8.1.2 第一类防雷建筑物防雷措施

8.1.2.1 第一类防雷建筑物防直击雷的措施

(1) 应装设独立接闪杆或架空接闪线或网。架空接闪网的网格尺寸不应大于 5m×5m 或 6m×4m。如图 8.4 所示。

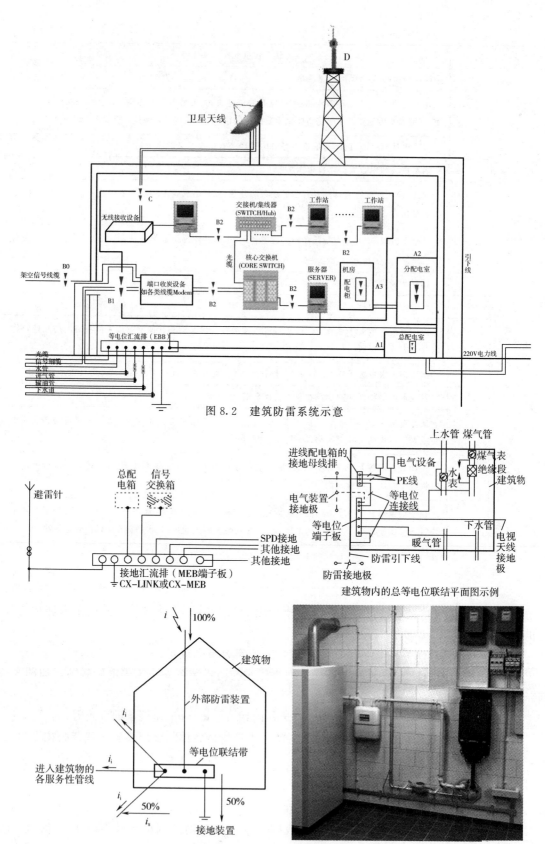

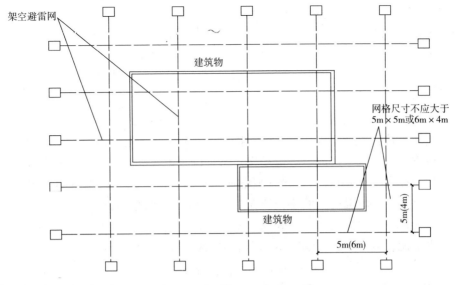

图 8.4 架空避雷网的网格要求

(2) 排放爆炸危险气体、蒸汽或粉尘的放散管、呼吸阀、排风管等的管口外的下列空间应处于接闪器的保护范围内：

① 当有管帽时应按表 8.2 的规定确定。
② 当无管帽时，应为管口上方半径 5m 的半球体。
③ 接闪器与雷闪的接触点应设在本款第①项或第②项所规定的空间之外。

表 8.2 有管帽的管口外处与接闪器保护范围内的空间

装置内的压力与周围空气压力的压力差/kPa	排放物对比于空气	管帽以上的垂直距离/m	距管口处的水平距离/m	装置内的压力与周围空气压力的压力差/kPa	排放物对比于空气	管帽以上的垂直距离/m	距管口处的水平距离/m
<5	重于空气	1	2	≤25	轻于空气	2.5	5
5~25	重于空气	2.5	5	>25	重或轻于空气	5	5

注：相对密度小于或等于 0.75 的爆炸性气体规定为轻于空气的气体，相对密度大于 0.75 的爆炸性气体规定为重于空气的气体。

(3) 排放爆炸危险气体、蒸汽或粉尘的放散管、呼吸阀、排风管等，当其排放物达不到爆炸浓度、长期点火燃烧、一排放就点火燃烧，以及发生事故时排放物才达到爆炸浓度的通风管、安全阀，接闪器的保护范围应保护到管帽，无管帽时应保护到管口。

(4) 独立接闪杆的杆塔、架空接闪线的端部和架空接闪网的每根支柱处应至少设一根引下线。对用金属制成或有焊接、绑扎连接钢筋网的杆塔、支柱，宜利用金属杆塔或钢筋网作为引下线。

(5) 独立接闪杆和架空接闪线或网的支柱及其接地装置与被保护建筑物及与其有联系的管道、电缆等金属物之间的间隔距离（图 8.5）不得小于 3m。

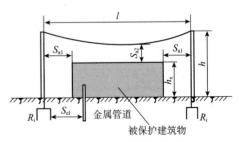

图 8.5 防雷装置至被保护物的间隔距离示意

8.1.2.2 第一类防雷建筑物防闪电电涌侵入的措施

(1) 室外低压配电线路应全线采用电缆直接埋地敷设,在入户处应将电缆的金属外皮、钢管接到等电位联结带或防闪电感应的接地装置上。

(2) 当全线采用电缆有困难时,应采用钢筋混凝土杆和铁横担的架空线,并应使用一段金属铠装电缆或护套电缆穿钢管直接埋地引入。架空线与建筑物的距离不应小于15m。

(3) 在电缆与架空线连接处,尚应装设户外型电涌保护器。电涌保护器、电缆金属外皮、钢管和绝缘子铁脚、金具等应连在一起接地,其冲击接地电阻不应大于30Ω。所装设的电涌保护器应选用Ⅰ级试验产品,其电压保护水平应小于或等于2.5kV,其每一保护模式应选冲击电流等于或大于10kA;若无户外型电涌保护器,应选用户内型电涌保护器,其使用温度应满足安装处的环境温度,并应安装在防护等级IP54的箱内。

(4) 当电涌保护器的接线形式为表8.3中的接线形式2时,接在中性线和PE线间电涌保护器的冲击电流,当为三相系统时不应小于40kA,当为单相系统时不应小于20kA。

表8.3 根据系统特征安装电涌保护器

电涌保护器接于	电涌保护器安装处的系统特征							
	TT 系统		TN-C 系统	TN-S 系统		引出中性线的 IT 系统		不引出中性线的 IT 系统
	按以下形式连接			按以下形式连接		按以下形式连接		
	接线形式1	接线形式2		接线形式1	接线形式2	接线形式1	接线形式2	
每根相线与中性线间	+	○	不适用	+	○	+	○	不适用
每根相线与PE线间	○	不适用	不适用	○	不适用	○	不适用	○
中性线与PE线间	○	○	不适用	○	○	○	○	不适用
每根相线与PEN线间	不适用	不适用	○	不适用	不适用	不适用	不适用	不适用
各相线之间	+	+	+	+	+	+	+	+

注:○表示必须,+表示非强制性的,可附加选用。

(5) 电子系统的室外金属导体线路宜全线采用有屏蔽层的电缆埋地或架空敷设,其两端的屏蔽层、加强钢线、钢管等应等电位联结到入户处的终端箱体上。

(6) 当通信线路采用钢筋混凝土杆的架空线时,应使用一段护套电缆穿钢管直接埋地引入,其埋地长度不应小于15m。在电缆与架空线连接处,尚应装设户外型电涌保护器。电涌保护器、电缆金属外皮、钢管和绝缘子铁脚、金具等应连在一起接地,其冲击接地电阻不应大于30Ω。

(7) 架空金属管道,在进出建筑物处,应与防闪电感应的接地装置相连。距离建筑物100m内的管道,宜每隔25m接地一次,其冲击接地电阻不应大于30Ω,并应利用金属支架或钢筋混凝土支架的焊接、绑扎钢筋网作为引下线,其钢筋混凝土基础宜作为接地装置。埋地或地沟内的金属管道,在进出建筑物处应等电位联结到等电位联结带或防闪电感应的接地装置上。

(8) 当一座防雷建筑物中兼有第一、二、三类防雷建筑物时,其防雷分类和防雷措施宜符合下列规定:

① 当第一类防雷建筑物部分的面积占建筑物总面积的30%及以上时,该建筑物宜确定为第一类防雷建筑物。

② 当第一类防雷建筑物部分的面积占建筑物总面积的30%以下,且第二类防雷建筑物部分的面积占建筑物总面积的30%及以上时,或当这两部分防雷建筑物的面积均小于建筑物总面积的30%,但其面积之和又大于30%时,该建筑物宜确定为第二类防雷建筑物。但对第一类防雷建筑物部分的防闪电感应和防闪电电涌侵入,应采取第一类防雷建筑物的保护措施。

③ 当第一、二类防雷建筑物部分的面积之和小于建筑物总面积的30%,且不可能遭直接雷击时,该建筑物可确定为第三类防雷建筑物;但对第一、二类防雷建筑物部分的防闪电感应和防闪电电涌侵入,应采取各自类别的保护措施;当可能遭直接雷击时,宜按各自类别采取防雷措施。

(9) 当一座建筑物中仅有一部分为第一、二、三类防雷建筑物时,其防雷措施宜符合下列规定。

① 当防雷建筑物部分可能遭直接雷击时,宜按各自类别采取防雷措施。

② 当防雷建筑物部分不可能遭直接雷击时,可不采取防直击雷措施,可仅按各自类别采取防闪电感应和防闪电电涌侵入的措施。

8.1.2.3 第一类防雷建筑物防闪电感应要求

(1) 建筑物内的设备、管道、构架、电缆金属外皮、钢屋架、钢窗等较大金属物和突出屋面的放散管、风管等金属物,均应接到防闪电感应的接地装置上。

(2) 金属屋面周边每隔18~24m应采用引下线接地一次。

(3) 现场浇灌或用预制构件组成的钢筋混凝土屋面,其钢筋网的交叉点应绑扎或焊接,并应每隔18~24m采用引下线接地一次。

(4) 平行敷设的管道、构架和电缆金属外皮等长金属物,其净距小于100mm时,应采用金属线跨接,跨接点的间距不应大于30m;交叉净距小于100mm时,其交叉处也应跨接。

(5) 当长金属物的弯头、阀门、法兰盘等连接处的过渡电阻大于0.03Ω时,连接处应用金属线跨接。对有不少于5根螺栓连接的法兰盘,在非腐蚀环境下,可不跨接。

(6) 防闪电感应的接地装置应与电气和电子系统的接地装置共用,其工频接地电阻不宜大于10Ω。当屋内设有等电位联结的接地干线时,其与防闪电感应接地装置的连接不应少于2处。

8.1.2.4 第一类防雷建筑物其他防雷要求

(1) 当树木邻近建筑物且不在接闪器保护范围之内时,树木与建筑物之间的净距不应小于5m。

(2) 当难以装设独立的外部防雷装置时,可将接闪杆或网格不大于5m×5m或6m×4m的接闪网或由其混合组成的接闪器直接装在建筑物上,接闪网应按规范的规定沿屋角、屋脊、屋檐和檐角等易受雷击的部位敷设;当建筑物高度超过30m时,首先应沿屋顶周边敷设接闪带,接闪带应设在外墙外表面或屋檐边垂直面上,也可设在外墙外表面或屋檐边垂直面外。并应符合下列规定:

① 接闪器之间应互相连接。

② 引下线不应少于2根,并应沿建筑物四周和内庭院四周均匀或对称布置,其间距沿周长计算不宜大于12m。

③ 建筑物应装设等电位联结环,环间垂直距离不应大于12m,所有引下线、建筑物的

金属结构和金属设备均应连到环上。等电位联结环可利用电气设备的等电位联结干线环路。

④ 外部防雷的接地装置应围绕建筑物敷设成环形接地体，每根引下线的冲击接地电阻不应大于10Ω，并应和电气和电子系统等接地装置及所有进入建筑物的金属管道相连，此接地装置可兼作防闪电感应接地之用。

⑤ 当建筑物高于30m时，尚应采取下列防侧击的措施。

a. 应从30m起每隔不大于6m沿建筑物四周设水平接闪带并应与引下线相连。

b. 30m及以上外墙上的栏杆、门窗等较大的金属物应与防雷装置连接。

⑥ 在电源引入的总配电箱处应装设Ⅰ级试验的电涌保护器。电涌保护器的电压保护水平值应小于或等于2.5kV。每一保护模式的冲击电流值，当无法确定时，冲击电流应取等于或大于12.5kA。

8.1.3 第二类防雷建筑物防雷措施

(1) 专设引下线不应少于2根，并应沿建筑物四周和内庭院四周均匀对称布置，其间距沿周长计算不应大于18m。当建筑物的跨度较大，无法在跨距中间设引下线时，应在跨距两端设引下线并减小其他引下线的间距，专设引下线的平均间距不应大于18m。

(2) 第二类防雷建筑物外部防雷的措施，宜采用装设在建筑物上的接闪网、接闪带或接闪杆，也可采用由接闪网、接闪带或接闪杆混合组成的接闪器。接闪网、接闪带应按规范的规定沿屋角、屋脊、屋檐和檐角等易受雷击的部位敷设，并应在整个屋面组成不大于10m×10m或12m×8m的网格；当建筑物高度超过45m时，首先应沿屋顶周边敷设接闪带，接闪带应设在外墙外表面或屋檐边垂直面上，也可设在外墙外表面或屋檐边垂直面外。接闪器之间应互相连接。如图8.6所示。

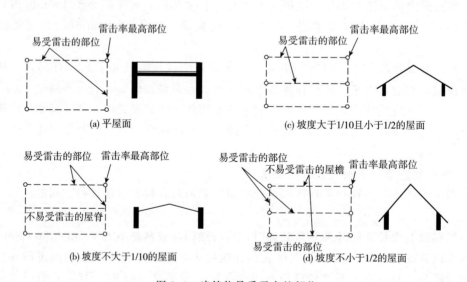

图 8.6 建筑物易受雷击的部位

(3) 突出屋面的下列放散管、风管、烟囱等物体，其防雷保护金属物体可不装接闪器，但应和屋面防雷装置相连；除符合规范的规定情况外，在屋面接闪器保护范围之外的非金属物体应装接闪器，并应和屋面防雷装置相连。

① 排放无爆炸危险气体、蒸气或粉尘的放散管、烟囱；

② 1区、21区、2区和22区爆炸危险场所的自然通风管；

③ 0 区和 20 区爆炸危险场所的装有阻火器的放散管、呼吸阀、排风管。

（4）外部防雷装置的接地应和防闪电感应、内部防雷装置、电气和电子系统等接地共用接地装置，并应与引入的金属管线做等电位联结。外部防雷装置的专设接地装置宜围绕建筑物敷设成环形接地体。

（5）利用建筑物的钢筋作为防雷装置时，应符合下列规定。

① 建筑物宜利用钢筋混凝土屋顶、梁、柱、基础内的钢筋作为引下线。

② 当基础采用硅酸盐水泥和周围土壤的含水量不低于 4% 及基础的外表面无防腐层或有沥青质防腐层时，宜利用基础内的钢筋作为接地装置。当基础的外表面有其他类的防腐层且无桩基可利用时，宜在基础防腐层下面的混凝土垫层内敷设人工环形基础接地体。

③ 敷设在混凝土中作为防雷装置的钢筋或圆钢，当仅为一根时，其直径不应小于 10mm。被利用作为防雷装置的混凝土构件内有箍筋连接的钢筋时，其截面积总和不应小于一根直径 10mm 钢筋的截面积。

④ 利用基础内钢筋网作为接地体时，在周围地面以下距地面不应小于 0.5m。

⑤ 在建筑物周边的无钢筋的闭合条形混凝土基础内敷设人工基础接地体时，接地体的规格尺寸应按表 8.4 的规定确定。当长度相同、截面相同时，宜选用扁钢。

⑥ 构件内有箍筋连接的钢筋或成网状的钢筋，其箍筋与钢筋、钢筋与钢筋应采用土建施工的绑扎法、螺丝、对焊或搭焊连接。单根钢筋、圆钢或外引预埋连接板、线与构件内钢筋应焊接或采用螺栓紧固的卡夹器连接。构件之间必须连接成电气通路。

表 8.4 第二类防雷建筑物环形人工基础接地体的最下规格尺寸

闭合条形基础的周长/m	扁钢/mm	圆钢，根数×直径/mm
≥60	4×25	2×φ10
40~60	4×50	4×φ10 或 3×φ12
<40	钢材表面积总和≥4.24m²	

（6）防止雷电流流经引下线和接地装置时产生的高电位对附近金属物或电气和电子系统线路的反击，应符合下列规定。

① 在电气接地装置与防雷接地装置共用或相连的情况下，应在低压电源线路引入的总配电箱、配电柜处装设Ⅰ级试验的电涌保护器。电涌保护器的电压保护水平值应小于或等于 2.5kV。每一保护模式的冲击电流值，当无法确定时应取等于或大于 12.5kA。

② 当 Yyn0 型或 Dyn11 型接线的配电变压器设在本建筑物内或附设于外墙处时，应在变压器高压侧装设避雷器；在低压侧的配电屏上，当有线路引出本建筑物至其他有独自敷设接地装置的配电装置时，应在母线上装设Ⅰ级试验的电涌保护器。电涌保护器每一保护模式的冲击电流值，当无法确定时冲击电流应取等于或大于 12.5kA；当无线路引出本建筑物时，应在母线上装设Ⅱ级试验的电涌保护器，电涌保护器每一保护模式的标称放电电流值应等于或大于 5kA。电涌保护器的电压保护水平值应小于或等于 2.5kV。

（7）高度超过 45m 的建筑物，除屋顶的外部防雷装置应符合规范第 4.3.1 条的规定外，尚应符合下列规定。

① 对水平突出外墙的物体，当滚球半径 45m 球体从屋顶周边接闪带外向地面垂直下降接触到突出外墙的物体时，应采取相应的防雷措施。

② 高于60m的建筑物，其上部占高度20%并超过60m的部位应防侧击，防侧击应符合下列规定。

a. 在建筑物上部占高度20%并超过60m的部位，各表面上的尖物、墙角、边缘、设备以及显著突出的物体，应按屋顶上的保护措施处理。

b. 在建筑物上部占高度20%并超过60m的部位，布置接闪器应符合对本类防雷建筑物的要求，接闪器应重点布置在墙角、边缘和显著突出的物体上。

c. 外部金属物，当其最小尺寸符合规范的规定时，可利用其作为接闪器，还可利用布置在建筑物垂直边缘处的外部引下线作为接闪器。

d. 符合规范规定的钢筋混凝土内钢筋和建筑物金属框架，当作为引下线或与引下线连接时，均可利用其作为接闪器。

③ 外墙内、外竖直敷设的金属管道及金属物的顶端和底端，应与防雷装置等电位联结。

(8) 有爆炸危险的露天钢质封闭气罐，当其高度小于或等于60m、罐顶壁厚不小于4mm时，或当其高度大于60m、罐顶壁厚和侧壁壁厚均不小于4mm时，可不装设接闪器，但应接地，且接地点不应少于2处，两接地点间距离不宜大于30m，每处接地点的冲击接地电阻不应大于30Ω。

8.1.4 第三类防雷建筑物防雷措施

(1) 第三类防雷建筑物外部防雷的措施宜采用装设在建筑物上的接闪网、接闪带或接闪杆，也可采用由接闪网、接闪带和接闪杆混合组成的接闪器。接闪网、接闪带应按规范规定沿屋角、屋脊、屋檐和檐角等易受雷击的部位敷设，并应在整个屋面组成不大于20m×20m或24m×16m的网格；当建筑物高度超过60m时，首先应沿屋顶周边敷设接闪带，接闪带应设在外墙外表面或屋檐边垂直面上，也可设在外墙外表面或屋檐边垂直面外。接闪器之间应互相连接。

(2) 专设引下线不应少于2根，并应沿建筑物四周和内庭院四周均匀对称布置，其间距沿周长计算不应大于25m。当建筑物的跨度较大，无法在跨距中间设引下线时，应在跨距两端设引下线并减小其他引下线的间距，专设引下线的平均间距不应大于25m。

(3) 建筑物宜利用钢筋混凝土屋面、梁、柱、基础内的钢筋作为引下线和接地装置，同时应符合下列规定。

① 利用基础内钢筋网作为接地体时，在周围地面以下距地面不小于0.5m深。

② 当在建筑物周边的无钢筋的闭合条形混凝土基础内敷设人工基础接地体时，接地体的规格尺寸应按表8.5的规定确定。

表8.5 第三类防雷建筑物环形人工基础接地体的最下规格尺寸

闭合条形基础的周长/m	扁钢/mm	圆钢，根数×直径/mm
≥60	—	1×φ10
40～60	4×20	2×φ8
<40	钢材表面积总和≥1.89m²	

(4) 共用接地装置的接地电阻应按50Hz电气装置的接地电阻确定，不应大于按人身安全所确定的接地电阻值。

(5) 高度超过 60m 的建筑物，除屋顶的外部防雷装置应符合规范的规定外，尚应符合下列规定。

① 对水平突出外墙的物体，当滚球半径 60m 球体从屋顶周边接闪带外向地面垂直下降接触到突出外墙的物体时，应采取相应的防雷措施。

② 高于 60m 的建筑物，其上部占高度 20% 并超过 60m 的部位应防侧击，防侧击应符合相关规定。

③ 外墙内、外竖直敷设的金属管道及金属物的顶端和底端，应与防雷装置等电位联结。

(6) 砖烟囱、钢筋混凝土烟囱，宜在烟囱上装设接闪杆或接闪环保护。多支接闪杆应连接在闭合环上。并符合下列规定。

① 当非金属烟囱无法采用单支或双支接闪杆保护时，应在烟囱口装设环形接闪带，并应对称布置三支高出烟囱口不低于 0.5m 的接闪杆。

② 钢筋混凝土烟囱的钢筋应在其顶部和底部与引下线和贯通连接的金属爬梯相连。

③ 高度不超过 40m 的烟囱，可只设一根引下线，超过 40m 时应设两根引下线。可利用螺栓或焊接连接的一座金属爬梯作为两根引下线用。

④ 金属烟囱应作为接闪器和引下线。

8.2 建筑物其他防雷保护措施

(1) 在独立接闪杆、架空接闪线、架空接闪网的支柱上，严禁悬挂电话线、广播线、电视接收天线及低压架空线等。

(2) 固定在建筑物上的节日彩灯、航空障碍信号灯及其他用电设备和线路应根据建筑物的防雷类别采取相应的防止闪电电涌侵入的措施。

(3) 粮、棉及易燃物大量集中的露天堆场，当其年预计雷击次数大于或等于 0.05 时，应采用独立接闪杆或架空接闪线防直击雷。独立接闪杆和架空接闪线保护范围的滚球半径可取 100m。

(4) 在建筑物引下线附近保护人身安全需采取的防接触电压和跨步电压的措施，应符合下列规定。

① 防接触电压应符合下列规定之一。

a. 利用建筑物金属构架和建筑物互相连接的钢筋在电气上是贯通且不少于 10 根柱子组成的自然引下线，作为自然引下线的柱子包括位于建筑物四周和建筑物内的。

b. 引下线 3m 范围内地表层的电阻率不小于 50kΩ·m，或敷设 5cm 厚沥青层或 15cm 厚砾石层。

c. 外露引下线，其距地面 2.7m 以下的导体用耐 1.2/50μs 冲击电压 100kV 的绝缘层隔离，或用至少 3mm 厚的交联聚乙烯层隔离。

d. 用护栏、警告牌使接触引下线的可能性降至最低限度。

② 防跨步电压应符合下列规定之一。

a. 利用建筑物金属构架和建筑物互相连接的钢筋在电气上是贯通且不少于 10 根柱子组成的自然引下线，作为自然引下线的柱子包括位于建筑物四周和建筑物内的。

b. 引下线 3m 范围内地表层的电阻率不小于 50kΩ·m，或敷设 5cm 厚沥青层或 15cm

厚砾石层。

c. 用网状接地装置对地面做均衡电位处理。

d. 用护栏、警告牌使进入距引下线 3m 范围内地面的可能性减小到最低限度。

8.3 建筑物的防雷装置

8.3.1 防雷装置使用的材料要求

（1）防雷装置使用的材料及其应用条件，宜符合表 8.6 的规定。在沿海地区，敷设于混凝土中的镀锌钢不宜延伸进入土壤中；不得在地中采用铅。如图 8.7 所示。

表 8.6 防雷装置使用的材料及其应用条件

材料	使用于大气中	使用于地中	使用于混凝土中	耐腐蚀情况		
				在下列环境中能耐腐蚀	在下列环境中增加腐蚀	与下列材料接触形成直流电耦合可能受到严重腐蚀
铜	单根导体，绞线	单根导体，有镀层的绞线，铜管	单根导体，有镀层的绞线	在许多环境中良好	硫化物 有机材料	
热镀锌钢	单根导体，绞线	单根导体，钢管	单根导体，绞线	敷设于大气、混凝土和无腐蚀性的一般土壤中受到的腐蚀是可接受的	高氯化物含量	铜
电镀铜钢	单根导体	单根导体	单根导体	在许多环境中良好	硫化物	—
不锈钢	单根导体，绞线	单根导体，绞线	单根导体，绞线	在许多环境中良好	高氯化物含量	—
铝	单根导体，绞线	不适合	不适合	在含有低浓度硫和氯化物的大气中良好	碱性溶液	铜
铅	有镀铅层的单根导体	禁止	不适合	在含有高浓度硫酸化合物的大气中良好	—	铜 不锈钢

（2）防雷等电位联结各连接部件的最小截面，应符合表 8.7 的规定。

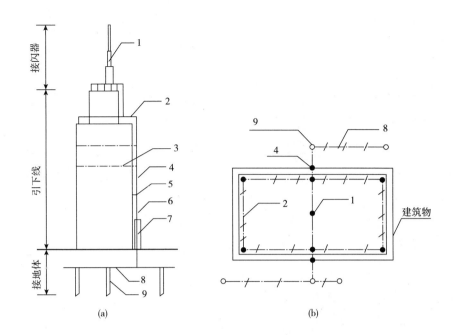

图 8.7 建筑防雷接地装置组成示意

1—避雷针；2—避雷网；3—避雷带；4—引下线；5—引下线卡子；
6—断接卡子；7—引下线保护管；8—接地母线；9—接地极

表 8.7 防雷装置各连接部件的最小截面

等电位联结部件			材料	截面/mm²
等电位联结带(铜、外表面镀铜的钢或热镀锌钢)			Cu(铜)、Fe(铁)	50
从等电位联结带至接地装置或各等电位联结带之间的连接导体			Cu(铜)	16
			Al(铝)	25
			Fe(铁)	50
从屋内金属装置至等电位连接带的连接导体			Cu(铜)	6
			Al(铝)	10
			Fe(铁)	16
连接电涌保护器的导体	电气系统	Ⅰ级试验的电涌保护器	Cu(铜)	6
		Ⅱ级试验的电涌保护器		2.5
		Ⅲ级试验的电涌保护器		1.5
	电子系统	DI类电涌保护器		1.2
		其他类的电涌保护器(连接导体的截面可小于1.2mm²)		根据具体情况确定

8.3.2 建筑物防雷的接闪器要求

（1）接闪器的材料、结构和最小截面应符合表 8.8 的规定。如图 8.8 所示。

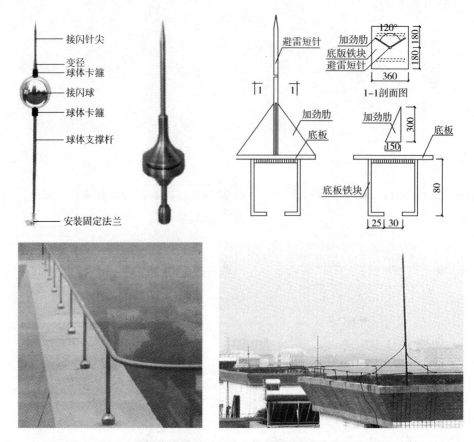

图 8.8 常见接闪器、避雷针/带示意

表 8.8 接闪线（带、杆）和引下线的材料、结构和最小截面

材料	结构	最小截面/mm²	备注⑩
铜，镀锡铜①	单根扁铜	50	厚度 2mm
	单根圆铜⑦	50	直径 8mm
	铜绞线	50	每股线直径 1.7mm
	单根圆铜③④	176	直径 15mm
铝	单根扁铝	70	厚度 3mm
	单根圆铝	50	直径 8mm
	铝绞线	50	每股线直径 1.7mm
铝合金	单根扁形导体	50	厚度 2.5mm
	单根圆形导体	50	直径 8mm
	绞线	50	每股线直径 1.7mm
	单根圆形导体③	176	直径 15mm
	外表面镀铜的单根圆形导体	50	直径 8mm，径向镀铜厚度至少 70μm，铜纯度 99.9%
热浸镀锌钢②	单根扁钢	50	厚度 2.5mm
	单根圆钢⑨	50	直径 8mm
	绞线	50	每股线直径 1.7mm
	单根圆钢③④	176	直径 15mm

续表

材料	结构	最小截面/mm²	备注⑩
不锈钢⑤	单根扁钢⑥	50⑧	厚度2mm
	单根圆钢⑥	50⑧	直径8mm
	绞线	70	每股线直径1.7mm
	单根圆钢③,④	176	直径15mm
外表面镀铜的钢	单根圆钢(直径8mm)	50	镀铜厚度至少70μm,铜纯度99.9%
	单根扁钢(厚2.5mm)		

① 热浸或电镀锡的锡层最小厚度为1μm;
② 镀锌层宜光滑连贯、无焊剂斑点,镀锌层圆钢至少22.7g/m²、扁钢至少32.4g/m²;
③ 仅应用于接闪杆。当应用于机械应力没达到临界值之处,可采用直径10mm、最长1m的接闪杆,并增加固定;
④ 仅应用于入地之处;
⑤ 不锈钢中,铬的含量等于或大于16%,镍的含量等于或大于8%,碳的含量等于或小于0.08%;
⑥ 对埋于混凝土中以及与可燃材料直接接触的不锈钢,其最小尺寸宜增大至直径10mm的78mm²(单根圆钢)和最小厚度3mm的75mm²(单根扁钢);
⑦ 在机械强度没有重要要求之处,50mm²(直径8mm)可减为28mm²(直径6mm)。并应减小固定支架间的间距;
⑧ 当温升和机械受力是重点考虑之处,50mm²加大至75mm²;
⑨ 避免在单位能量10MJ/Ω下熔化的最小截面是铜为16mm²、铝为25mm²、钢为50mm²、不锈钢为50mm²;
⑩ 截面积允许误差为-3%。

(2) 接闪杆采用热镀锌圆钢或钢管制成时,其直径应符合表8.9所列规定。

表8.9 接闪杆最小规格尺寸要求

接闪杆长度	最小规格尺寸	接闪杆长度	最小规格尺寸
针长1.0m以下	圆钢≥12mm;钢管≥20mm	独立烟囱顶上的杆	圆钢≥20mm;钢管≥40mm
针长1.0~2.0m	圆钢≥16mm;钢管≥25mm		

(3) 接闪杆的接闪端宜做成半球状,其最小弯曲半径宜为4.8mm,最大宜为12.7mm。
(4) 当独立烟囱上采用热镀锌接闪环时,其圆钢直径不应小于12mm;扁钢截面不应小于100mm²,其厚度不应小于4mm。
(5) 架空接闪线和接闪网宜采用截面不小于50mm²热镀锌钢绞线或铜绞线。
(6) 明敷接闪导体固定支架的间距不宜大于表8.10的规定。固定支架的高度不宜小于150mm。

表8.10 明敷接闪导体和引下线固定支架的间距

布置方式	扁形导体和绞线固定支架的间距/mm	单根圆形导体固定支架的间距/mm
安装于水平面上的水平导体	500	1000
安装于垂直面上的水平导体	500	1000
安装于从地面至高20m垂直面上的垂直导体	1000	1000
安装在高于20m垂直面上的垂直导体	500	1000

(7) 不得利用安装在接收无线电视广播天线杆顶上的接闪器保护建筑物。

(8) 专门敷设的接闪器，其布置应符合表 8.11 的规定。布置接闪器时，可单独或任意组合采用接闪杆、接闪带、接闪网。

表 8.11 接闪器布置要求

建筑物防雷类别	滚球半径 h_r/m	接闪网网格尺寸/m	建筑物防雷类别	滚球半径 h_r/m	接闪网网格尺寸/m
第一类防雷建筑物	30	≤5×5 或 ≤6×4	第三类防雷建筑物	60	≤20×20 或 ≤24×16
第二类防雷建筑物	45	≤10×10 或 ≤12×8			

8.3.3 建筑物防雷的引下线

(1) 引下线宜采用热镀锌圆钢或扁钢，宜优先采用圆钢。当独立烟囱上的引下线采用圆钢时，其直径不应小于 12mm；采用扁钢时，其截面不应小于 100mm²，厚度不应小于 4mm。

(2) 建筑物的钢梁、钢柱、消防梯等金属构件，以及幕墙的金属立柱宜作为引下线，但其各部件之间均应连成电气贯通，可采用铜锌合金焊、熔焊、卷边压接、缝接、螺钉或螺栓连接；各金属构件可覆有绝缘材料。如图 8.9 所示。

图 8.9 引下线示意

(3) 采用多根专设引下线时，应在各引下线上距地面 0.3~1.8m 处装设断接卡。当利用混凝土内钢筋、钢柱作为自然引下线并同时采用基础接地体时，可不设断接卡，但利用钢筋作引下线时应在室内外的适当地点设若干连接板。如图 8.10 所示。

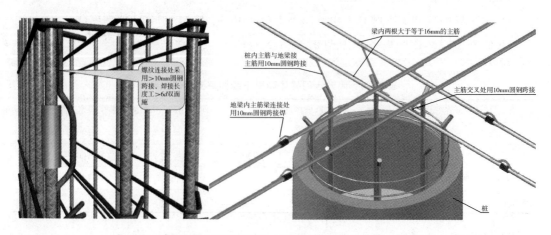

图 8.10 利用混凝土内钢筋作为自然引下线

8.3.4 建筑物防雷的接地装置

（1）接地体的材料、结构和最小尺寸应符合表 8.12 的规定。

表 8.12　接地体的材料、结构和最小尺寸

材料	结构	最小尺寸			备　注
		垂直接地体直径/mm	水平接地体/mm²	接地板/mm	
铜、镀锡铜	铜绞线	—	50	—	每股直径 1.7mm
	单根圆铜	15	50	—	—
	单根扁铜	—	50	—	厚度 2mm
	铜管	20	—	—	壁厚 2mm
	整块铜板	—	—	500×500	厚度 2mm
	网格铜板	—	—	600×600	各网格边截面 25mm×2mm，网格网边总长度不少于 4.8m
热镀锌钢	圆钢	14	78	—	
	钢管	25	—	—	壁厚 2mm
	扁钢	—	90	—	厚度 3mm
	钢板	—	—	500×500	厚度 3mm
	网格钢板	—	—	600×600	各网格边截面 30mm×3mm，网格网边总长度不少于 4.8m
	型钢	注 3	—	—	
裸钢	钢绞线	—	70	—	每股直径 1.7mm
	圆钢	—	78	—	
	扁钢	—	75	—	厚度 3mm
外表面镀铜的钢	圆钢	14	50	—	镀铜厚度至少 250μm，铜纯度 99.9%
	扁钢	—	90（厚 3mm）	—	
不锈钢	圆形导体	15	78	—	
	扁形导体	—	100	—	厚度 2mm

注：1. 热镀锌钢的镀锌层宜光滑连贯、无焊接斑点，镀锌层圆钢至少 22.7g/m²、扁钢至少 32.4g/m²；热镀锌之前螺纹应先加工好。
　　2. 不同截面的型钢，其截面不小于 290mm²，最小厚度 3mm，可采用 50mm×50mm×3mm 角钢；当完全埋在混凝土中时才可采用裸钢；外表面镀铜的钢，铜应与钢结合良好。
　　3. 不锈钢中，铬的含量等于或大于 16%，镍的含量等于或大于 5%，钼的含量等于或大于 2%，碳的含量等于或小于 0.08%。
　　4. 截面积允许误差为 −3%。

（2）人工接地体在土壤中的埋设深度不应小于 0.5m，并宜敷设在当地冻土层以下，其距墙或基础不宜小于 1m。如图 8.11 所示。

（3）人工钢质垂直接地体的长度宜为 2.5m。其间距以及人工水平接地体的间距均宜为 5m，当受地方限制时可适当减小。如图 8.12 所示。

（4）防直击雷的专设引下线距出入口或人行道边沿不宜小于 3m。

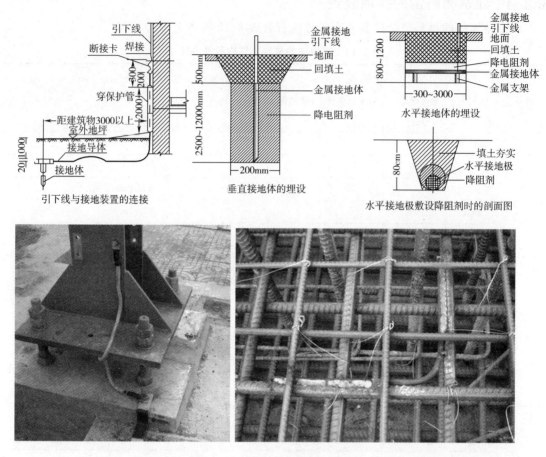

图 8.11 常见防雷接地做法示意

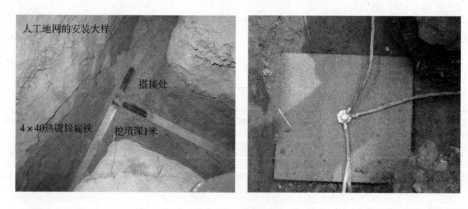

图 8.12 人工地面接地体示意

（5）在敷设于土壤中的接地体连接到混凝土基础内起基础接地体作用的钢筋或钢材的情况下，土壤中的接地体宜采用铜质或镀铜钢或不锈钢导体。

8.4 防雷击电磁脉冲

（1）当电源采用 TN 系统时，从建筑物总配电箱起供电给本建筑物内的配电线路和分支线路必须采用 TN-S 系统。

(2) 防雷击电磁脉冲防雷区的划分应符合下列规定。

① 本区内的各物体都可能遭到直接雷击并导走全部雷电流,以及本区内的雷击电磁场强度没有衰减时,应划分为 LPZ0A 区。

② 本区内的各物体不可能遭到大于所选滚球半径对应的雷电流直接雷击,以及本区内的雷击电磁场强度仍没有衰减时,应划分为 LPZ0B 区。

③ 本区内的各物体不可能遭到直接雷击,且由于在界面处的分流,流经各导体的电涌电流比 LPZ0B 区内的更小,以及本区内的雷击电磁场强度可能衰减,衰减程度取决于屏蔽措施时,应划分为 LPZ1 区。

④ 需要进一步减小流入的电涌电流和雷击电磁场强度时,增设的后续防雷区应划分为 LPZ2…n 后续防雷区。

(3) 屏蔽、接地和等电位联结的要求宜联合采取下列措施。

① 所有与建筑物组合在一起的大尺寸金属件都应等电位联结在一起,并应与防雷装置相连。但第一类防雷建筑物的独立接闪器及其接地装置应除外。

② 在需要保护的空间内,采用屏蔽电缆时其屏蔽层应至少在两端,并宜在防雷区交界处做等电位联结,系统要求只在一端做等电位联结时,应采用两层屏蔽或穿钢管敷设,外层屏蔽或钢管应至少在两端,并宜在防雷区交界处做等电位联结。

③ 分开的建筑物之间的连接线路,若无屏蔽层,线路应敷设在金属管、金属格栅或钢筋成格栅形的混凝土管道内。金属管、金属格栅或钢筋格栅从一端到另一端应是导电贯通,并应在两端分别连到建筑物的等电位联结带上;若有屏蔽层,屏蔽层的两端应连到建筑物的等电位联结带上。

④ 对由金属物、金属框架或钢筋混凝土钢筋等自然构件构成建筑物或房间的格栅形大空间屏蔽,应将穿入大空间屏蔽的导电金属物就近与其做等电位联结。

8.5 建筑物电子信息系统防雷

8.5.1 地区雷暴日等级

(1) 地区雷暴日等级宜划分为少雷区、中雷区、多雷区、强雷区,具体范围详见表 8.13 所列。

表 8.13 地区雷暴日等级

雷暴日等级	年平均雷暴日	雷暴日等级	年平均雷暴日
少雷区	年平均雷暴日在 25 天及以下的地区	多雷区	年平均雷暴日大于 40 天,不超过 90 天的地区
中雷区	年平均雷暴日大于 25 天,不超过 40 天的地区	强雷区	年平均雷暴日超过 90 天以上的地区

(2) 全国主要城市雷暴日数参见"第二章 建筑电气常见专业术语及常用数据"章节的相关内容。

8.5.2 雷电防护区

(1) 雷电防护区的划分是将需要保护和控制雷电电磁脉冲环境的建筑物,从外部到内部划分为不同的雷电防护区（LPZ）。

（2）雷电防护区（如图 8.13 所示）应划分为：

① $LPZ0_A$ 区：受直接雷击和全部雷电电磁场威胁的区域。该区域的内部系统可能受到全部或部分雷电浪涌电流的影响；

② $LPZ0_B$ 区：直接雷击的防护区域，但该区域的威胁仍是全部雷电电磁场。该区域的内部系统可能受到部分雷电浪涌电流的影响；

③ LPZ1 区：由于边界处分流和浪涌保护器的作用使浪涌电流受到限制的区域。该区域的空间屏蔽可以衰减雷电电磁场；

④ LPZ2～n 后续防雷区：由于边界处分流和浪涌保护器的作用使浪涌电流受到进一步限制的区域。该区域的空间屏蔽可以进一步衰减雷电电磁场。

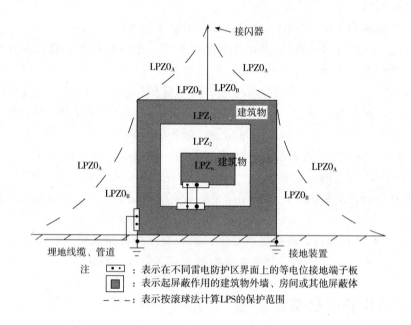

图 8.13　建筑物雷电防护区

8.5.3　雷电防护等级

（1）建筑物电子信息系统可按规范防雷装置的拦截效率或电子信息系统的重要性、使用性质和价值确定雷电防护等级。

（2）电子信息系统雷电防护等级应按防雷装置拦截效率 E 确定，并应符合下列规定：

① 当 E 大于 0.98 时，定为 A 级；

② 当 E 大于 0.90 小于或等于 0.98 时，定为 B 级；

③ 当 E 大于 0.80 小于或等于 0.90 时，定为 C 级；

④ 当 E 小于或等于 0.80 时，定为 D 级。

（3）建筑物电子信息系统可根据其重要性、使用性质和价值，按表 8.14 选择确定雷电防护等级。表中未列举的电子信息系统也可参照本表选择防护等级。

表 8.14 建筑物电子信息系统雷电防护等级

雷电防护等级	建筑物电子信息系统
A 级	① 国家级计算中心、国家级通信枢纽、特级和一级金融设施、大中型机场、国家级和省级广播电视中心、枢纽港口、火车枢纽站、省级城市水、电、气、热等城市重要公用设施的电子信息系统 ② 一级安全防范单位,如国家文物、档案库的闭路电视监控和报警系统 ③ 三级医院电子医疗设备
B 级	① 中型计算中心、二级金融设施、中型通信枢纽、移动通信基站、大型体育场(馆)、小型机场、大型港口、大型火车站的电子信息系统 ② 二级安全防范单位,如省级文物、档案库的闭路电视监控和报警系统 ③ 雷达站、微波站电子信息系统,高速公路监控和收费系统 ④ 二级医院电子医疗设备 ⑤ 五星及更高星级宾馆电子信息系统
C 级	① 三级金融设施、小型通信枢纽电子信息系统 ② 大中型有线电视系统 ③ 四星及以下级宾馆电子信息系统
D 级	除上述 A、B、C 级以外的一般用途的需防护电子信息设备

8.5.4 建筑物电子信息系统防雷设计要求

(1) 需要保护的电子信息系统必须采取等电位联结与接地保护措施。

(2) 防雷接地与交流工作接地、直流工作接地、安全保护接地共用一组接地装置时,接地装置的接地电阻值必须按接入设备中要求的最小值确定。

(3) 机房内电子信息设备应作等电位联结。等电位联结的结构形式应采用 S 型、M 型或它们的组合（图 8.14）。

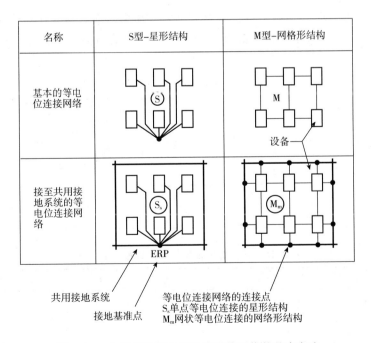

图 8.14 电子信息系统等电位联结网络的基本方法

（4）等电位联结网络应利用建筑物内部或其上的金属部件多重互连，组成网格状低阻抗等电位联结网络，并与接地装置构成一个接地系统（图8.15）。电子信息设备机房的等电位联结网络可直接利用机房内墙结构柱主钢筋引出的预留接地端子接地。

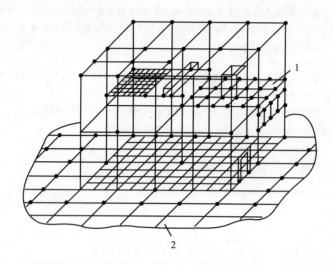

图8.15　由等电位联结网络与接地装置组合构成的三维接地系统示例
1—等电位联结网络；2—接地装置

（5）机房设备接地线不应从接闪带、铁塔、防雷引下线直接引入。

（6）电子信息系统涉及多个相邻建筑物时，宜采用两根水平接地体将各建筑物的接地装置相互连通。

（7）新建建筑物的电子信息系统在设计、施工时，宜在各楼层、机房内墙结构柱主钢筋处引出和预留等电位接地端子。

（8）各类等电位接地端子板之间的连接导体宜采用多股铜芯导线或铜带。连接导体最小截面积应符合表8.15的规定。各类等电位接地端子板宜采用铜带，其导体最小截面积应符合表8.16的规定。

表8.15　各类等电位联结导体最小截面积

名　称	材　料	最小截面积/mm²
垂直接地干线	多股铜芯导线或铜带	50
楼层端子板与机房局部端子板之间的连接导体	多股铜芯导线或铜带	25
机房局部端子板之间的连接导体	多股铜芯导线	16
设备与机房等电位联结网络之间的连接导体	多股铜芯导线	6
机房网格	铜箔或多股铜芯导体	25

表8.16　各类等电位接地端子板最小截面积

名　称	材　料	最小截面积/mm²
总等电位接地端子板	铜带	150
楼层等电位接地端子板	铜带	100
机房局部等电位接地端子板（排）	铜带	50

（9）电子信息系统线缆与其他管线的间距应符合表 8.17 的规定。当线缆敷设高度超过 6000mm 时，与防雷引下线的交叉净距应大于或等于 $0.05H$（H 为交叉处防雷引下线距地面的高度）。

表 8.17　电子信息系统线缆与其他管线的间距

其他管线类别	电子信息系统线缆与其他管线的净距		其他管线类别	电子信息系统线缆与其他管线的净距	
	最小平行净距/mm	最小交叉净距/mm		最小平行净距/mm	最小交叉净距/mm
防雷引下线	1000	300	热力管（不包封）	500	500
保护地线	50	20	热力管（包封）	300	300
给水管	150	20	燃气管	300	20
压缩空气管	150	20			

（10）电子信息系统信号电缆与电力电缆的间距应符合表 8.18 的规定。当 380V 电力电缆的容量小于 2kV·A，双方都在接地的线槽中，且平行长度小于或等于 10m 时，最小间距可为 10mm。双方都在接地的线槽中，系指两个不同的线槽，也可在同一线槽中用金属板隔开。

表 8.18　电子信息系统信号电缆与电力电缆的间距

类　别	与电子信息系统信号线缆接近状况	最小间距/mm
380V 电力电缆容量小于 2kV·A	与信号线缆平行敷设	130
	有一方在接地的金属线槽或钢管中	70
	双方都在接地的金属线槽或钢管中	10
380V 电力电缆容量 2~5kV·A	与信号线缆平行敷设	300
	有一方在接地的金属线槽或钢管中	150
	双方都在接地的金属线槽或钢管中	80
380V 电力电缆容量大于 5kV·A	与信号线缆平行敷设	600
	有一方在接地的金属线槽或钢管中	300
	双方都在接地的金属线槽或钢管中	150

（11）电子信息系统设备由 TN 交流配电系统供电时，从建筑物内总配电柜（箱）开始引出的配电线路必须采用 TN-S 系统的接地形式。

（12）室外进、出电子信息系统机房的电源线路不宜采用架空线路。

8.6　电子信息系统的防雷与接地要求

8.6.1　通信接入网和电话交换系统的防雷与接地

（1）浪涌保护器的接地端应与配线架接地端相连，配线架的接地线应采用截面积不小于 16mm² 的多股铜线接至等电位接地端子板上；

（2）通信设备机柜、机房电源配电箱等的接地线应就近接至机房的局部等电位接地端子板上；

(3) 引入建筑物的室外铜缆宜穿钢管敷设，钢管两端应接地。

8.6.2 信息网络系统的防雷与接地

(1) 进、出建筑物的传输线路上，在 $LPZ0_A$ 或 $LPZ0_B$ 与 $LPZ1$ 的边界处应设置适配的信号线路浪涌保护器。被保护设备的端口处宜设置适配的信号浪涌保护器。网络交换机、集线器、光电端机的配电箱内，应加装电源浪涌保护器。

(2) 入户处浪涌保护器的接地线应就近接至等电位接地端子板；设备处信号浪涌保护器的接地线宜采用截面积不小于 $1.5mm^2$ 的多股绝缘铜导线连接到机架或机房等电位联结网络上。计算机网络的安全保护接地、信号工作地、屏蔽接地、防静电接地和浪涌保护器的接地等均应与局部等电位联结网络连接。

8.6.3 安全防范系统的防雷与接地

(1) 置于户外摄像机的输出视频接口应设置视频信号线路浪涌保护器。摄像机控制信号线接口处（如 RS485、RS424 等）应设置信号线路浪涌保护器。解码箱处供电线路应设置电源线路浪涌保护器。

(2) 主控机、分控机的信号控制线、通信线、各监控器的报警信号线，宜在线路进出建筑物 $LPZ0_A$ 或 $LPZ0_B$ 与 $LPZ1$ 边界处设置适配的线路浪涌保护器。

(3) 系统的户外供电线路、视频信号线路、控制信号线路应有金属屏蔽层并穿钢管埋地敷设，屏蔽层及钢管两端应接地。视频信号线屏蔽层应单端接地，钢管应两端接地。信号线与供电线路应分开敷设。

(4) 系统的接地宜采用共用接地系统。

8.6.4 火灾自动报警及消防联动控制系统的防雷与接地

(1) 火灾报警控制系统的报警主机、联动控制盘、火警广播、对讲通信等系统的信号传输线缆宜在线路进出建筑物 $LPZ0_A$ 或 $LPZ0_B$ 与 $LPZ1$ 边界处设置适配的信号线路浪涌保护器。

(2) 消防控制室内所有的机架（壳）、金属线槽、安全保护接地、浪涌保护器接地端均应就近接至等电位联结网络。

(3) 区域报警控制器的金属机架（壳）、金属线槽（或钢管）、电气竖井内的接地干线、接线箱的保护接地端等，应就近接至等电位接地端子板。

(4) 火灾自动报警及联动控制系统的接地应采用共用接地系统。接地干线应采用铜芯绝缘线，并宜穿管敷设接至本楼层或就近的等电位接地端子板。

8.6.5 建筑设备管理系统的防雷与接地

(1) 系统的各种线路在建筑物 $LPZ0_A$ 或 $LPZ0_B$ 与 $LPZ1$ 边界处应安装适配的浪涌保护器。

(2) 系统中央控制室宜在机柜附近设等电位联结网络。室内所有设备金属机架（壳）、金属线槽、保护接地和浪涌保护器的接地端等均应做等电位联结并接地。

(3) 系统的接地应采用共用接地系统，其接地干线宜采用铜芯绝缘导线穿管敷设，并就近接至等电位接地端子板。

8.6.6 有线电视系统的防雷与接地

(1) 进、出有线电视系统前端机房的金属芯信号传输线宜在入、出口处安装适配的浪涌保护器。

（2）有线电视网络前端机房内应设置局部等电位接地端子板，并采用截面积不小于 $25mm^2$ 的铜芯导线与楼层接地端子板相连。机房内电子设备的金属外壳、线缆金属屏蔽层、浪涌保护器的接地以及 PE 线都应接至局部等电位接地端子板上。

（3）有线电视信号传输线路宜根据其干线放大器的工作频率范围、接口形式以及是否需要供电电源等要求，选用电压驻波比和插入损耗小的适配的浪涌保护器。地处多雷区、强雷区的用户端的终端放大器应设置浪涌保护器。

（4）有线电视信号传输网络的光缆、同轴电缆的承重钢绞线在建筑物入户处应进行等电位联结并接地。光缆内的金属加强芯及金属护层均应良好接地。

8.6.7 移动通信基站的防雷与接地

（1）移动通信基站的雷电防护宜进行雷电风险评估后采取防护措施。

（2）基站的天线应设置于直击雷防护区（$LPZ0_B$）内。

（3）基站天馈线应从铁塔中心部位引下，同轴电缆在其上部、下部和经走线桥架进入机房前，屏蔽层应就近接地。当铁塔高度大于或等于 60m 时，同轴电缆金属屏蔽层还应在铁塔中间部位增加一处接地。

（4）机房天馈线入户处应设室外接地端子板作为馈线和走线桥架入户处的接地点，室外接地端子板应直接与地网连接。馈线入户下端接地点不应接在室内设备接地端子板上，亦不应接在铁塔一角上或接闪带上。

（5）移动基站的地网应由机房地网、铁塔地网和变压器地网相互连接组成。机房地网由机房建筑基础和周围环形接地体组成，环形接地体应与机房建筑物四角主钢筋焊接连通。

8.6.8 卫星通信系统防雷与接地

（1）在卫星通信系统的接地装置设计中，应将卫星天线基础接地体、电力变压器接地装置及站内各建筑物接地装置互相连通组成共用接地装置。

（2）设备通信和信号端口应设置浪涌保护器保护，并采用等电位联结和电磁屏蔽措施，必要时可改用光纤连接。站外引入的信号电缆屏蔽层应在入户处接地。

（3）卫星天线的波导管应在天线架和机房入口外侧接地。

（4）卫星天线伺服控制系统的控制线及电源线，应采用屏蔽电缆，屏蔽层应在天线处和机房入口外接地，并应设置适配的浪涌保护器保护。

（5）卫星通信天线应设置防直击雷的接闪装置，使天线处于 $LPZ0_B$ 防护区内。

（6）当卫星通信系统具有双向（收/发）通信功能且天线架设在高层建筑物的屋面时，天线架应通过专引接地线（截面积大于或等于 $25mm^2$ 绝缘铜芯导线）与卫星通信机房等电位接地端子板连接，不应与接闪器直接连接。

第9章 接地及安全保护

本章所述内容适用于交流标称电压10kV及以下用电设备的接地配置及特殊场所的安全防护设计。

9.1 接地和特殊场所的安全防护基本要求

（1）用电设备的接地可分为保护性接地和功能性接地。如图9.1所示。

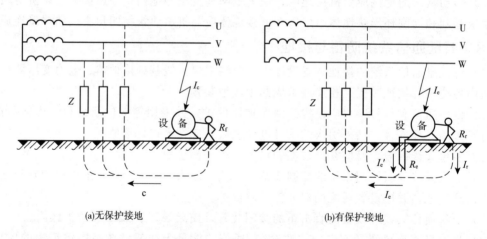

(a) 无保护接地　　　　　　　　　　(b) 有保护接地

图 9.1　保护接地作用示意

（2）不同电压等级用电设备的保护接地和功能接地，宜采用共用接地网；除有特殊要求外，电信及其他电子设备等非电力设备也可采用共用接地网。接地网的接地电阻应符合其中设备最小值的要求。如图9.2所示。

（3）每个建筑物均应根据自身特点采取相应的等电位联结。

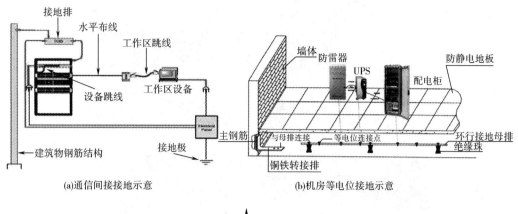

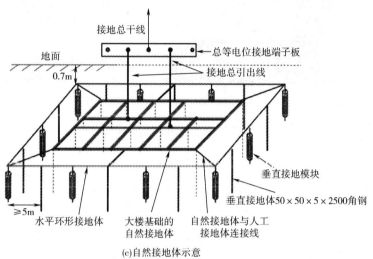

(c) 自然接地体示意

图 9.2 机房等通信接地示意

9.2 保护接地范围要求

（1）除另有规定外，表 9.1 所列电气装置的外露可导电部分均应接地。如图 9.3 所示。

表 9.1 应接地的电力装置

序号	应接地的设备装置类型
1	电机、电器、手持式及移动式电器
2	配电设备、配电屏与控制屏的框架
3	室内、外配电装置的金属构架、钢筋混凝土构架的钢筋及靠近带电部分的金属围栏等
4	电缆的金属外皮和电力电缆的金属保护导管、接线盒及终端盒
5	建筑电气设备的基础金属构架
6	Ⅰ类照明灯具的金属外壳

（2）除另有规定外，表 9.2 所列电气装置的外露可导电部分可不接地。

(a)配电柜接地示意　　　　　(b)设备外金属框接地示意

(c)电缆护层交叉互联保护接地箱　　(d)钢构件接地示意

图 9.3　常见电气设备接地示意

表 9.2　可不接地的设备装置

序号	可不接地的设备装置类型
1	干燥场所的交流额定电压 50V 及以下和直流额定电压 110V 及以下的电气装置
2	安装在配电屏、控制屏已接地的金属框架上的电气测量仪表、继电器和其他低压电器；安装在已接地的金属框架上的设备
3	当发生绝缘损坏时不会引起危及人身安全的绝缘子底座

（3）表 9.3 所列部分严禁保护接地。

表 9.3　严禁保护接地的设备装置

序号	严禁保护接地的不同场所设备装置
1	采用设置绝缘场所保护方式的所有电气设备外露可导电部分及外界可导电部分
2	采用不接地的局部等电位连接保护方式的所有电气设备外露可导电部分及外界可导电部分
3	采用电气隔离保护方式的电气设备外露可导电部分及外界可导电部分
4	在采用双重绝缘及加强绝缘保护方式中的绝缘外护物里面的可导电部分

（4）对于在使用过程中产生静电并对正常工作造成影响的场所，宜采取防静电接地措施。

9.3　低压配电系统的接地

9.3.1　低压配电系统接地形式

（1）低压配电系统的接地形式可分为 TN、TT、IT 三种系统。如图 9.4 所示。

（2）TN 系统又可分为 TN-C、TN-S、TN-C-S 三种形式。

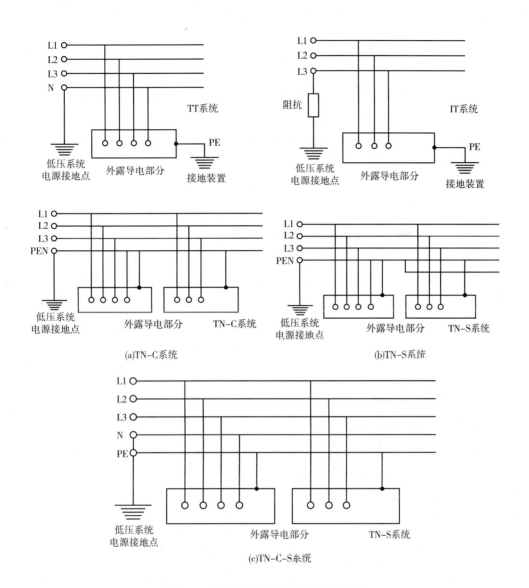

图 9.4　低压配电系统的接地形式示意

9.3.2　低压配电系统接地基本要求

（1）采用 TN-C-S 系统时，当保护导体与中性导体从某点分开后不应再合并，且中性导体不应再接地。

（2）IT 系统中包括中性导体在内的任何带电部分严禁直接接地。IT 系统中的电源系统对地应保持良好的绝缘状态。

（3）TN 系统应符合下列基本要求：

① 在 TN 系统中，配电变压器中性点应直接接地。所有电气设备的外露可导电部分应采用保护导体（PE）或保护接地中性导体（PEN）与配电变压器中性点相连接。

② 保护导体或保护接地中性导体应在靠近配电变压器处接地，且应在进入建筑物处接

地。对于高层建筑等大型建筑物，为在发生故障时，保护导体的电位靠近地电位，需要均匀地设置附加接地点。附加接地点可采用有等电位效能的人工接地极或自然接地极等外界可导电体。

③ 保护导体上不应设置保护电器及隔离电器，可设置供测试用的只有用工具才能断开的接点。

④ 保护导体单独敷设时，应与配电干线敷设在同一桥架上，并应靠近安装。

（4）TT系统应符合下列基本要求：

① 在TT系统中，配电变压器中性点应直接接地。电气设备外露可导电部分所连接的接地极不应与配电变压器中性点的接地极相连接。

② TT系统中，所有电气设备外露可导电部分宜采用保护导体与共用的接地网或保护接地母线、总接地端子相连。

（5）IT系统应符合下列基本要求：

① 在IT系统中，所有带电部分应对地绝缘或配电变压器中性点应通过足够大的阻抗接地。电气设备外露可导电部分可单独接地或成组接地。

② 电气设备的外露可导电部分应通过保护导体或保护接地母线、总接地端子与接地极连接。

③ IT系统必须装设绝缘监视及接地故障报警或显示装置。

④ 在无特殊要求的情况下，IT系统不宜引出中性导体。

9.4 保护接地范围

（1）下列部分严禁保护接地：

① 采用设置绝缘场所保护方式的所有电气设备外露可导电部分及外界可导电部分；

② 采用不接地的局部等电位联结保护方式的所有电气设备外露可导电部分及外界可导电部分；

③ 采用电气隔离保护方式的电气设备外露可导电部分及外界可导电部分；

④ 在采用双重绝缘及加强绝缘保护方式中的绝缘外护物里面的可导电部分。

（2）除另有规定外，表9.4电气装置的外露可导电部分均应接地。

表9.4 均应接地的电气装置外露可导电部分

序号	电气装置类型
1	电机、电器、手持式及移动式电器
2	配电设备、配电屏与控制屏的框架
3	室内、外配电装置的金属构架、钢筋混凝土构架的钢筋及靠近带电部分的金属围栏等
4	电缆的金属外皮和电力电缆的金属保护导管、接线盒及终端盒
5	建筑电气设备的基础金属构架
6	Ⅰ类照明灯具的金属外壳

（3）除另有规定外，表9.5电气装置的外露可导电部分可不接地。

表 9.5 可不接地的电气装置外露可导电部分

序号	电气装置类型
1	干燥场所的交流额定电压 50V 及以下和直流额定电压 110V 及以下的电气装置
2	安装在配电屏、控制屏已接地的金属框架上的电气测量仪表、继电器和其他低压电器
3	安装在已接地的金属框架上的设备
4	当发生绝缘损坏时不会引起危及人身安全的绝缘子底座

(4) 当采用金属接线盒、金属导管保护或金属灯具时,交流 220V 照明配电装置的线路,宜加穿 1 根 PE 保护接地绝缘导线。

9.5 保护接地要求

9.5.1 接地要求和接地电阻要求

(1) 保护配电变压器的避雷器,应与变压器保护接地共用接地网。

(2) IT 系统的各电气装置外露可导电部分的保护接地可共用接地网,亦可单个地或成组地用单独的接地网接地。

(3) 低压系统中,配电变压器中性点的接地电阻不宜超过 4Ω。

(4) 保护配电柱上的断路器、负荷开关和电容器组等的避雷器,其接地导体应与设备外壳相连,接地电阻不应大于 10Ω。

(5) 建筑物的各电气系统的接地宜用同一接地网。接地网的接地电阻,应符合其中最小值的要求。

9.5.2 接地网要求

(1) 在地下禁止采用裸铝导体作接地极或接地导体(图 9.5)。

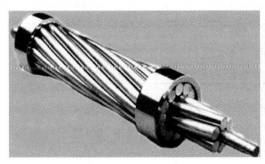

图 9.5 裸铝导体示意

(2) 包括配线用的钢导管及金属线槽在内的外界可导电部分,严禁用作 PEN 导体。PEN 导体必须与相导体具有相同的绝缘水平。

(3) 人工接地极可采用水平敷设的圆钢、扁钢,垂直敷设的角钢、钢管、圆钢,也可采用金属接地板。宜优先采用水平敷设方式的接地极(图 9.6)。

(4) 按防腐蚀和机械强度要求,对于埋入土壤中的人工接地极的最小尺寸不应小于表 9.6 的规定。

图 9.6　人工接地极材料示意

表 9.6　人工接地极的最小尺寸

材料及形状	最小尺寸			
	直径/mm	截面积/mm²	厚度/mm	镀层厚度/μm
热镀锌扁钢	—	90	3	63
热浸锌角钢	—	90	3	63
热镀锌深埋钢棒接地极	16	—	—	63
热镀锌钢管	25	—	2	47
带状裸铜	—	50	2	—
裸铜管	20	—	2	—

（5）在任何情况下埋入土壤中的接地导体的最小截面均不得小于表 9.7 的规定。

表 9.7　埋入土壤中的接地导体的最小截面　　　单位：mm²

有无防腐蚀保护		有防机械损伤保护	无防机械损伤保护	有无防腐蚀保护		有防机械损伤保护	无防机械损伤保护
有防腐蚀保护	铜	2.5	16	无防腐蚀保护	铜	25	
	钢	10	16		钢	50	

（6）接地网的连接与敷设应符合下列规定：
① 对于需进行保护接地的用电设备，应采用单独的保护导体与保护干线相连或用单独的接地导体与接地极相连；
② 当利用电梯轨道作接地干线时，应将其连成封闭的回路；
③ 变压器直接接地或经过消弧线圈接地、柴油发电机的中性点与接地极或接地干线连接时，应采用单独接地导体。

（7）平行或竖直井道内的接地与保护干线应符合下列要求。
① 电缆井道内的接地干线可选用镀锌扁钢或铜排。
② 电缆井道内的接地干线可兼作等电位联结干线。
③ 高层建筑竖向电缆井道内的接地干线，应不大于 20.0m 与相近楼板钢筋作等电位联结。

（8）接地极与接地导体、接地导体与接地导体的连接宜采用焊接，当采用搭接时，其搭接长度不应小于扁钢宽度的 2.0 倍或圆钢直径的 6 倍（图 9.7）。

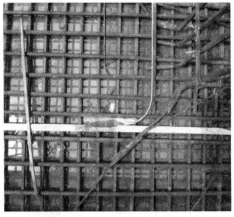

图 9.7 接地导体连接示意

9.6 各种通用设备及场所接地要求

9.6.1 通用电力设备接地

（1）配变电所接地

① 除利用自然接地极外，配变电所的接地网还应敷设人工接地极。但对 10kV 及以下配变电所利用建筑物基础作接地极的接地电阻能满足规定值时，可不另设人工接地极。

② 人工接地网外缘宜闭合，外缘各角应做成弧形。对经常有人出入的走道处，应采用高电阻率路面或采取均压措施。

（2）手持式电气设备接地

① 手持式电气设备应采用专用保护接地芯导体，且该芯导体严禁用来通过工作电流。

② 手持式电气设备的插座上应备有专用的接地插孔。金属外壳插座的接地插孔和金属外壳应有可靠的电气连接。

（3）移动式电力设备接地

① 由固定式电源或移动式发电机以 TN 系统供电时，移动式用电设备的外露可导电部分应与电源的接地系统有可靠的电气连接。在中性点不接地的 IT 系统中，可在移动式用电设备附近设接地网。

② 移动式用电设备在下列情况可不接地：

a. 移动式用电设备的自用发电设备直接放在机械的同一金属支架上，且不供其他设备用电时；

b. 不超过两台用电设备由专用的移动发电机供电，用电设备距移动式发电机不超过 50m，且发电机和用电设备的外露可导电部分之间有可靠的电气连接时。

9.6.2 电子设备、计算机接地

（1）电子设备应同时具有信号电路接地（信号地）、电源接地和保护接地等三种接地系统（图 9.8）。

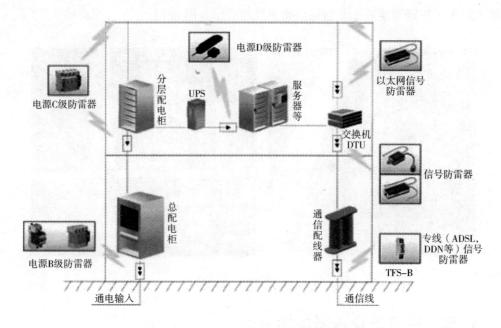

图 9.8 计算机电子机房设备接地示意

(2) 当接地导体长度小于或等于 0.02λ（λ 为波长），频率为 30kHz 及以下时，宜采用单点接地形式；信号电路可以一点作电位参考点，再将该点连接至接地系统。

(3) 当接地导体长度大于 0.02λ，频率大于 300kHz 时，宜采用多点接地形式；信号电路应采用多条导电通路与接地网或等电位面连接。

(4) 混合式接地是单点接地和多点接地的组合，频率为 30～300kHz 时，宜设置一个等电位接地平面，以满足高频信号多点接地的要求，再以单点接地形式连接到同一接地网，以满足低频信号的接地要求。

(5) 接地系统的接地导体长度不得等于 λ/4 或 λ/4 的奇数倍。

(6) 除另有规定外，电子设备接地电阻值不宜大于 4Ω。电子设备接地宜与防雷接地系统共用接地网，接地电阻不应大于 1Ω。当电子设备接地与防雷接地系统分开时，两接地网的距离不宜小于 10m。

(7) 电子设备可根据需要采取屏蔽措施。

(8) 电子计算机应同时具有信号电路接地、交流电源功能接地和安全保护接地等三种接地系统；该三种接地的接地电阻值均不宜大于 4Ω。电子计算机的信号系统，不宜采用悬浮接地。

9.6.3 医疗场所的安全防护

(1) 本节医疗场所是指对患者进行诊断、治疗、整容、监测和护理等医疗场所的安全防护设计。医疗及诊断电气设备，应根据使用功能要求采用保护接地、功能接地、等电位联结或不接地等形式。

(2) 医疗场所应按使用接触部件所接触的部位及场所分为 0、1、2 三类，各类应符合表 9.8 所列规定。

表 9.8　医疗场所应按使用接触部件所接触的部位及场所分类

序号	医疗场所类型
1	0 类场所应为不使用接触部件的医疗场所
2	1 类场所应为接触部件接触躯体外部及除 2 类场所规定外的接触部件侵入躯体的任何部分
3	2 类场所应为将接触部件用于诸如心内诊疗术、手术室以及断电将危及生命的重要治疗的医疗场所

（3）医疗场所的安全防护应符合下列规定：

① 在 1 类和 2 类的医疗场所内，当采用安全特低电压系统（SELV）、保护特低电压系统（PELV）时，用电设备的标称供电电压不应超过交流方均根值 25V 和无纹波直流 60V；

② 在 1 类和 2 类医疗场所，IT、TN 和 TT 系统的约定接触电压均不应大于 25V；

③ TN 系统在故障情况下切断电源的最大分断时间 230V 应为 0.2s，400V 应为 0.05s。IT 系统最大分断时间 230V 应为 0.2s。

（4）医疗场所采用 TN 系统供电时，应符合下列规定。

① TN-C 系统严禁用于医疗场所的供电系统。

② 在 1 类医疗场所中额定电流不大于 32A 的终端回路，应采用最大剩余动作电流为 30mA 的剩余电流动作保护器作为附加防护。

③ 在 2 类医疗场所，当采用额定剩余动作电流不超过 30mA 的剩余电流动作保护器作为自动切断电源的措施时，应只用于下列回路：

a. 手术台驱动机构的供电回路；

b. 移动式 X 光机的回路；

c. 额定功率大于 5kVA 的大型设备的回路；

d. 非用于维持生命的电气设备回路。

④ 应确保多台设备同时接入同一回路时，不会引起剩余电流动作保护器（RCD）误动作。

（5）医疗电气设备的保护导体及接地导体应采用铜芯绝缘导线。

（6）手术室及抢救室应根据需要采用防静电措施（图 9.9）。

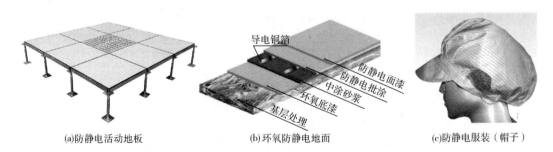

(a)防静电活动地板　　(b)环氧防静电地面　　(c)防静电服装（帽子）

图 9.9　防静电措施示意

9.6.4　浴室、游泳池和喷水池及其周围等特殊场所的安全防护

9.6.4.1　浴室安全防护要求

（1）浴室的区域划分可根据尺寸划分为 0 区、1 区、2 区三个区域（见图 9.10），所定尺寸已计入盆壁和固定隔墙的厚度。

① 0区：是指浴盆、淋浴盆的内部或无盆淋浴1区限界内距地面0.10m的区域。

② 1区的限界：围绕浴盆或淋浴盆的垂直平面；或对于无盆淋浴，距离淋浴喷头1.20m的垂直平面和地面以上0.10m至2.25m的水平面。

③ 2区的限界：1区外界的垂直平面和与其相距0.60m的垂直平面，地面和地面以上2.25m的水平面。

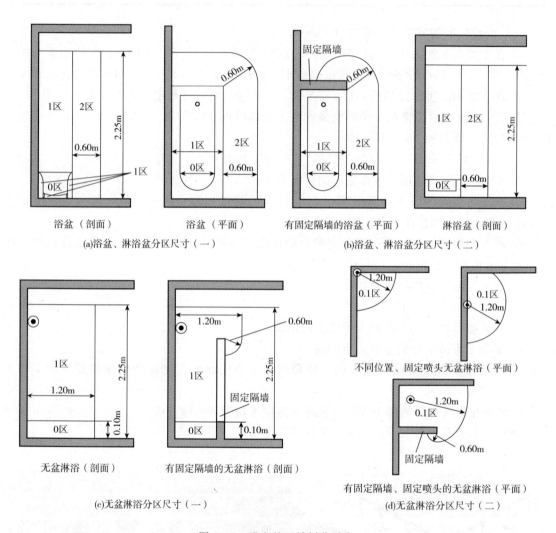

图9.10 浴室的区域划分示意

（2）浴池的安全防护应符合下列规定：

① 建筑物除应采取总等电位联结外，尚应进行辅助等电位联结。辅助等电位联结应将0、1及2区内所有外界可导电部分与位于这些区内的外露可导电部分的保护导体连接起来。

② 在0区内，应采用标称电压不超过12V的安全特低电压供电，其安全电源应设于2区以外的地方。

③ 在使用安全特低电压的地方，应采取下列措施实现直接接触防护：

a. 应采用防护等级至少为IP2X的遮栏或外护物；

b. 应采用能耐受500V试验电压历时1min的绝缘。

④ 不得采取用阻挡物及置于伸臂范围以外的直接接触防护措施；也不得采用非导电场所及不接地的等电位联结的间接接触防护措施。

⑤ 除安装在 2 区内的防溅型剃须插座外，各区内所选用的电气设备的防护等级应符合下列规定：

a. 在 0 区内应至少为 IPX7；

b. 在 1 区内应至少为 IPX5；

c. 在 2 区内应至少为 IPX4（在公共浴池内应为 IPX5）。

⑥ 在 0、1 及 2 区内宜选用加强绝缘的铜芯电线或电缆。在 0、1 及 2 区内，非本区的配电线路不得通过；也不得在该区内装设接线盒。

⑦ 开关和控制设备的装设应符合以下要求：

a. 0、1 及 2 区内，不应装设开关设备及线路附件；当在 2 区外安装插座时，其供电应符合下列条件：

——可由隔离变压器供电；

——可由安全特低电压供电；

——由剩余电流动作保护器保护的线路供电，其额定动作电流值不应大于 30mA。

b. 开关和插座距预制淋浴间的门口不得小于 0.6m。

⑧ 当未采用安全特低电压供电及安全特低电压用电器具时，在 0 区内，应采用专用于浴盆的电器；在 1 区内，只可装设电热水器；在 2 区内，只可装设电热水器及Ⅱ类灯具。

9.6.4.2　游泳池安全防护要求

(1) 游泳池和戏水池的区域划分可根据尺寸划分为三个区域（见图 9.11）。

① 0 区：指水池的内部。

② 1 区的限界：距离水池边缘 2m 的垂直平面；预计有人占用的表面和高出地面或表面 2.5m 的水平面；在游泳池设有跳台、跳板、起跳台或滑槽的地方，1 区包括由位于跳台、跳板及起跳台周围 1.5m 的垂直平面和预计有人占用的最高表面以上 2.5m 的水平面所限制的区域。

③ 2 区的限界：1 区外界的垂直平面和距离该垂直平面 1.5m 的平行平面之间；预计有人占用的表面和地面及高出该地面或表面 2.5m 的水平面之间。

(2) 游泳池的安全防护应符合下列规定：

① 建筑物除应采取总等电位联结外，尚应进行辅助等电位联结。

② 辅助等电位联结，应将 0、1 及 2 区内下列所有外界可导电部分及外露可导电部分，用保护导体连接起来，并经过总接地端子与接地网相连：

a. 水池构筑物的水池外框，石砌挡墙和跳水台中的钢筋等所有金属部件；

b. 所有成型外框；

c. 固定在水池构筑物上或水池内的所有金属配件；

d. 与池水循环系统有关的电气设备的金属配件；

e. 水下照明灯具的外壳、爬梯、扶手、给水口、排水口及变压器外壳等；

f. 采用永久性间隔将其与水池区域隔离的所有固定的金属部件；

g. 采用永久性间隔将其与水池区域隔离的金属管道和金属管道系统等。

③ 在 0 区内，应用标称电压不超过 12V 的安全特低电压供电，其安全电源应设在 2 区以外的地方。

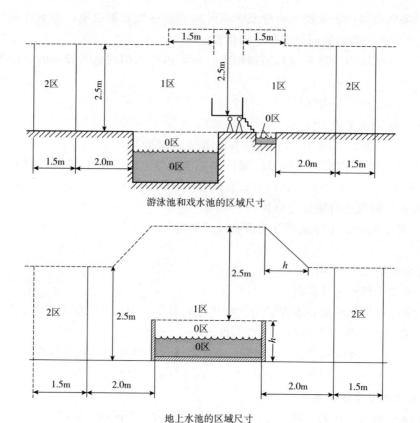

图 9.11 游泳池和戏水池的区域划分示意
注：所定尺寸已计入墙壁及固定隔墙的厚度

④ 在使用安全特低电压的地方，应采取下列措施实现直接接触防护：
a. 应采用防护等级至少是 IP2X 的遮栏或外护物；
b. 应采用能耐受 500V 试验电压历时 1min 的绝缘。
⑤ 不得采取阻挡物及置于伸臂范围以外的直接接触防护措施；也不得采用非导电场所及不接地的局部等电位联结的间接接触防护措施。
⑥ 在各区内所选用的电气设备的防护等级应符合下列规定：
a. 在 0 区内应至少为 IPX8；
b. 在 1 区内应至少为 IPX5（但是建筑物内平时不用喷水清洗的游泳池，可采用 IPX4）；
c. 在 2 区内应至少为：IPX2，室内游泳池为；IPX4，室外游泳池为；IPX5，用于可能用喷水清洗的场所。
⑦ 在 0、1 及 2 区内宜选用加强绝缘的铜芯电线或电缆。
⑧ 在 0 及 1 区内，非本区的配电线路不得通过；也不得在该区内装设接线盒。
⑨ 开关、控制设备及其他电气器具的装设，应符合下列要求。
a. 在 0 及 1 区内，不应装设开关设备或控制设备及电源插座。
b. 在 2 区内如装设插座时，其供电应符合下列要求：
• 可由隔离变压器供电；
• 可由安全特低电压供电；

- 由剩余电流动作保护器保护的线路供电，其额定动作电流值不应大于30mA。

c. 在0区内，除采用标称电压不超过12V的安全特低电压供电外，不得装设用电器具及照明器。

d. 在1区内，用电器具必须由安全特低电压供电或采用Ⅱ级结构的用电器具。

e. 在2区内，用电器具应符合下列要求：

- 宜采用Ⅱ类用电器具；
- 当采用Ⅰ类用电器具时，应采取剩余电流动作保护措施，其额定动作电流值不应超过30mA；
- 应采用隔离变压器供电。

⑩ 水下照明灯具的安装位置，应保证从灯具的上部边缘至正常水面不低于0.5m。面朝上的玻璃应采取防护措施，防止人体接触。

⑪ 对于浸在水中才能安全工作的灯具，应采取低水位断电措施。

9.6.4.3 喷水池区域游泳池安全防护要求

（1）喷水池的区域划分可根据尺寸划分为两个区域（见图9.12）。

① 0区域——水池、水盆或喷水柱、人工瀑布的内部。

② 1区域——距离。区外界或水池边缘2m垂直平面；预计有人占用的表面和高出地面或表面2.5m的水平面。

③ 1区域包括槽周围1.5m的垂直平面和预计有人占用的最高表面以上2.5m的水平平面所限制的区域。

④ 喷水池没有2区。

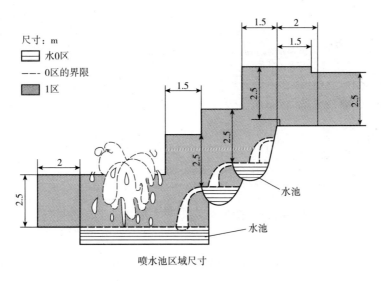

图9.12 喷水池的区域划分示意

（2）喷水池的安全防护应符合下列规定：

① 室内喷水池与建筑物除应采取总等电位联结外，尚应进行辅助等电位联结；室外喷水池在0、1区域范围内均应进行等电位联结。

② 辅助等电位联结，应将防护区内下列所有外界可导电部分与位于这些区域内的外露可导电部分，用保护导体连接，并经过总接地端子与接地网相连：

a. 喷水池构筑物的所有外露金属部件及墙体内的钢筋;
b. 所有成型金属外框架;
c. 固定在池上或池内的所有金属构件;
d. 与喷水池有关的电气设备的金属配件;
e. 水下照明灯具的外壳、爬梯、扶手、给水口、排水口、变压器外壳、金属穿线管;
f. 永久性的金属隔离栅栏、金属网罩等。

③ 喷水池的0、1区的供电回路的保护,可采用下列任一种方式:

a. 对于允许人进入的喷水池,应采用安全特低电压供电,交流电压不应大于12V;不允许人进入的喷水池,可采用交流电压不大于50V的安全特低电压供电;
b. 由隔离变压器供电;
c. 由剩余电流动作保护器保护的线路供电,其额定动作电流值不应大于30mA。

④ 在采用安全特低电压的地方,应采取下列措施实现直接接触防护:

a. 应采用防护等级至少是IP2X的遮挡或外护物;
b. 应采用能耐受500V试验电压、历时1min的绝缘。

⑤ 电气设备的防护等级应符合下列规定:

a. 0区内应至少为IPX8;
b. 1区内应至少为IPX5。

9.6.5 等电位联结

(1) 总等电位联结应符合下列规定(图9.13):

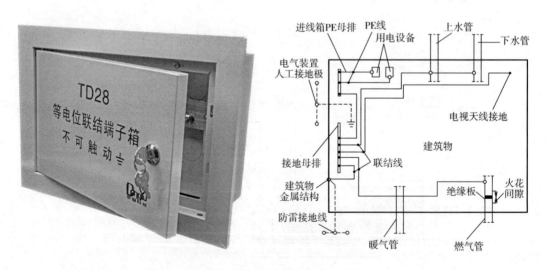

图9.13 建筑物总等电位联结示意

① 民用建筑物内电气装置应采用总等电位联结。下列导电部分应采用总等电位联结导体可靠连接,并应在进入建筑物处接向总等电位联结端子板:

a. PE(PEN)干线;
b. 电气装置中的接地母线;
c. 建筑物内的水管、燃气管、采暖和空调管道等金属管道;
d. 可以利用的建筑物金属构件。

② 下列金属部分不得用作保护导体或保护等电位联结导体：

　　a. 金属水管；

　　b. 含有可燃气体或液体的金属管道；

　　c. 正常使用中承受机械应力的金属结构；

　　d. 柔性金属导管或金属部件；

　　e. 支撑线。

③ 总等电位联结导体的截面不应小于装置的最大保护导体截面的一半，并不应小于 $6mm^2$。当联结导体采用铜导体时，其截面不应大于 $25mm^2$；当为其他金属时，其截面应承载与 $25mm^2$ 铜导体相当的载流量。

（2）辅助（局部）等电位联结应符合下列规定（图 9.14）：

① 辅助等电位联结应包括固定式设备的所有能同时触及的外露可导电部分和外界可导电部分；

② 连接两个外露可导电部分的辅助等电位导体的截面不应小于接至该两个外露可导电部分的较小保护导体的截面；

③ 连接外露可导电部分与外界可导电部分的辅助等电位联结导体的截面，不应小于相应保护导体截面的一半。

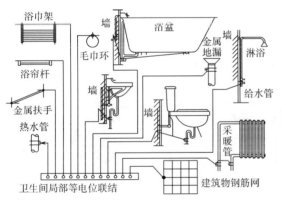 

图 9.14　卫生间局部等电位联结示意

9.7　施工现场供用电安全

一般工业与民用建设工程，施工现场电压在 10kV 及以下的供用电设施的设计、施工、运行、维护及拆除，不适用于水下、井下和矿井等工程。

9.7.1　施工现场发电和变配电设施

（1）发电设施相关要求

① 发电机组应设置短路保护、过负荷保护。当两台或两台以上发电机组并列运行时，应采取限制中性点环流的措施。

② 发电机组周围不得有明火，不得存放易燃、易爆物。发电场所应设置可在带电场所使用的消防设施，并应标识清晰、醒目，便于取用。

③ 移动式发电机的使用应符合下列规定：

a. 发电机停放的地点应平坦,发电机底部距地面不应小于0.3m;

b. 发电机金属外壳和拖车应有可靠的接地措施;

c. 发电机上部应设防雨棚,防雨棚应牢固、可靠。

④ 发电机组电源必须与其他电源互相闭锁,严禁并列运行。

(2) 变电设施相关要求:

① 户外安装的箱式变电站,其底部距地面的高度不应小于0.5m;

② 露天或半露天布置的变压器应设置不低于1.7m高的固定围栏或围墙,并应在明显位置悬挂警示标识;

③ 变压器或箱式变电站外廓与围栏或围墙周围应留有不小于1m的巡视或检修通道;

④ 户外箱式变电站的进出线应采用电缆,所有的进出线电缆孔应封堵;

⑤ 变压器第一次投运时,应进行5次空载全电压冲击合闸,并应无异常情况;第一次受电后持续时间不应少于10min。

(3) 配电设施相关要求:

① 低压配电系统宜采用三级配电,宜设置总配电箱、分配电箱、末端配电箱(图9.15)。

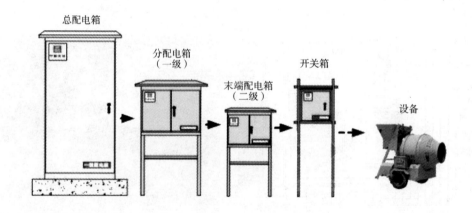

图9.15 三级配电示意

② 低压配电系统的三相负荷宜保持平衡,最大相负荷不宜超过三相负荷平均值的115%,最小相负荷不宜小于三相负荷平均值的85%。

③ 低压配电系统不宜采用链式配电。当部分用电设备距离供电点较远,而彼此相距很近、容量小的次要用电设备,可采用链式配电,但每一回路环链设备不宜超过5台,其总容量不宜超过10kW。

④ 消防泵、施工升降机、塔式起重机、混凝土输送泵等大型设备应设专用配电箱。

⑤ 配电室配电装置的布置应符合下列规定:

a. 成排布置的配电柜,其柜前、柜后的操作和维护通道净宽不宜小于表9.9的规定;

b. 当成排布置的配电柜长度大于6m时,柜后的通道应设置两个出口;

c. 配电装置的上端距棚顶距离不宜小于0.5m;

d. 配电装置的正上方不应安装照明灯具。

表9.9 成排布置配电柜的柜前、柜后的操作和维护通道净宽　　　　　　单位：m

布置方式	单排布置		双排对面布置		双排背对背布置	
	柜前	柜后	柜前	柜后	柜前	柜后
配电柜	1.5	1.0	2.0	1.0	1.5	1.5

（4）配电箱设置要求：

① 总配电箱以下可设若干分配电箱；分配电箱以下可设若干末级配电箱。分配电箱以下可根据需要，再设分配电箱。总配电箱应设在靠近电源的区域，分配电箱应设在用电设备或负荷相对集中的区域，分配电箱与末级配电箱的距离不宜超过30m（图9.16）。

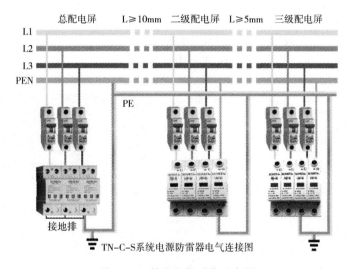

图9.16 某配电箱系统示意图

② 动力配电箱与照明配电箱宜分别设置。动力末级配电箱与照明末级配电箱应分别设置。

③ 用电设备或插座的电源宜引自末级配电箱，当一个末级配电箱直接控制多台用电设备或插座时，每台用电设备或插座应有各自独立的保护电器。

④ 固定式配电箱的中心与地面的垂直距离宜为1.4～1.6m，安装应平正、牢固。户外落地安装的配电箱、柜，其底部离地面不应小于0.2m。

⑤ 配电箱内连接线绝缘层的标识色应符合下列规定，如图9.17所示：

a. 相导体L1、L2、L3应依次为黄色、绿色、红色；

b. 中性导体（N）应为淡蓝色；

c. 保护导体（PE）应为绿-黄双色；

d. 上述标识色不应混用。

⑥ 配电箱内的连接线应采用铜排或铜芯绝缘导线，当采用铜排时应有防护措施；连接导线不应有接头、线芯损伤及断股。

⑦ 移动式配电箱的进线和出线应采用橡套软电缆。

⑧ 配电箱应按下列顺序操作：

a. 送电操作顺序为：总配电箱→分配电箱→末级配电箱；

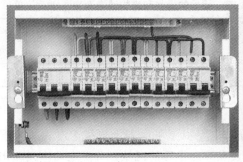

图 9.17　某配电箱接线示意

b. 停电操作顺序为：末级配电箱→分配电箱→总配电箱。

⑨ 配电箱应有名称、编号、系统图及分路标记。

⑩ 总配电箱宜装设电压表、总电流表、电度表（图 9.18）。

图 9.18　总配电箱内部示意

⑪ 剩余电流保护器应用专用仪器检测其特性，且每月不应少于 1 次，发现问题应及时修理或更换。剩余电流保护器每天使用前应启动试验按钮试跳一次，试跳不正常时不得继续使用。

（5）配电线路设置要求

① 施工现场配电线路路径选择宜避开易遭受机械性外力的交通、吊装、挖掘作业频繁场所，以及河道、低洼、易受雨水冲刷的地段；不应跨越在建工程、脚手架、临时建筑物。

② 供用电电缆可采用架空、直埋、沿支架等方式进行敷设；不应敷设在树木上或直接绑挂在金属构架和金属脚手架上；不应接触潮湿地面或接近热源。

③ 低压配电系统的接地型式采用 TN-S 系统时，单根电缆应包含全部工作芯线和用作中性导体（N）或保护导体（PE）的芯线；低压配电系统的接地型式采用 TT 系统时，单根电缆应包含全部工作芯线和用作中性导体（N）的芯线。

④ 施工现场架空线路的档距不宜大于 40m，空旷区域可根据现场情况适当加大档距，但最大不应大于 50m。

⑤ 架空线路导线相序排列应符合下列规定：

a. 1~10kV 线路：面向负荷从左侧起，导线排列相序应为 L_1、L_2、L_3。

b. 1kV 以下线路：面向负荷从左侧起，导线排列相序应为 L_1、N、L_2、L_3、PE。

c. 电杆上的中性导体（N）应靠近电杆。若导线垂直排列时，中性导体（N）应在下方。中性导体（N）的位置不应高于同一回路的相导体。在同一地区内，中性导体（N）的排列应统一。

⑥ 施工现场供用电架空线路与道路等设施的最小距离应符合表 9.10 的规定，否则应采取防护措施。

表 9.10 施工现场供用电架空线路与道路等设施的最小距离　　　　　　　单位：m

类　别	距　离		供用电绝缘线路电压等级	
			1kV 及以下	10kV 及以下
与施工现场道路	沿道路边敷设时距离道路边沿最小水平距离		0.5	1.0
	跨越道路时距路面最小垂直距离		6.0	7.0
与在建工程,包含脚手架工程	最小水平距离		7.0	8.0
与临时建(构)筑物	最小水平距离		1.0	2.0
与外电电力线路	最小垂直距离	与 10kV 及以下	2.0	
		与 220kV 及以下	4.0	
		与 500kV 及以下	6.0	
	最小水平距离	与 10kV 及以下	3.0	
		与 220kV 及以下	7.0	
		与 500kV 及以下	13.0	

⑦ 架空线路在跨越道路、河流、电力线路档距内不应有接头。

⑧ 电缆直埋时，其表面距地面的距离不宜小于 0.7m；电缆上、下、左、右侧应铺以软土或砂土，其厚度及宽度不得小于 100mm，上部应覆盖硬质保护层。直埋敷设于冻土地区时，电缆宜埋入冻土层以下，当无法深埋时可在土壤排水性好的干燥冻土层或回填土中埋设。

⑨ 直埋电缆与外电线路电缆、其他管道、道路、建筑物等之间平行和交叉时的最小距离应符合表 9.11 的规定，当距离不能满足要求时，应采取穿管、隔离等防护措施。

表 9.11 电缆之间，电缆与管道、道路、建筑物之间平行和交叉时的最小距离　单位：m

电缆直埋敷设时的配置情况		平行	交叉
施工现场电缆与外电线路电缆		0.5	0.5
电缆与地下管沟	热力管沟	2.0	0.5
	油管或易(可)燃气管道	1.0	0.5
	其他管道	0.5	0.5
电缆与建筑物基础		躲开散水宽度	—
电缆与道路边、树木主干、1kV 以下架空线电杆		1.0	—
电缆与 1kV 以上架空线杆塔基础		4.0	—

⑩ 以支架方式敷设的电缆线路沿构、建筑物水平敷设的电缆线路，距地面高度不宜小于2.5m；垂直引上敷设的电缆线路，固定点每楼层不得少于1处。

⑪ 施工现场道路设施等与外电架空线路的最小距离应符合表9.12的规定。

表9.12 施工现场道路设施等与外电架空线路的最小距离　　　　　单位：m

类　别	距　离	外电线路电压等级		
		10kV及以下	220kV及以下	500kV及以下
施工道路与外电架空线路	跨越道路时距路面最小垂直距离	7.0	8.0	14.0
	沿道路边敷设时距路沿最小水平距离	0.5	5.0	8.0
临时建筑物与外电架空线路	最小垂直距离	5.0	8.0	14.0
	最小水平距离	4.0	5.0	8.0
在建工程脚手架与外电架空线路	最小水平距离	7.0	10.0	15.0
各类施工机械外缘与外电架空线路最小距离		2.0	6.0	8.5

⑫ 当施工现场道路设施等与外电架空线路的最小距离达不到规范的规定时，应采取隔离防护措施，防护设施与外电架空线路之间的安全距离不应小于表9.13所列数值；

表9.13 防护设施与外电架空线路之间的最小安全距离　　　　　单位：m

外电架空线路电压等级/kV	≤10	35	110	220	330	500
防护设施与外电架空线路之间的最小安全距离	2.0	3.5	4.0	5.0	6.0	7.0

9.7.2　施工现场接地及防雷保护

（1）当施工现场设有专供施工用的低压侧为220V/380V中性点直接接地的变压器时，其低压配电系统的接地型式宜采用TN-S系统（图9.19）或TN-C-S系统（图9.20）、TT系统（图9.21）。符号说明应符合相关规定。

（2）下列电气装置的外露可导电部分和装置外可导电部分均应接地：

① 电机、变压器、照明灯具等Ⅰ类电气设备的金属外壳、基础型钢、与该电气设备连接的金属构架及靠近带电部分的金属围栏；

② 电缆的金属外皮和电力线路的金属保护管、接线盒。

（3）当采用隔离变压器供电时，二次回路不得接地。

（4）保护导体（PE）上严禁装设开关或熔断器。

（5）用电设备的保护导体（PE）不应串联连接，应采用焊接、压接、螺栓连接或其他可靠方法连接。

（6）严禁利用输送可燃液体、可燃气体或爆炸性气体的金属管道作为电气设备的接地保护导体（PE）。

（7）发电机中性点应接地，且接地电阻不应大于4Ω；发电机组的金属外壳及部件应可靠接地。

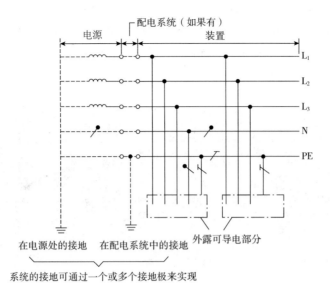

图 9.19　全系统将中性导体（N）与保护导体（PE）分开的 TN-S 系统

［注：对装置的保护导体（PE）可另外增设接地］

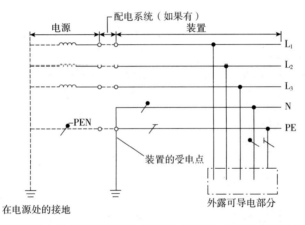

图 9.20　在装置的受电点将保护接地中性导体（PEN）分离成保护导体（PE）和中性导体（N）的三相四线制的 TN-C-S 系统

［注：对配电系统的保护接地中性导体（PEN）和装置的保护导体（PE）可另外增设接地］

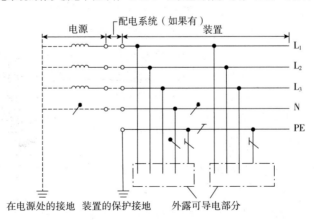

图 9.21　全部装置都采用分开的中性导体（N）和保护导体（PE）的 TT 系统

第 9 章　接地及安全保护　193

（8）施工现场和临时生活区的高度在20m及以上的钢脚手架、幕墙金属龙骨、正在施工的建筑物以及塔式起重机、井子架、施工升降机、机具、烟囱、水塔等设施，均应设有防雷保护措施；当以上设施在其他建筑物或设施的防雷保护范围之内时，可不再设置（图9.22）。

图9.22 现场配电箱等用电安全防护示意

9.7.3 施工现场电动施工机具用电安全

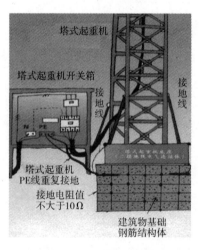

图9.23 塔式起重机接地示意

（1）施工现场所使用的电动施工机具应符合国家强制认证标准规定。施工现场所使用的电动施工机具应根据其类别设置相应的间接接触电击防护措施。

（2）电动工具的电源线，应采用橡皮绝缘橡皮护套铜芯软电缆。电缆应避开热源，并应采取防止机械损伤的措施。

（3）塔式起重机电源进线的保护导体（PE）应做重复接地，塔身应做防雷接地（图9.23）。

（4）电焊机的外壳应可靠接地，不得串联接地。电焊机的裸露导电部分应装设安全保护罩。

（5）电焊机的电源开关应单独设置。发电机式直流电焊机械的电源应采用启动器控制。施工现场使用交流电焊机时宜装配防触电保护器。

（6）电焊机一次侧的电源电缆应绝缘良好，其长度不宜大于5m。电焊机的二次线应采用橡皮绝缘橡皮护套铜芯软电缆，电缆长度不宜大于30m，不得采用金属构件或结构钢筋代替二次线的地线。

（7）使用电焊机焊接时应穿戴防护用品。不得冒雨从事电焊作业。

（8）夯土机械的电源线应采用橡皮绝缘橡皮护套铜芯软电缆。

9.7.4 施工现场照明用电安全

（1）办公、生活设施用水的水泵电源宜采用单独回路供电。生活、办公场所不得使用电炉等产生明火的电气装置。

（2）办公、生活场所供用电系统应装设剩余电流动作保护器。

（3）严禁利用额定电压220V的临时照明灯具作为行灯使用。

（4）行灯变压器严禁带入金属容器或金属管道内使用。

（5）下列特殊场所应使用安全特低电压系统（SELV）供电的照明装置，且电源电压应符合下列规定：

① 下列特殊场所的安全特低电压系统照明电源电压不应大于24V。

a. 金属结构构架场所；

b. 隧道、人防等地下空间；

c. 有导电粉尘、腐蚀介质、蒸汽及高温炎热的场所。

② 下列特殊场所的特低电压系统照明电源电压不应大于12V。

a. 相对湿度长期处于95%以上的潮湿场所；

b. 导电良好的地面、狭窄的导电场所。

（6）照明灯具的使用应符合下列规定：

① 照明开关应控制相导体。当采用螺口灯头时，相导体应接在中心触头上。

② 照明灯具与易燃物之间，应保持一定的安全距离，普通灯具不宜小于300mm；聚光灯、碘钨灯等高热灯具不宜小于500mm，且不得直接照射易燃物。当间距不够时，应采取隔热措施。

9.7.5 施工现场特殊环境下用电安全

（1）在易燃、易爆区域内，应采用阻燃电缆。

（2）在易燃、易爆区域内进行用电设备检修或更换工作时，必须断开电源，严禁带电作业。

（3）施工现场配置的施工用氧气、乙炔管道，应在其始端、末端、分支处以及直线段每隔50m处安装防静电接地装置，相邻平行管道之间，应每隔20m用金属线相互连接。管道接地电阻不得大于30Ω。

（4）在潮湿环境中严禁带电进行设备检修工作。

（5）在潮湿环境中不应使用0类和Ⅰ类手持式电动工具，应选用Ⅱ类或由安全隔离变压器供电的Ⅲ类手持式电动工具。

（6）潮湿环境中使用的行灯电压不应超过12V。其电源线应使用橡皮绝缘橡皮护套铜芯软电缆。

第10章

火灾自动报警与联动控制

10.1 火灾自动报警与联动控制系统基本要求

10.1.1 火灾自动报警系统基本规定

（1）火灾自动报警系统可用于人员居住和经常有人滞留的场所、存放重要物资或燃烧后产生严重污染需要及时报警的场所。火灾自动报警系统应设有自动和手动两种触发装置（图10.1、图10.2）。

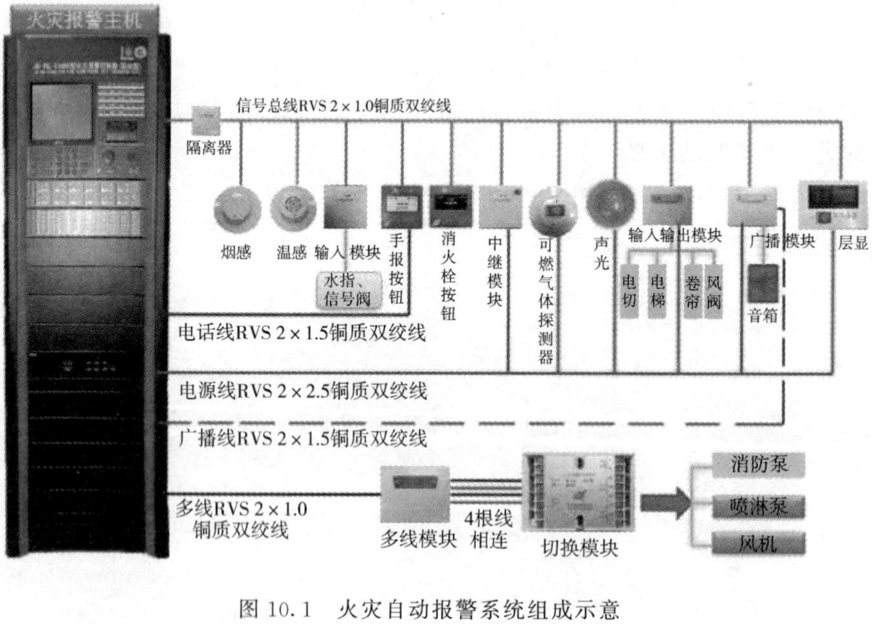

图 10.1 火灾自动报警系统组成示意

（2）高度超过100m的建筑中，除消防控制室内设置的控制器外，每台控制器直接控制的火灾探测器、手动报警按钮和模块等设备不应跨越避难层。

（3）系统总线上应设置总线短路隔离器，每只总线短路隔离器保护的火灾探测器、手动

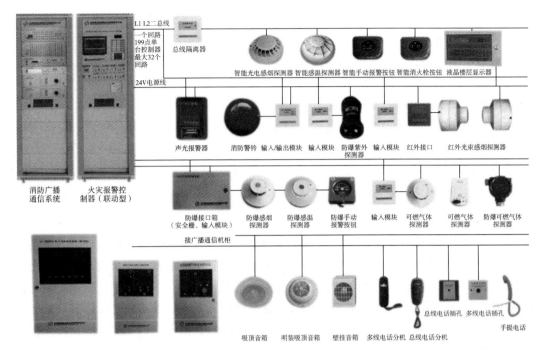

图 10.2 分布智能型火灾报警自动控制系统示意

火灾报警按钮和模块等消防设备的总数不应超过 32 点；总线穿越防火分区时，应在穿越处设置总线短路隔离器。

（4）水泵控制柜、风机控制柜等消防电气控制装置不应采用变频启动方式。

（5）任一台火灾报警控制器所连接的火灾探测器、手动火灾报警按钮和模块等设备总数和地址总数，均不应超过 3200 点，其中每一总线回路连接设备的总数不宜超过 200 点，且应留有不少于额定容量 10% 的余量；任一台消防联动控制器地址总数或火灾报警控制器（联动型）所控制的各类模块总数不应超过 1600 点，每一联动总线回路连接设备的总数不宜超过 100 点，且应留有不少于额定容量 10% 的余量。

10.1.2 火灾自动报警系统形式

（1）仅需要报警，不需要联动自动消防设备的保护对象宜采用区域报警系统。

（2）不仅需要报警，同时需要联动自动消防设备，且只设置一台具有集中控制功能的火灾报警控制器和消防联动控制器的保护对象，应采用集中报警系统，并应设置一个消防控制室。

（3）设置两个及以上消防控制室的保护对象，或已设置两个及以上集中报警系统的保护对象，应采用控制中心报警系统。

10.1.3 火灾自动报警区域和探测区域的划分

（1）报警区域应根据防火分区或楼层划分；可将一个防火分区或一个楼层划分为一个报警区域，也可将发生火灾时需要同时联动消防设备的相邻几个防火分区或楼层划分为一个报警区域。

（2）探测区域的划分应符合下列规定。

a. 探测区域应按独立房（套）间划分。一个探测区域的面积不宜超过 $500m^2$；从主要入口能看清其内部，且面积不超过 $1000m^2$ 的房间，也可划为一个探测区域。

b. 红外光束感烟火灾探测器和缆式线型感温火灾探测器的探测区域的长度，不宜超过 100m；空气管差温火灾探测器的探测区域长度宜为 20～100m。

（3）下列场所应单独划分探测区域。

a. 敞开或封闭楼梯间、防烟楼梯间。

b. 防烟楼梯间前室、消防电梯前室、消防电梯与防烟楼梯间合用的前室、走道、坡道。

c. 电气管道井、通信管道井、电缆隧道。

d. 建筑物闷顶、夹层。

10.2 消防控制室设置要求

（1）具有消防联动功能的火灾自动报警系统的保护对象中应设置消防控制室。消防控制室不应设置在电磁场干扰较强及其他影响消防控制室设备工作的设备用房附近。

（2）消防控制室内设置的消防设备应包括火灾报警控制器、消防联动控制器、消防控制室图形显示装置、消防专用电话总机、消防应急广播控制装置、消防应急照明和疏散指示系统控制装置、消防电源监控器等设备或具有相应功能的组合设备（图10.3）。

图 10.3 常见消防控制室示意

（3）消防控制室应设有用于火灾报警的外线电话。

（4）消防控制室内设备的布置应符合下列规定。

a. 设备面盘前的操作距离，单列布置时不应小于 1.5m；双列布置时不应小于 2m。

b. 在值班人员经常工作的一面，设备面盘至墙的距离不应小于 3m。

c. 设备面盘后的维修距离不宜小于 1m。

d. 设备面盘的排列长度大于 4m 时，其两端应设置宽度不小于 1m 的通道。

e. 与建筑其他弱电系统合用的消防控制室内，消防设备应集中设置，并应与其他设备间有明显间隔。

（5）消防控制室内严禁穿过与消防设施无关的电气线路及管路。消防控制室送、回风管的穿墙处应设防火阀。

（6）消防控制室应有相应的竣工图纸、各分系统控制逻辑关系说明、设备使用说明书、系统操作规程、应急预案、值班制度、维护保养制度及值班记录等文件资料。

10.3 消防联动控制设计

10.3.1 消防联动控制基本规定要求

(1) 消防联动控制器应能按设定的控制逻辑向各相关的受控设备发出联动控制信号，并接受相关设备的联动反馈信号（图10.4）。

(2) 各受控设备接口的特性参数应与消防联动控制器发出的联动控制信号相匹配。

(3) 消防水泵、防烟和排烟风机的控制设备，除应采用联动控制方式外，还应在消防控制室设置手动直接控制装置。

(4) 需要火灾自动报警系统联动控制的消防设备，其联动触发信号应采用两个独立的报警触发装置报警信号的"与"逻辑组合。

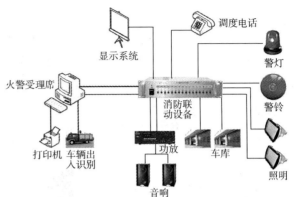

图 10.4 某消防联动设备示意

(5) 消防联动控制器的电压控制输出应采用直流24V。

10.3.2 与各个专业系统消防联动控制设计要求

(1) 消防联动控制系统对象一般应包括表10.1所列的项目内容。

表 10.1 消防联动控制对象

序号	联动控制设施类型	序号	联动控制设施类型
1	自动喷水灭火系统	5	防火门及防火卷帘系统
2	消火栓系统	6	火灾警报和消防应急广播系统
3	气体灭火系统、泡沫灭火系统	7	电梯
4	防烟排烟系统	8	消防应急照明和疏散指示系统

(2) 自动喷水灭火系统的联动控制

①水流指示器、信号阀、压力开关、喷淋消防泵的启动和停止的动作信号等应反馈至消防联动控制器（图10.5）。

②有压气体管道气压状态信号和快速排气阀入口前电动阀的动作信号等应反馈至消防联动控制器。

(3) 电梯消防联动控制要求：消防联动控制器应具有发出联动控制信号强制所有电梯停于首层或电梯转换层的功能。

(4) 防火门及防火卷帘系统联动控制要求：

①防火门及防火卷帘系统的防火卷帘下降至距楼板面1.8m处（图10.6）。

②下降到楼板面的动作信号和防火卷帘控制器直接连接的感烟、感温火灾探测器的报警信号，应反馈至消防联动控制器。

(5) 防烟排烟系统的联动控制：

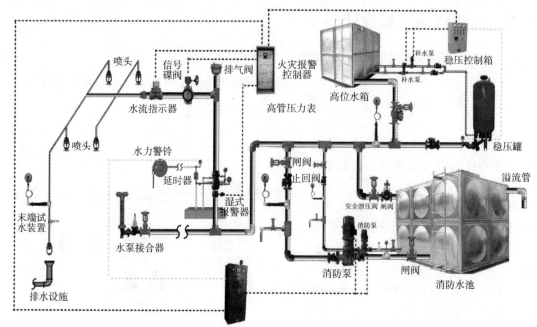

图 10.5 消防喷淋系统示意

图 10.6 防火卷帘下降示意

① 防烟排烟系统的送风口、排烟口、排烟窗或排烟阀开启和关闭的动作信号，防烟、排烟风机启动和停止及电动防火阀关闭的动作信号，均应反馈至消防联动控制器（图 10.7）。

② 防烟排烟系统的排烟风机入口处的总管上设置的 280℃ 排烟防火阀在关闭后应直接联动控制风机停止，排烟防火阀及风机的动作信号应反馈至消防联动控制器。

（6）火灾警报和消防应急广播系统的联动控制

① 火灾自动报警系统应设置火灾声光警报器，并应在确认火灾后启动建筑内的所有火

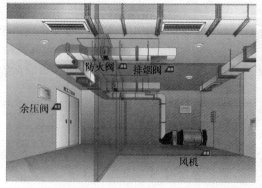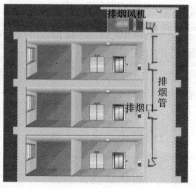

图 10.7 防烟排烟系统示意

灾声光警报器（图 10.8）。

② 火灾声警报器设置带有语音提示功能时，应同时设置语音同步器。

③ 同一建筑内设置多个火灾声警报器时，火灾自动报警系统应能同时启动和停止所有火灾声警报器工作。

④ 集中报警系统和控制中心报警系统应设置消防应急广播。

⑤ 消防应急广播与普通广播或背景音乐广播合用时，应具有强制切入消防应急广播的功能。

图 10.8　火灾声光警报器示意

（7）消防应急照明和疏散指示系统的联动控制：当确认火灾后，由发生火灾的报警区域开始，顺序启动全楼疏散通道的消防应急照明和疏散指示系统，系统全部投入应急状态的启动时间不应大于 5s。

（8）其他相关联动控制设计

① 消防联动控制器应具有切断火灾区域及相关区域的非消防电源的功能，当需要切断正常照明时，宜在自动喷淋系统、消火栓系统动作前切断。

② 消防联动控制器应具有自动打开涉及疏散的电动栅杆等的功能，宜开启相关区域安全技术防范系统的摄像机监视火灾现场。

③ 消防联动控制器应具有打开疏散通道上由门禁系统控制的门和庭院电动大门的功能，并应具有打开停车场出入口挡杆的功能。

10.4　火灾探测器

10.4.1　点型感温火灾探测器分类

点型感温火灾探测器（图 10.9）分为 A1、A2、B、C、D、E、F、G，如表 10.2 所列。

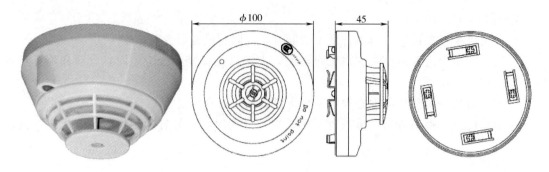

图 10.9　点型感温火灾探测器

表 10.2　点型感温火灾探测器分类

探测器类别	典型应用温度/℃	最高应用温度/℃	动作温度下限值/℃	动作温度上限值/℃
A1	25	50	54	65
A2	25	50	54	70
B	40	65	69	85
C	55	80	84	100
D	70	95	99	115
E	85	110	114	130
F	100	125	129	145
G	115	140	144	160

10.4.2　火灾探测器选择要求

（1）火灾探测器（图 10.10）的选择应符合表 10.3 规定。此外，应根据保护场所可能

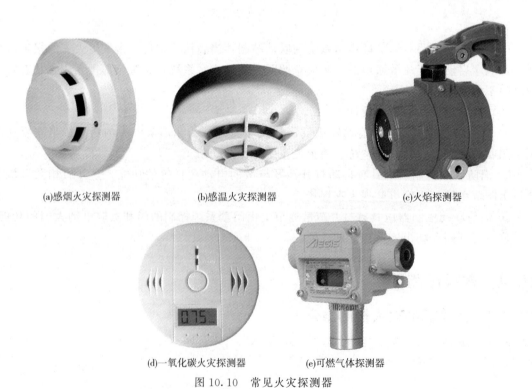

(a)感烟火灾探测器　　(b)感温火灾探测器　　(c)火焰探测器

(d)一氧化碳火灾探测器　　(e)可燃气体探测器

图 10.10　常见火灾探测器

发生火灾的部位和燃烧材料的分析,以及火灾探测器的类型、灵敏度和响应时间等选择相应的火灾探测器,对火灾形成特征不可预料的场所,可根据模拟试验的结果选择火灾探测器。

表 10.3 火灾探测器的选择

序号	适用场所	火灾探测器类型
1	对火灾初期有阴燃阶段,产生大量的烟和少量的热,很少或没有火焰辐射的场所	应选择感烟火灾探测器
2	对火灾发展迅速,可产生大量热、烟和火焰辐射的场所	可选择感温火灾探测器、感烟火灾探测器、火焰探测器或其组合
3	对火灾发展迅速,有强烈的火焰辐射和少量烟、热的场所	应选择火焰探测器
4	对火灾初期有阴燃阶段,且需要早期探测的场所	宜增设一氧化碳火灾探测器
5	对使用、生产可燃气体或可燃蒸气的场所	应选择可燃气体探测器
6	同一探测区域内设置多个火灾探测器时	可选择具有复合判断火灾功能的火灾探测器和火灾报警控制器

(2) 对不同高度的房间,可按表 10.4 选择点型火灾探测器。

表 10.4 对不同高度的房间点型火灾探测器的选择

房间高度 h/m	点型感烟火灾探测器	点型感温火灾探测器类别			火焰探测器
		A1、A2 型	B 型	C、D、E、F、G 型	
$12 < h \leqslant 20$	不适合	不适合	不适合	不适合	适合
$8 < h \leqslant 12$	适合	不适合	不适合	不适合	适合
$6 < h \leqslant 8$	适合	适合	不适合	不适合	适合
$4 < h \leqslant 6$	适合	适合	适合	不适合	适合
$h \leqslant 4$	适合	适合	适合	适合	适合

(3) 表 10.5 所列场所宜选择点型感烟火灾探测器。

表 10.5 选择点型感烟火灾探测器的场所

序号	建筑或场所类型
1	饭店、旅馆、教学楼、办公楼的厅堂、卧室、办公室、商场、列车载客车厢等
2	计算机房、通信机房、电影或电视放映室等
3	楼梯、走道、电梯机房、车库等
4	书库、档案库等

(4) 不同建筑场所不宜选用的火灾探测器类型如表 10.6 所列。

(5) 符合表 10.7 条件之一的场所,宜选择点型感温火灾探测器,且应根据使用场所的典型应用温度和最高应用温度选择适当类别的感温火灾探测器。

(6) 点型火焰探测器或图像型火焰探测器选择要求如表 10.8 所列。

(7) 表 10.9 所列场所宜选择可燃气体探测器。

表 10.6 不同建筑场所不宜选用的火灾探测器

序号	建筑场所类型	不宜选用的火灾探测器类型
1	相对湿度经常大于95%	不宜选择点型离子感烟火灾探测器
2	气流速度大于5m/s	
3	有大量粉尘、水雾滞留	
4	可能产生腐蚀性气体	
5	在正常情况下有烟滞留	
6	产生醇类、醚类、酮类等有机物质	
7	有大量粉尘、水雾滞留	不宜选择点型光电感烟火灾探测器
8	可能产生蒸气和油雾	
9	高海拔地区	
10	在正常情况下有烟滞留	

表 10.7 选择点型感温火灾探测器的场所

序号	建筑场所
1	相对湿度经常大于95%
2	可能发生无烟火灾
3	有大量粉尘
4	吸烟室等在正常情况下有烟或蒸气滞留的场所
5	厨房、锅炉房、发电机房、烘干车间等不宜安装感烟火灾探测器的场所
6	需要联动熄灭"安全出口"标志灯的安全出口内侧
7	其他无人滞留且不适合安装感烟火灾探测器,但发生火灾时需要及时报警的场所

表 10.8 点型火焰探测器或图像型火焰探测器选择要求

序号	建筑场所类型	探测器选择要求
1	火灾时有强烈的火焰辐射	宜选择点型火焰探测器或图像型火焰探测器
2	可能发生液体燃烧等无阴燃阶段的火灾	
3	需要对火焰做出快速反应	
4	在火焰出现前有浓烟扩散	不宜选择点型火焰探测器和图像型火焰探测器
5	探测器的镜头易被污染	
6	探测器的"视线"易被油雾、烟雾、水雾和冰雪遮挡	
7	探测区域内的可燃物是金属和无机物	
8	探测器易受阳光、白炽灯等光源直接或间接照射	

表 10.9 选择可燃气体探测器的场所

序号	建筑或场所类型
1	使用可燃气体的场所
2	燃气站和燃气表房以及存储液化石油气罐的场所
3	其他散发可燃气体和可燃蒸气的场所

(8) 在火灾初期产生一氧化碳的表 10.10 所列场所可选择点型一氧化碳火灾探测器。

表 10.10　选择点型一氧化碳火灾探测器的场所

序号	建筑或场所类型
1	烟不容易对流或顶棚下方有热屏障的场所
2	在棚顶上无法安装其他点型火灾探测器的场所
3	需要多信号复合报警的场所

(9) 其他场所点型探测器选择要求：

① 可能产生阴燃火或发生火灾不及时报警将造成重大损失的场所，不宜选择点型感温火灾探测器；温度在 0℃ 以下的场所，不宜选择定温探测器；温度变化较大的场所，不宜选择具有差温特性的探测器。

② 探测区域内正常情况下有高温物体的场所，不宜选择单波段红外火焰探测器。

③ 正常情况下有明火作业，探测器易受 X 射线、弧光和闪电等影响的场所，不宜选择紫外火焰探测器。

④ 污物较多且必须安装感烟火灾探测器的场所，应选择间断吸气的点型采样吸气式感烟火灾探测器或具有过滤网和管路自清洗功能的管路采样吸气式感烟火灾探测器。

(10) 线型火灾探测器的选择：

① 无遮挡的大空间或有特殊要求的房间，宜选择线型光束感烟火灾探测器（图 10.11）。

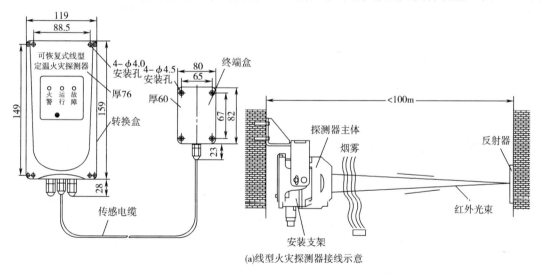

(a) 线型火灾探测器接线示意

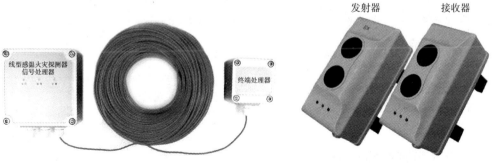

(b) 缆式线型感温火灾探测器　　　(c) 线型光束感烟火灾探测器

图 10.11　线型火灾探测器示意

第 10 章　火灾自动报警与联动控制

② 符合表 10.11 所列条件之一的场所，不宜选择线型光束感烟火灾探测器。

表 10.11　不宜选择线型光束感烟火灾探测器的场所

序号	建筑或场所类型
1	有大量粉尘、水雾滞留
2	可能产生蒸气和油雾
3	在正常情况下有烟滞留
4	固定探测器的建筑结构由于振动等原因会产生较大位移的场所

③ 表 10.12 所列场所或部位，宜选择缆式线型感温火灾探测器。

表 10.12　宜选择缆式线型感温火灾探测器的场所

序号	建筑或场所类型
1	电缆隧道、电缆竖井、电缆夹层、电缆桥架
2	不易安装点型探测器的夹层、闷顶
3	各种皮带输送装置
4	其他环境恶劣不适合点型探测器安装的场所

④ 表 10.13 所列场所或部位，宜选择线型光纤感温火灾探测器。

表 10.13　宜选择线型光纤感温火灾探测器的场所

序号	建筑或场所类型
1	除液化石油气外的石油储罐
2	需要设置线型感温火灾探测器的易燃易爆场所
3	需要监测环境温度的地下空间等场所宜设置具有实时温度监测功能的线型光纤感温火灾探测器
4	公路隧道、敷设动力电缆的铁路隧道和城市地铁隧道等

(11) 表 10.14 所列场所宜选择吸气式感烟火灾探测器；灰尘比较大的场所，不应选择没有过滤网和管路自清洗功能的管路采样式吸气感烟火灾探测器。如图 10.12 所示。

表 10.14　宜选择吸气式感烟火灾探测器的场所

序号	建筑或场所类型
1	具有高速气流的场所
2	点型感烟、感温火灾探测器不适宜的大空间、舞台上方、建筑高度超过 12m 或有特殊要求的场所
3	低温场所
4	需要进行隐蔽探测的场所
5	需要进行火灾早期探测的重要场所
6	人员不宜进入的场所

10.4.3　火灾探测器的具体设置建筑部位

火灾探测器可设置在表 10.15 所列建筑部位。

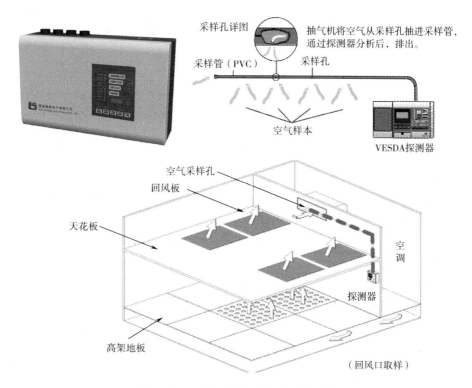

图 10.12 吸气式感烟火灾探测器示意

表 10.15 火灾探测器的具体设置建筑部位

序号	建筑部位或场所
1	财贸金融楼的办公室、营业厅、票证库
2	电信楼、邮政楼的机房和办公室
3	商业楼、商住楼的营业厅、展览楼的展览厅和办公室
4	旅馆的客房和公共活动用房
5	电力调度楼、防灾指挥调度楼等的微波机房、计算机房、控制机房、动力机房和办公室
6	广播电视楼的演播室、播音室、录音室、办公室、节目播出技术用房、道具布景房
7	图书馆的书库、阅览室、办公室
8	档案楼的档案库、阅览室、办公室
9	办公楼的办公室、会议室、档案室
10	医院病房楼的病房、办公室、医疗设备室、病历档案室、药品库
11	科研楼的办公室、资料室、贵重设备室、可燃物较多的和火灾危险性较大的实验室
12	教学楼的电化教室、理化演示和实验室、贵重设备和仪器室
13	公寓(宿舍、住宅)的卧房、书房、起居室(前厅)、厨房
14	甲、乙类生产厂房及其控制室
15	甲、乙、丙类物品库房
16	设在地下室的丙、丁类生产车间和物品库房

续表

序号	建筑部位或场所
17	堆场、堆垛、油罐等
18	地下铁道的地铁站厅、行人通道和设备间,列车车厢
19	体育馆、影剧院、会堂、礼堂的舞台、化妆室、道具室、放映室、观众厅、休息厅及其附设的一切娱乐场所
20	陈列室、展览室、营业厅、商业餐厅、观众厅等公共活动用房
21	消防电梯、防烟楼梯的前室及合用前室、走道、门厅、楼梯间
22	可燃物品库房、空调机房、配电室(间)、变压器室、自备发电机房、电梯机房
23	净高超过2.6m且可燃物较多的技术夹层
24	敷设具有可延燃绝缘层和外护层电缆的电缆竖井、电缆夹层、电缆隧道、电缆配线桥架
25	贵重设备间和火灾危险性较大的房间
26	电子计算机的主机房、控制室、纸库、光或磁记录材料库
27	经常有人停留或可燃物较多的地下室
28	歌舞娱乐场所中经常有人滞留的房间和可燃物较多的房间
29	高层汽车库,Ⅰ类汽车库,Ⅰ、Ⅱ类地下汽车库,机械立体汽车库,复式汽车库,采用升降梯作汽车疏散出口的汽车库(敞开车库可不设)
30	污衣道前室、垃圾道前室、净高超过0.8m的具有可燃物的闷顶、商业用或公共厨房
31	以可燃气为燃料的商业和企、事业单位的公共厨房及燃气表房
32	其他经常有人停留的场所、可燃物较多的场所或燃烧后产生重大污染的场所
33	需要设置火灾探测器的其他场所

10.4.4 火灾探测器设置要求

(1) 探测区域内的每个房间至少应设置一只火灾探测器。

(2) 感烟火灾探测器和A1、A2、B型感温火灾探测器的保护面积和保护半径,应按表10.16确定;C、D、E、F、G型感温火灾探测器的保护面积和保护半径,应根据生产企业设计说明书确定,但不应超过表10.16的规定。建筑高度不超过14m的封闭探测空间,且火灾初期会产生大量的烟时,可设置点型感烟火灾探测器。

表10.16 感烟火灾探测器和A1、A2、B型感温火灾探测器的保护面积和保护半径

火灾探测器的种类	地面面积 S/m^2	房间高度 h/m	一只探测器的保护面积(A)和保护半径(R)					
			屋顶坡度(θ)					
			$\theta \leqslant 15°$		$15° < \theta \leqslant 30°$		$\theta > 30°$	
			A/m^2	R/m	A/m^2	R/m	A/m^2	R/m
感烟火灾探测器	$S \leqslant 80$	$h \leqslant 12$	80	6.7	80	7.2	80	8.0
	$S > 80$	$6 < h \leqslant 12$	80	6.7	100	8.0	120	9.9
		$h \leqslant 6$	60	5.8	80	7.2	100	9.0
感温火灾探测器	$S \leqslant 30$	$h \leqslant 8$	30	4.4	30	4.9	30	5.5
	$S > 30$	$h \leqslant 8$	20	3.6	30	4.9	40	6.3

（3）在有梁的顶棚上设置点型感烟火灾探测器、感温火灾探测器时，应符合下列规定：

① 当梁突出顶棚的高度小于 200mm 时，可不计梁对探测器保护面积的影响。

② 当梁突出顶棚的高度为 200～600mm 时，应按图 10.13 及表 10.17 确定梁对探测器保护面积的影响和一只探测器能够保护的梁间区域的数量。

③ 当梁突出顶棚的高度超过 600mm 时，被梁隔断的每个梁间区域应至少设置一只探测器。

④ 当被梁隔断的区域面积超过一只探测器的保护面积时，被隔断的区域应按有关规范规定计算探测器的设置数量。

⑤ 当梁间净距小于 1m 时，可不计梁对探测器保护面积的影响。

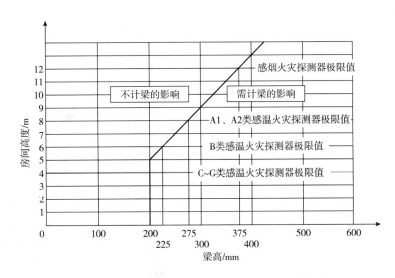

图 10.13　不同高度的房间梁对探测器设置的影响

表 10.17　按梁间区域面积确定一只探测器保护的梁间区域的个数

	探测器的保护面积 A/m^2	梁隔断的梁间区域面积 Q/m^2	一只探测器保护的梁间区域的个数/个		探测器的保护面积 A/m^2	梁隔断的梁间区域面积 Q/m^2	一只探测器保护的梁间区域的个数/个
感温探测器	20	$Q>12$	1	感烟探测器	60	$Q>36$	1
		$8<Q\leqslant 12$	2			$24<Q\leqslant 36$	2
		$6<Q\leqslant 8$	3			$18<Q\leqslant 24$	3
		$4<Q\leqslant 6$	4			$12<Q\leqslant 18$	4
		$Q\leqslant 4$	5			$Q\leqslant 12$	5
	30	$Q>18$	1		80	$Q>48$	1
		$12<Q\leqslant 18$	2			$32<Q\leqslant 48$	2
		$9<Q\leqslant 12$	3			$24<Q\leqslant 32$	3
		$6<Q\leqslant 9$	4			$16<Q\leqslant 24$	4
		$Q\leqslant 6$	5			$Q\leqslant 16$	5

（4）在宽度小于 3m 的内走道顶棚上设置点型探测器时，宜居中布置。感温火灾探测器

的安装间距不应超过10m；感烟火灾探测器的安装间距不应超过15m；探测器至端墙的距离，不应大于探测器安装间距的1/2（图10.14）。

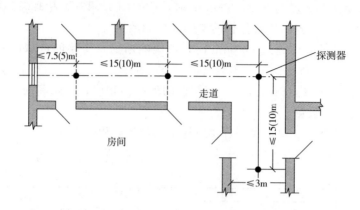

图10.14　点型探测器在走道布置示意

（5）点型探测器至墙壁、梁边的水平距离，不应小于0.5m。点型探测器周围0.5m内，不应有遮挡物（图10.15）。

（6）点型探测器至空调送风口边的水平距离不应小于1.5m，并宜接近回风口安装。探测器至多孔送风顶棚孔口的水平距离不应小于0.5m（图10.16）。

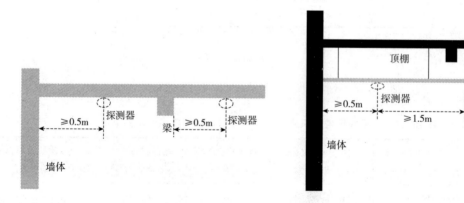

图10.15　点型探测器与墙梁安装要求示意　　图10.16　点型探测器至送风口要求示意

（7）房间被书架、设备或隔断等分隔，其顶部至顶棚或梁的距离小于房间净高的5%时，每个被隔开的部分应至少安装一只点型探测器。

（8）点型探测器宜水平安装。当倾斜安装时，倾斜角不应大于45°。

（9）锯齿形屋顶和坡度大于15°的人字形屋顶，应在每个屋脊处设置一排点型探测器，探测器下表面至屋顶最高处的距离，应符合规范的规定。

（10）当屋顶有热屏障时，点型感烟火灾探测器下表面至顶棚或屋顶的距离，应符合表10.18的规定。

（11）在电梯井、升降机井设置点型探测器时，其位置宜在井道上方的机房顶棚上。

（12）感烟火灾探测器在格栅吊顶场所的设置，应符合下列规定：

① 镂空面积与总面积的比例不大于15%时，探测器应设置在吊顶下方。

表 10.18 点型感烟火灾探测器下表面至顶棚或屋顶的距离

探测器的安装高度 h/m	点型感烟火灾探测器下表面至顶棚或屋顶的距离 d/mm					
	顶棚或屋顶坡度 θ					
	$\theta \leqslant 15°$		$15° < \theta \leqslant 30°$		$\theta > 30°$	
	最小	最大	最小	最大	最小	最大
$h \leqslant 6$	30	200	200	300	300	500
$6 < h \leqslant 8$	70	250	250	400	400	600
$8 < h \leqslant 10$	100	300	300	500	500	700
$10 < h \leqslant 12$	150	350	350	600	600	800

② 镂空面积与总面积的比例大于30%时，探测器应设置在吊顶上方。

③ 镂空面积与总面积的比例为15%～30%时，探测器的设置部位应根据实际试验结果确定。

④ 探测器设置在吊顶上方且火警确认灯无法观察时，应在吊顶下方设置火警确认灯。

⑤ 地铁站台等有活塞风影响的场所，镂空面积与总面积的比例为30%～70%时，探测器宜同时设置在吊顶上方和下方。

10.5 其他系统设备的设置

10.5.1 火灾报警控制器和消防联动控制器的设置

（1）火灾报警控制器和消防联动控制器，应设置在消防控制室内或有人值班的房间和场所。

（2）火灾报警控制器和消防联动控制器安装在墙上时，其主显示屏高度宜为1.5～1.8m，其靠近门轴的侧面距墙不应小于0.5m，正面操作距离不应小于1.2m。

10.5.2 手动火灾报警按钮的设置

（1）每个防火分区应至少设置一只手动火灾报警按钮。从一个防火分区内的任何位置到最邻近的手动火灾报警按钮的步行距离不应大于30m。

（2）手动火灾报警按钮宜设置在疏散通道或出入口处。手动火灾报警按钮应设置在明显和便于操作的部位。当采用壁挂方式安装时，其底边距地高度宜为1.3～1.5m，且应有明显的标志（图10.17）。

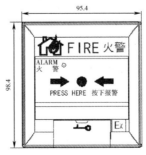

图 10.17 手动火灾报警按钮示意

10.5.3 区域显示器的设置

（1）每个报警区域宜设置一台区域显示器（火灾显示盘）；宾馆、饭店等场所应在每个报警区域设置一台区域显示器。

（2）当一个报警区域包括多个楼层时，宜在每个楼层设置一台仅显示本楼层的区域显示器。

10.5.4 火灾警报器的设置

（1）火灾光警报器应设置在每个楼层的楼梯口、消防电梯前室、建筑内部拐角等处的明显部位，且不宜与安全出口指示标志灯具设置在同一面墙上。

（2）每个报警区域内应均匀设置火灾警报器，其声压级不应小于60dB；在环境噪声大于60dB的场所，其声压级应高于背景噪声15dB。

（3）当火灾警报器采用壁挂方式安装时，其底边距地面高度应大于2.2m。

10.5.5 消防应急广播的设置

（1）民用建筑内扬声器应设置在走道和大厅等公共场所。

（2）每个扬声器的额定功率不应小于3.0W，其数量应能保证从一个防火分区内的任何部位到最近一个扬声器的直线距离不大于25m，走道末端距最近的扬声器距离不应大于12.5m。在环境噪声大于60dB的场所设置的扬声器，在其播放范围内最远点的播放声压级应高于背景噪声15dB。

（3）客房设置专用扬声器时，其功率不宜小于1.0W。

（4）壁挂扬声器的底边距地面高度应大于2.2m。

10.5.6 消防专用电话的设置

（1）消防专用电话网络应为独立的消防通信系统。消防控制室、消防值班室或企业消防站等处，应设置可直接报警的外线电话。

（2）消防控制室应设置消防专用电话总机。多线制消防专用电话系统中的每个电话分机应与总机单独连接（图10.18）。

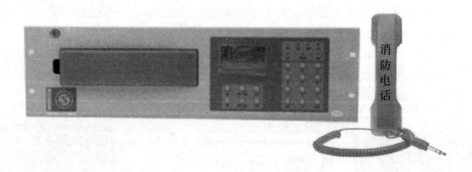

图10.18 消防专用电话总机示意

（3）电话分机或电话插孔的设置，应符合下列规定，如图10.19所示。

① 消防水泵房、发电机房、配变电室、计算机网络机房、主要通风和空调机房、防排烟机房、灭火控制系统操作装置处或控制室、企业消防站、消防值班室、总调度室、消防电梯机房及其他与消防联动控制有关的且经常有人值班的机房应设置消防专用电话分机。

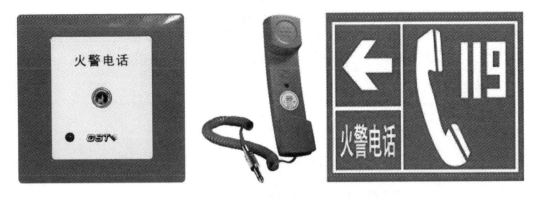

图 10.19　消防专用电话示意

② 设有手动火灾报警按钮或消火栓按钮等处，宜设置电话插孔，并宜选择带有电话插孔的手动火灾报警按钮。各避难层应每隔 20m 设置一个消防专用电话分机或电话插孔。

③ 电话插孔在墙上安装时，其底边距地面高度宜为 1.3~1.5m。

10.5.7　防火门监控器的设置

（1）防火门监控器应设置在消防控制室内，未设置消防控制室时，应设置在有人值班的场所。如图 10.20 所示。

图 10.20　防火门监控器设备示意

（2）电动开门器的手动控制按钮应设置在防火门内侧墙面上，距门不宜超过 0.5m，底边距地面高度宜为 0.9~1.3m。如图 10.21 所示。

10.5.8　模块的设置

（1）每个报警区域内的模块宜相对集中设置在本报警区域内的金属模块箱中。
（2）模块严禁设置在配电（控制）柜（箱）内。
（3）本报警区域内的模块不应控制其他报警区域的设备。
（4）未集中设置的模块附近应有尺寸不小于 100mm×100mm 的标识。

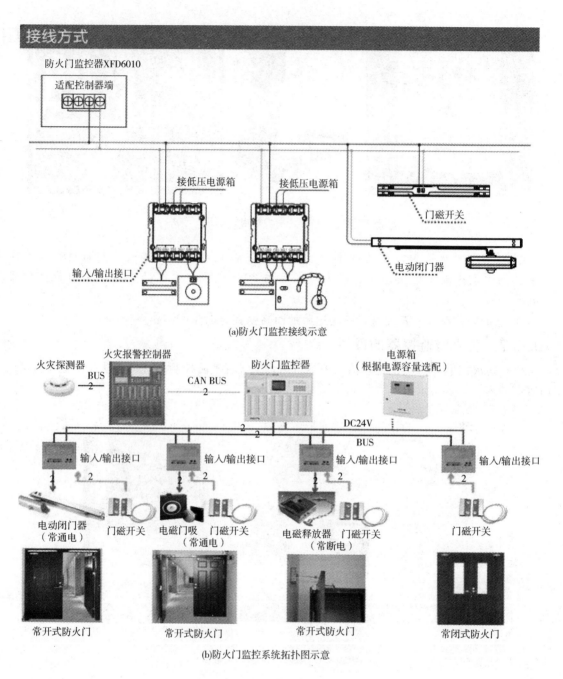

图 10.21 防火门监控系统示意

10.6 可燃气体探测报警系统

(1) 可燃气体探测报警系统应由可燃气体报警控制器、可燃气体探测器和火灾声光警报器等组成。可燃气体探测报警系统应独立组成，可燃气体探测器不应接入火灾报警控制器的探测器回路；当可燃气体的报警信号需接入火灾自动报警系统时，应由可燃气体报警控制器接入。如图 10.22 所示。

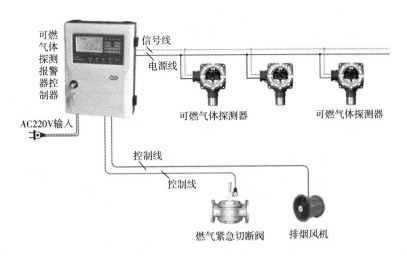

图 10.22 可燃气体探测报警系统示意

(2) 可燃气体探测器宜设置在可能产生可燃气体部位附近：
① 探测气体密度小于空气密度的可燃气体探测器应设置在被保护空间的顶部；
② 探测气体密度大于空气密度的可燃气体探测器应设置在被保护空间的下部；
③ 探测气体密度与空气密度相当时，可燃气体探测器可设置在被保护空间的中间部位或顶部。
(3) 线型可燃气体探测器的保护区域长度不宜大于 60m。
(4) 对住宅建筑，可燃气体探测器在厨房设置时，应符合下列规定。
① 使用天然气的用户应选择甲烷探测器，使用液化气的用户应选择丙烷探测器，使用煤制气的用户应选择一氧化碳探测器。
② 连接燃气灶具的软管及接头在橱柜内部时，探测器宜设置在橱柜内部。
③ 甲烷探测器应设置在厨房顶部，丙烷探测器应设置在厨房下部，一氧化碳探测器可设置在厨房下部，也可设置在其他部位。
④ 可燃气体探测器不宜设置在灶具正上方。
⑤ 宜采用具有联动关断燃气关断阀功能的可燃气体探测器。
⑥ 探测器联动的燃气关断阀宜为用户可以自己复位的关断阀，并应具有胶管脱落自动保护功能。

10.7 电气火灾监控系统

10.7.1 电气火灾监控系统基本要求

(1) 电气火灾监控系统可用于具有电气火灾危险的场所，如图 10.23 所示。电气火灾监控系统应由下列部分或全部设备组成：
① 电气火灾监控器；
② 剩余电流式电气火灾监控探测器；
③ 测温式电气火灾监控探测器。
(2) 在无消防控制室且电气火灾监控探测器设置数量不超过 8 只时，可采用独立式电气

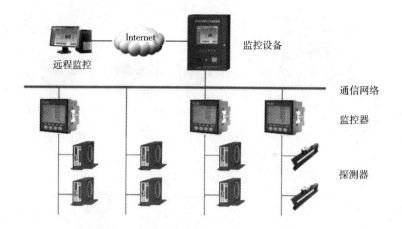

图 10.23　电气火灾监控系统拓扑图示意

火灾监控探测器。

(3) 非独立式电气火灾监控探测器不应接入火灾报警控制器的探测器回路。

(4) 电气火灾监控系统的设置不应影响供电系统的正常工作，不宜自动切断供电电源。

10.7.2　电气火灾监控探测器的设置

(1) 设有消防控制室时，电气火灾监控器应设置在消防控制室内或保护区域附近；设置在保护区域附近时，应将报警信息和故障信息传入消防控制室。

(2) 未设消防控制室时，电气火灾监控器应设置在有人值班的场所。

(3) 测温式电气火灾监控探测器应设置在电缆接头、端子、重点发热部件等部位。

(4) 设有火灾自动报警系统时，独立式电气火灾监控探测器的报警信息和故障信息应在消防控制室图形显示装置或集中火灾报警控制器上显示；但该类信息与火灾报警信息的显示应有区别。

(5) 剩余电流式电气火灾监控探测器应以设置在低压配电系统首端为基本原则，宜设置在第一级配电柜（箱）的出线端。在供电线路泄漏电流大于 500mA 时，宜在其下一级配电柜（箱）设置。

(6) 剩余电流式电气火灾监控探测器不宜设置在 IT 系统的配电线路和消防配电线路中。

10.8　火灾自动报警系统供电

(1) 火灾自动报警系统应设置交流电源和蓄电池备用电源。

(2) 火灾自动报警系统的交流电源应采用消防电源，备用电源可采用火灾报警控制器和消防联动控制器自带的蓄电池电源或消防设备应急电源。

(3) 消防控制室图形显示装置、消防通信设备等的电源，宜由 UPS 电源装置或消防设备应急电源供电。

(4) 火灾自动报警系统主电源不应设置剩余电流动作保护和过负荷保护装置。

(5) 消防用电设备应采用专用的供电回路，其配电设备应设有明显标志。其配电线路和控制回路宜按防火分区划分。

(6) 火灾自动报警系统接地装置的接地电阻值应符合下列规定：

① 采用共用接地装置时，接地电阻值不应大于 1Ω。
② 采用专用接地装置时，接地电阻值不应大于 4Ω。

（7）消防控制室内的电气和电子设备的金属外壳、机柜、机架和金属管、槽等，应采用等电位联结。

（8）由消防控制室接地板引至各消防电子设备的专用接地线应选用铜芯绝缘导线，其线芯截面面积不应小于 $4mm^2$。

（9）消防控制室接地板与建筑接地体之间，应采用线芯截面面积不小于 $25mm^2$ 的铜芯绝缘导线连接。

10.9 火灾自动报警系统布线

（1）火灾自动报警系统的传输线路和 50V 以下供电的控制线路，应采用电压等级不低于交流 300V/500V 的铜芯绝缘导线或铜芯电缆。采用交流 220V/380V 的供电和控制线路，应采用电压等级不低于交流 450V/750V 的铜芯绝缘导线或铜芯电缆。如图 10.24 所示。

图 10.24　铜芯绝缘导线或铜芯电缆示意

（2）火灾自动报警系统传输线路的线芯截面选择，除应满足自动报警装置技术条件的要求外，还应满足机械强度的要求。铜芯绝缘导线和铜芯电缆线芯的最小截面面积，不应小于表 10.19 的规定。

表 10.19　铜芯绝缘导线和铜芯电缆线芯的最小截面面积

序　号	类　别	线芯的最小截面面积/mm²
1	穿管敷设的绝缘导线	1.00
2	线槽内敷设的绝缘导线	0.75
3	多芯电缆	0.50

（3）火灾自动报警系统的供电线路和传输线路设置在地（水）下隧道或湿度大于 90% 的场所时，线路及接线处应做防水处理。

（4）火灾自动报警系统的传输线路应采用金属管、可挠（金属）电气导管、B1 级以上的刚性塑料管或封闭式线槽保护。

（5）火灾自动报警系统的供电线路、消防联动控制线路应采用耐火铜芯电线电缆，报警总线、消防应急广播和消防专用电话等传输线路应采用阻燃或阻燃耐火电线电缆。如图 10.25 所示。

 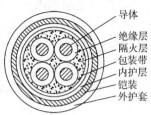 

图 10.25　耐火铜芯电线电缆示意

（6）不同电压等级的线缆不应穿入同一根保护管内，当合用同一线槽时，线槽内应有隔板分隔。

（7）火灾探测器的传输线路，宜选择不同颜色的绝缘导线或电缆。正极"+"线应为红色，负极"－"线应为蓝色或黑色。同一工程中相同用途导线的颜色应一致，接线端子应有标号。

（8）从接线盒、线槽等处引到探测器底座盒、控制设备盒、扬声器箱的线路，均应加金属保护管保护。

10.10　住宅建筑火灾自动报警系统

（1）住宅建筑火灾自动报警系统可根据实际应用过程中保护对象的具体情况按表 10.20 所列分类，如图 10.26 所示。

表 10.20　住宅建筑火灾自动报警系统类型

序号	类型	系统组成
1	A 类系统	由火灾报警控制器、手动火灾报警按钮、家用火灾探测器、火灾声警报器、应急广播等设备组成
2	B 类系统	由控制中心监控设备、家用火灾报警控制器、家用火灾探测器、火灾声警报器等设备组成
3	C 类系统	由家用火灾报警控制器、家用火灾探测器、火灾声警报器等设备组成
4	D 类系统	由独立式火灾探测报警器、火灾声警报器等设备组成

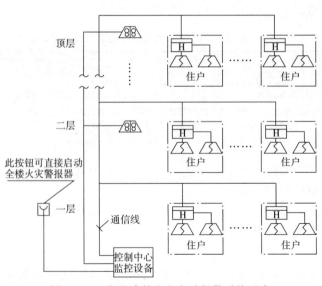

图 10.26　住宅建筑火灾自动报警系统示意

（2）住宅建筑火灾自动报警系统的选择应符合下列规定。

① 有物业集中监控管理且设有需联动控制的消防设施的住宅建筑应选用 A 类系统。

② 仅有物业集中监控管理的住宅建筑宜选用 A 类或 B 类系统。

③ 没有物业集中监控管理的住宅建筑宜选用 C 类系统。

④ 别墅式住宅和已投入使用的住宅建筑可选用 D 类系统。

（3）每间卧室、起居室内应至少设置一只感烟火灾探测器。

（4）住宅建筑公共部位设置的火灾声警报器应具有语音功能，且应能接受联动控制或由手动火灾报警按钮信号直接控制发出警报。

（5）每台警报器覆盖的楼层不应超过 3 层，且首层明显部位应设置用于直接启动火灾声警报器的手动火灾报警按钮。

（6）住宅建筑内设置的应急广播的每台扬声器覆盖的楼层不应超过 3 层。

10.11 特殊场所火灾自动报警系统

10.11.1 高度大于 12m 的空间场所

（1）高度大于 12m 的空间场所宜同时选择两种及以上火灾参数的火灾探测器。

（2）线型光束感烟火灾探测器的设置应符合下列要求。

① 探测器应设置在建筑顶部。

② 探测器宜采用分层组网的探测方式。

③ 建筑高度不超过 16m 时，宜在 6~7m 增设一层探测器。

④ 建筑高度超过 16m 但不超过 26m 时，宜在 6~7m 和 11~12m 处各增设一层探测器。

⑤ 由开窗或通风空调形成的对流层为 7~13m 时，可将增设的一层探测器设置在对流层下面 1.0m 处。

⑥ 分层设置的探测器保护面积可按常规计算，并宜与下层探测器交错布置。

（3）管路吸气式感烟火灾探测器的设置应符合下列要求。

① 探测器的采样管宜采用水平和垂直结合的布管方式，并应保证至少有两个采样孔在 16m 以下，并宜有 2 个采样孔设置在开窗或通风空调对流层下面 1m 处。

② 可在回风口处设置起辅助报警作用的采样孔。

10.11.2 电缆隧道

（1）无外部火源进入的电缆隧道应在电缆层上表面设置线型感温火灾探测器；有外部火源进入可能的电缆隧道在电缆层上表面和隧道顶部，均应设置线型感温火灾探测器。

（2）线型感温火灾探测器采用"S"形布置或有外部火源进入可能的电缆隧道内，应采用能响应火焰规模不大于 100mm 的线型感温火灾探测器。

第11章

建筑设备监控和安防监控系统

11.1 建筑设备监控系统基本规定

11.1.1 一般要求

（1）建筑设备监控系统 BAS（building automation system），是将建筑设备采用传感器、执行器、控制器、人机界面、数据库、通信网络、管线及辅助设施等连接起来，并配有软件进行监视和控制的综合系统，简称监控系统。如图11.1所示。

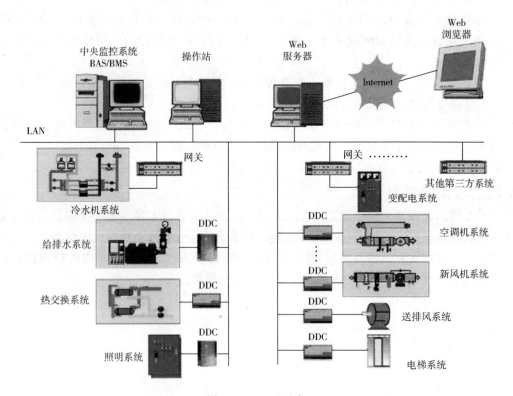

图 11.1 BAS 示意

(2)监控系统应由传感器、执行器、控制器、人机界面、数据库、通信网络和接口等组成。

11.1.2 监控系统的监控功能基本要求

(1)监控系统的监控范围应根据项目建设目标确定,并宜包括供暖通风与空气调节、给水排水、供配电、照明、电梯和自动扶梯等设备。

(2)监控系统的监控功能应根据监控范围和运行管理要求确定,并符合下列规定:

① 应具备监测功能;
② 应具备安全保护功能;
③ 宜具备远程控制功能,并应以实现监测和安全保护功能为前提;
④ 宜具备自动启停功能,并应以实现远程控制功能为前提;
⑤ 宜具备自动调节功能,并应以实现远程控制功能为前提。

11.2 建筑设备监控功能要求

11.2.1 供暖通风与空气调节监控功能

监控系统对供暖通风与空气调节(图11.2~图11.4)的监控功能应符合表11.1列规定。

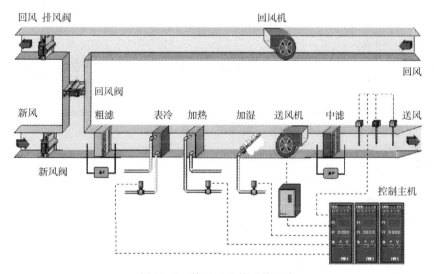

图11.2 某通风监控系统示意

图11.3 空调机组示意

图 11.4 风机盘管示意

表 11.1 监控系统对供暖通风与空气调节的监控功能

监控功能＼系统类型	空调冷热源和水系统的监控功能	空调机组的监控功能	新风机组的监控功能	风机盘管的监控功能	通风设备的监控功能
监测参数（内容）	（1）冷水机组/热泵的蒸发器进、出口温度和压力 （2）冷水机组/热泵的冷凝器进、出口温度和压力 （3）常压锅炉的进、出口温度 （4）热交换器一二次侧进、出口温度和压力 （5）分水器、集水器的温度和压力（或压差） （6）水泵进、出口压力 （7）水过滤器前后压差开关状态 （8）冷水机组/热泵、水泵、锅炉、冷却塔风机等设备的启停和故障状态 （9）冷水机组/热泵的蒸发器和冷凝器侧的水流开关状态 （10）水箱的高、低液位开关状态	（1）室内、室外空气的温度 （2）空调机组的送风温度 （3）空气冷却器/加热器出口的冷/热水温度 （4）空气过滤器进出口的压差开关状态 （5）风机、水阀、风阀等设备的启停状态和运行参数 （6）冬季有冻结可能性的地区，还应监测防冻开关状态	（1）室外空气的温度 （2）机组的送风温度 （3）空气冷却器、空气加热器出口的冷、热水温度 （4）空气过滤器进出口的压差开关状态 （5）风机、水阀、风阀等设备的启停状态和运行参数 （6）冬季有冻结可能性的地区，还应监测防冻开关状态	（1）室内空气的温度和设定值 （2）供冷、供热工况转换开关的状态 （3）当采用干式风机盘管时，还应监测室内的露点温度或相对湿度	（1）通风机的启停和故障状态 （2）空气过滤器进出口的压差开关状态
安全保护功能	（1）根据设备故障或断水流信号关闭冷水机组/热泵或锅炉 （2）防止冷却水温低于冷水机组允许的下限温度 （3）根据水泵和冷却塔风机的故障信号发出报警提示 （4）根据膨胀水箱高、低液位的报警信号进行排水或补水 （5）冰蓄冷系统换热器的防冻报警和自动保护	（1）风机的故障报警 （2）空气过滤器压差超限时的堵塞报警 （3）冬季有冻结可能性的地区，还应具有防冻报警和自动保护的功能	（1）风机的故障报警 （2）空气过滤器压差超限时的堵塞报警 （3）冬季有冻结可能性的地区，还应具有防冻报警和自动保护的功能	（1）风机的故障报警 （2）当采用干式风机盘管时，还应具有结露报警和关闭相应水阀的保护功能	（1）当有可燃、有毒等危险物泄漏时，应能发出报警，并宜在事故地点设有声、光等警示，且自动连锁开启事故通风机 （2）风机的故障报警 （3）空气过滤器压差超限时的堵塞报警

续表

系统类型 监控功能	空调冷热源和水系统的监控功能	空调机组的监控功能	新风机组的监控功能	风机盘管的监控功能	通风设备的监控功能
远程控制功能	(1) 水泵和冷却塔风机等设备的启停 (2) 调整水阀的开度,并宜监测阀位的反馈 (3) 应通过设备自带控制单元实现冷水机组/热泵和锅炉的启停	(1) 风机的启停 (2) 调整水阀的开度,并宜监测阀位的反馈 (3) 调整风阀的开度,并宜监测阀位的反馈	(1) 风机的启停 (2) 调整水阀的开度,并宜监测阀位的反馈 (3) 调整风阀的开关,并宜监测阀位的反馈	风机的启停	风机的启停
自动启停功能	(1) 按顺序启停冷水机组/热泵、锅炉及相关水泵、阀门、冷却塔风机等设备 (2) 按时间表启停冷水机组/热泵、水泵、阀门和冷却塔风机等设备	(1) 风机停止时,新/送风阀和水阀连锁关闭 (2) 按时间表启停风机	(1) 风机停止时,新风阀和水阀连锁关闭 (2) 按时间表启停风机	(1) 风机停止时,水阀连锁关闭 (2) 按时间表启停风机	风机按时间表的自动启停
自动调节功能	(1) 应能实现下列自动启停功能: ① 当空调水系统总供、回水管之间设置旁通调节阀时,自动调节旁通阀的开度,且保证冷水机组允许的最低冷水流量 ② 当冷却塔供、回水总管之间设置旁通调节阀时,自动调节旁通阀的开度,且保证冷水机组允许的最低冷却水温度 ③ 设定和修改供冷/供热/过渡季工况 ④ 设定和修改供水温度/压力的设定值 (2) 宜能实现下列自动调节功能: ① 自动调节水泵运行台数和转速 ② 自动调节冷却塔风机运行台数和转速 ③ 自动调节冷水机组/热泵/锅炉的运行台数和供水温度 ④ 按累计运行时间进行被监控设备的轮换	应能实现下列自动调节功能: ① 自动调节水阀的开度 ② 自动调节风阀的开度 ③ 设定和修改供冷/供热/过渡季工况 ④ 设定和修改服务区域空气温度的设定值	(1) 应能实现下列自动调节功能: ① 自动调节水阀的开度 ② 自动调节风阀的开度 ③ 设定和修改送风温度的设定值 (2) 宜能根据服务区域空气品质情况,控制风机的启停和(或)转速	(1) 应能实现下列自动调节功能: ① 根据室温自动调节风机和水阀 ② 设定和修改供冷/供热工况 ③ 设定和修改服务区域温度的设定值,且对于公共区域的设定值应具有上、下限值 (2) 宜能根据服务区域是否有人控制风机的启停	应能实现下列自动调节功能: ① 在人员密度相对较大且变化较大的区域,根据 CO_2 浓度或人数/人流,修改最小新风比或最小新风量的设定值 ② 在地下停车库,根据车库内 CO 浓度或车辆数,调节通风机的运行台数和转速 ③ 对于变配电室等发热量和通风量较大的机房,根据发热设备使用情况或室内温度,调节风机的启停、运行台数和转速

11.2.2 给水排水的监控功能

监控系统对给水排水的监控功能（图 11.5、图 11.6）应符合表 11.2 列规定。监控系统应能监测生活热水的温度，宜监控直饮水、雨水、中水等设备的启停。

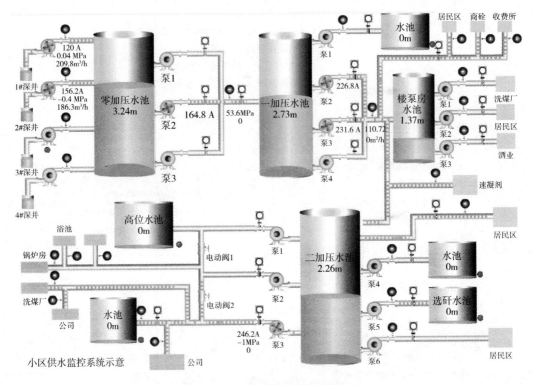

图 11.5 某小区供水监控系统示意

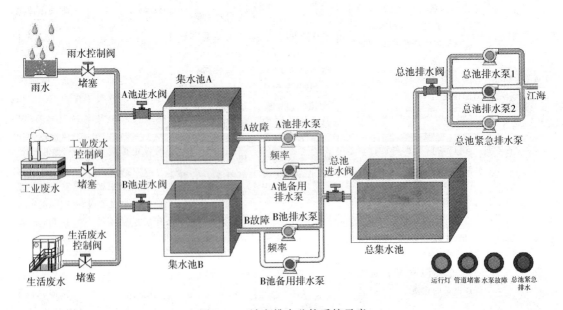

图 11.6 城市排水监控系统示意

表 11.2 监控系统对给水排水的监控功能

系统类型 监控功能	给水设备的监控功能	排水设备的监控功能
监测参数（内容）	① 水泵的启停和故障状态 ② 供水管道的压力 ③ 水箱（水塔）的高、低液位状态 ④ 水过滤器进出口的压差开关状态	① 水泵的启停和故障状态 ② 污水池（坑）的高、低和超高液位状态
安全保护功能	① 水泵的故障报警功能 ② 水箱液位超高和超低的报警和连锁相关设备动作	① 水泵的故障报警功能 ② 污水池（坑）液位超高时发出报警，并连锁启动备用水泵
远程控制	水泵启停的远程控制	水泵启停的远程控制
自动启停功能	① 根据水泵故障报警，自动启动备用泵 ② 按时间表启停水泵 ③ 当采用多路给水泵供水时，应能依据相对应的液位设定值控制各供水管的电动阀（或电磁阀）的开关，并应能实现各供水管之电动阀（或电磁阀）与给水泵间的连锁控制功能	① 根据水泵故障报警自动启动备用泵 ② 根据高液位自动启动水泵，低液位自动停止水泵 ③ 按时间表启停水泵
自动调节功能	宜实现下列自动调节功能： ① 设定和修改供水压力 ② 根据供水压力，自动调节水泵的台数和转速 ③ 当设置备用水泵时，能根据要求自动轮换水泵工作	

11.2.3 供配电的监控功能

监控系统对供配电的监控功能（图 11.7）应符合表 11.3 列规定。

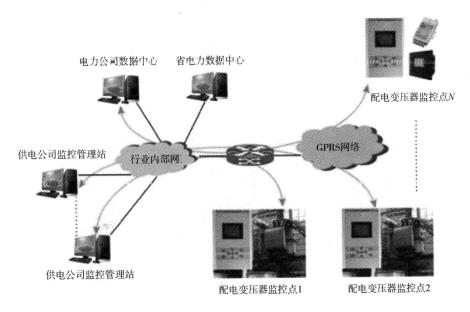

图 11.7 某变配电监控系统示意

表 11.3　监控系统对供配电的监控功能

系统类型	高压配电柜的监测功能	低压配电柜的监测功能	干式变压器的监测功能	应急电源及装置的监测功能
监控功能	（1）应能监测进线回路的电流、电压、频率、有功功率、无功功率、功率因数和耗电量 （2）应能监测馈线回路的电流、电压和耗电量 （3）应能监测进线断路器、馈线断路器、母联断路器的分、合闸状态 （4）应能监测进线断路器、馈线断路器和母联断路器的故障及跳闸报警状态	（1）应能监测进线回路的电流、电压、频率、有功功率、无功功率、功率因数和耗电量，并宜能监测进线回路的谐波含量 （2）应能监测出线回路的电流、电压和耗电量 （3）应能监测进线开关、重要配出开关、母联开关的分、合闸状态 （4）应能监测进线开关、重要配出开关和母联开关的故障及跳闸报警状态	（1）应能监测干式变压器的运行状态和运行时间累计 （2）应能监测干式变压器超温报警和冷却风机故障报警状态	（1）应能监测柴油发电机组工作状态及故障报警和日用油箱油位 （2）应能监测不间断电源装置（UPS）及应急电源装置（EPS）进出开关的分、合闸状态和蓄电池组电压 （3）应能监测应急电源供电电流、电压及频率

11.2.4　照明及电梯的监控功能

监控系统对照明及电梯的监控功能（图 11.8、图 11.9）应符合表 11.4 列规定。

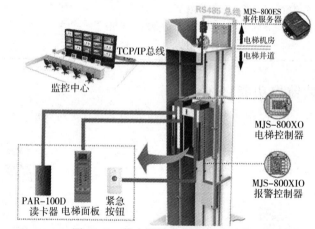

图 11.8　某电梯控制监控系统示意

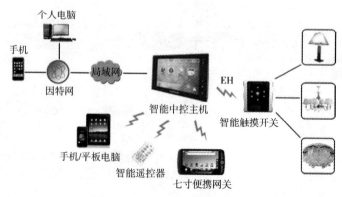

图 11.9　某照明监控系统示意

表 11.4 监控系统对照明及电梯的监控功能

监控功能＼系统类型	照明的监控功能	电梯与自动扶梯的监控功能
监控参数(内容)	(1)应能监测室内公共照明不同楼层和区域的照明回路开关状态 (2)应能监测室外庭院照明、景观照明、立面照明等不同照明回路开关状态 (3)宜能监测室内外的区域照度	(1)应能监测电梯和自动扶梯的启停、上下行和故障状态 (2)宜能监测电梯的层门开门状态和楼层信息 (3)宜能监测自动扶梯有人/无人状态和无人时的运行状态 (4)应能监测电梯与自动扶梯的故障报警状态
远程控制功能	应能实现主要回路的开关控制	—
自动启停功能	应能按照预先设定的时间表控制相应回路的开关	—
自动调节功能	(1)设定场景模式 (2)修改服务区域的照度设定值 (3)启停各照明回路的开关或调节相应灯具的调光器	—

11.2.5 建筑设备能耗监测

(1) 建筑设备能耗监测功能的设计应符合下列规定，见表 11.5。

① 应监测电、自来水、蒸汽、热水、热/冷量、燃气、油或其他燃料等的消耗量。

② 宜对大型设备有关能源消耗和性能分析的参数进行监测。

③ 用于计费结算的电、水、热/冷、蒸汽、燃气等表具，应符合国家现行有关标准的规定。

表 11.5 主要建筑设备能耗监测内容

监测内容＼设备类型	供暖通风与空气调节设备的能耗监测	给水排水设备的能耗监测	低压配电分支回路的能耗监测
能耗监测要求	(1)应能监测冷热源机房的总燃料消耗量、耗电量、补水量、热/冷量、蒸汽量或热水量 (2)当采用地下水地源热泵时,应能监测地下水的抽水量和回灌量	(1)应能监测生活热水消耗的热量和燃料量 (2)应能监测总给水量、生活热水量和中水量	(1)应能监测下列低压配电分支回路的照明和电源插座耗电量： ① 建筑公共区的照明和应急照明 ② 建筑功能区的照明和电源插座 ③ 室外景观照明 (2)应能检测下列低压配电分支回路用电设备的耗电量： ① 暖通空调设备 ② 给水排水设备 ③ 电梯和自动扶梯

（2）建筑内的信息系统中心机房、洗衣房、厨房餐厅、游泳池、健身房等区域的用电应单独监测，其中大型设备的用电宜单独监测。

11.3 监控系统配置

11.3.1 监控系统配置文件要求

监控系统配置文件应包括下列内容：
① 设计说明；
② 系统图；
③ 监控原理图；
④ 监控点表；
⑤ 平面图；
⑥ 安装大样图；
⑦ 监控机房、竖井设备平面布置图；
⑧ 控制器箱内设备布置和配线连接图；
⑨ 控制算法配置表；
⑩ 设备材料表；
⑪ 接口文件。

11.3.2 主要监控设备基本要求

11.3.2.1 传感器和执行器

（1）当以安全保护和设备状态监测为目的时，宜选用开关量输出的传感器。传感器应提供标准电气接口或数字通信接口，当提供数字通信接口时，其通信协议应与监控系统兼容。

（2）温度、湿度传感器应布置在能反映被测区域参数的部位，且附近不应有热源和湿源，并应符合表11.6所列规定。如图11.10、图11.11所示。

表11.6 不同传感器和执行器配置要求

传感器类型	温度、湿度传感器	压力（压差）传感器	气体传感器	流量传感器	能耗监测传感器
传感器要求	(1)风道和水道温度传感器应保证插入深度 (2)壁挂式空气温度传感器应布置在空气流通、能反映被测空间空气状态的部位，不应布置在阳光直射处和靠近风口处 (3)与风机盘管和变风量末端等设备配套使用的壁挂式空气温度传感器，应布置在能反映其对应设备服务区域温度的部位 (4)对于大空间场所，宜均匀布置多个空气温度、湿度传感器 (5)室外温度、湿度传感器应布置在能真实反映室外空气状态的位置，不应布置在阳光直射的部位和靠近新风口、排风口的部位，并宜采用气象测量用室外安装箱 (6)当不具备布置条件时，可采用非接触式传感器	(1)测压点应选在直管段上流动稳定的地方，测量液体时，安装孔应设在管道下部；测量气体时，安装孔应设在管道上部 (2)在同一水系统上布置的压力（压差）传感器宜处在同一标高上 (3)水管压差传感器的两端接管应连接在水流速较稳定的管路上 (4)测量流体管网最不利点压力时，宜选择在管网主要分支处进行多点布置 (5)风道压力传感器，应布置在空气均匀混合的直风道内，不宜布置在空气处理设备内部	应布置在气体容易积聚、能反映被测区域气体浓度的位置	(1)应耐受管道介质最大压力 (2)当无法采用接触式测量时，宜采用超声波流量计 (3)安装位置应满足产品所要求的安装条件 (4)宜选用具有较低水流阻力的产品	(1)用于经济结算的水、电、气和冷/热量表应通过计量检定 (2)宜选用具有瞬时值和累计值输出的传感器

图 11.10 常见温度传感器示意

图 11.11 常见压力（压差）传感器示意

（3）执行器的配置应符合下列规定：

① 应确定执行器的种类、反馈类型、调节范围、调节精度和响应时间；

② 执行器应提供标准电气接口或数字通信接口；当提供数字通信接口时，其通信协议应与监控系统兼容；

③ 经过转换、传输和动作过程后的调节精度应满足设计要求；

④ 执行器的安装位置应符合设计要求，并应满足产品动作空间和检修空间的要求；

⑤ 当采用电机驱动的执行器时，应具有限位保护。

11.3.2.2 控制器

控制器硬件应保证其在支持最大监控点数规模下满足设计要求，并应符合下列规定：

① 处理器的性能应支持安装的软件，并应满足监控功能的实时性；

② 应能提供标准电气接口或数字通信接口；

③ 中央处理器中的随机存取存储器应具备满足要求时长的断电保护功能；

④ 应能独立运行控制算法；

⑤ 应具备断电恢复后能自动恢复工作的功能；

⑥ 宜具有可视的故障显示装置。

11.3.3 监控系统的辅助设施

（1）监控系统的辅助设施设计内容应包括供电、线缆类型、敷设方式、防雷与接地。

（2）监控系统的供电设计应符合下列规定：

① 数据库和集中监控的人机界面应配置不间断电源装置，其容量不应小于用电容量的1.3倍，其供电时间不宜少于30min；

② 控制器和传感器宜配置不间断电源装置；采用无线通信的传感器和控制器的供电方式应满足使用要求；

③ 执行器宜采用现场供电的方式；当执行器采用220V及以上交流电驱动时，应配置具有手动/自动转换开关的电气控制箱（柜），并应在电气控制箱（柜）内预留供控制器使用的辅助触点和端子排，控制点应为无源干接点；

④ 控制器供电电源质量不应受到电磁谐波干扰；

⑤ 控制器与现场被监控设备应由不同回路供电。

（3）监控系统的信号线缆宜采用屏蔽线缆，且截面不应小于0.75mm²。

（4）监控系统中向传感器供电的电缆截面不宜小于0.75mm²。

（5）控制器箱金属外壳、金属导管、金属槽盒和线缆屏蔽层，均应可靠接地；当信号线缆和供电线缆由室外引入室内时，应配置信号和电源的电涌保护器。

11.4 安全防范工程要求

11.4.1 安全防范基本要求

（1）安全防范系统中使用的设备必须符合国家法规和现行相关标准的要求，并经检验或认证合格，如图11.12所示。

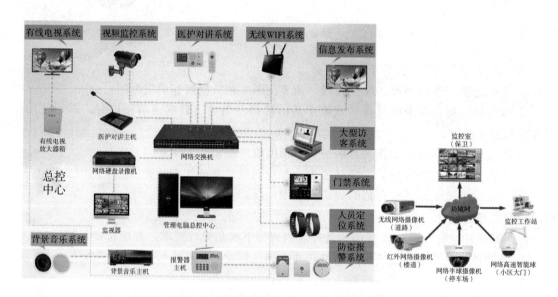

图11.12 某小区建筑安全防范系统示意

（2）安全防范工程的设计应遵循下列原则：

① 系统的防护级别与被防护对象的风险等级相适应。

② 技防、物防、人防相结合，探测、延迟、反应相协调。

③ 满足防护的纵深性、均衡性、抗易损性要求。

④ 满足系统的安全性、电磁兼容性要求。

⑤ 满足系统的可靠性、维修性与维护保障性要求。
⑥ 满足系统的先进性、兼容性、可扩展性要求。
⑦ 满足系统的经济性、适用性要求。

11.4.2 风险等级与防护级别

（1）防护对象的风险等级分为三级，按风险由大到小定为一级风险、二级风险和三级风险。

（2）安全防范系统的防护级别应与防护对象的风险等级相适应。防护级别共分为三级，按其防护能力由高到低定为一级防护、二级防护和三级防护。

11.4.3 高风险对象的风险等级与防护级别规定

高风险对象的风险等级与防护级别的确定应符合下列规定：

① 文物保护单位、博物馆风险等级和防护级别的划分按照《文物系统博物馆风险等级和防护级别的规定》GA 27 执行；

② 银行营业场所风险等级和防护级别的划分按照《银行营业场所风险等级和防护级别的规定》GA 38 执行；

③ 重要物资储存库风险等级和防护级别的划分根据国家的法律、法规和公安部与相关行政主管部门共同制定的规章进行确定；

④ 民用机场风险等级和防护级别遵照中华人民共和国民用航空总局和公安部的有关管理规章，根据国内各民用机场的性质、规模、功能进行确定，并符合表 11.7 的规定；

表 11.7 民用机场风险等级和防护级别

风险等级	机 场	防护级别
一级	国家规定的中国对外开放一类口岸的国际机场及安防要求特殊的机场	一级
二级	除定为一级风险以外的其他省会城市国际机场	二级或二级以上
三级	其他机场	三级或三级以上

⑤ 铁路车站的风险等级和防护级别遵照中华人民共和国铁道总公司和公安部的有关管理规章，根据国内各铁路车站的性质、规模、功能进行确定，并符合表 11.8 的规定。

表 11.8 铁路车站的风险等级和防护级别

风险等级	铁路车站	防护级别
一级	特大型旅客车站、既有客货运特等站及安防要求特殊的车站	一级
二级	大型旅客车站、既有客货运一等站、特等编组站、特等货运站	二级
三级	中型旅客车站（最高聚集人数不少于 600 人）、既有客货运二等站、一等编组站、一等货运站	三级

注：表中铁路车站以外的其他车站防护级别可为三级。

11.5 视频安防监控系统

11.5.1 视频安防监控系统基本要求

（1）视频安防监控系统 VSCS（video surveillance & control system），是指利用视频探

测技术、监视设防区域并实时显示、记录现场图像的电子系统或网络。如图 11.13 所示。

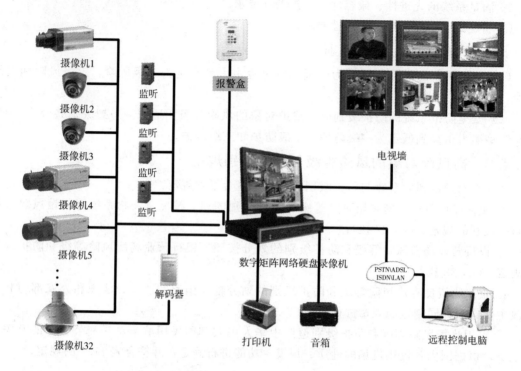

图 11.13 VSCS 组成示意

（2）视频安防监控系统工程的建设，应与建筑及其强弱电系统的设计统一规划，根据实际情况，可一次建成，也可分步实施。视频安防监控系统应具有安全性、可靠性、开放性、可扩充性和使用灵活性，做到技术先进，经济合理，实用可靠。

（3）视频安防监控系统中使用的设备必须符合国家法律法规和现行强制性标准的要求，并经法定机构检验或认证合格。

（4）系统的制式应与我国的电视制式一致。

11.5.2 视频安防监控系统构成

（1）视频安防监控系统包括前端设备、传输设备、处理/控制设备和记录/显示设备四部分。如图 11.14 所示。

（2）根据对视频图像信号处理/控制方式的不同，视频安防监控系统结构宜分为以下模式：

① 简单对应模式：监视器和摄像机简单对应（图 11.15）。

② 时序切换模式：视频输出中至少有一路可进行视频图像的时序切换（图 11.16）。

③ 矩阵切换模式：可以通过任一控制键盘，将任意一路前端视频输入信号切换到任意一路输出的监视器上，并可编制各种时序切换程序（图 11.17）。

④ 数字视频网络虚拟交换/切换模式：模拟摄像机增加数字编码功能，被称作网络摄像机，数字视频前端也可以是别的数字摄像机。数字交换传输网络可以是以太网和 DDN、SDH 等传输网络。数字编码设备可采用具有记录功能的 DVR 或视频服务器，数字视频的处理、控制和记录措施可以在前端、传输和显示的任何环节实施（图 11.18）。

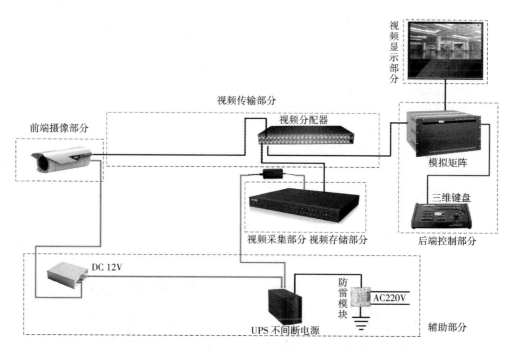

图 11.14　某视频安防监控系统设备示意

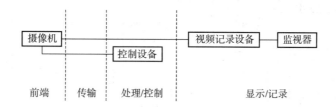

图 11.15　简单对应模式

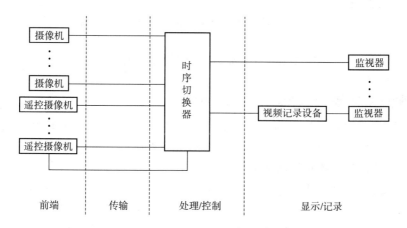

图 11.16　时序切换模式

第 11 章　建筑设备监控和安防监控系统

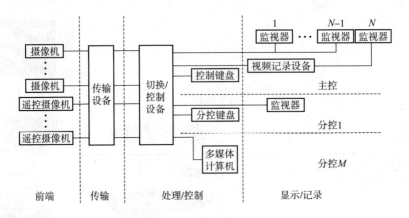

图 11.17　矩阵切换模式

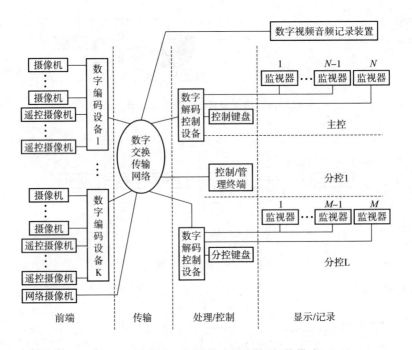

图 11.18　数字视频网络虚拟交换/切换模式

11.5.3　视频安防监控系统功能及性能设计要求

（1）视频安防监控系统应对需要进行监控的建筑物内（外）的主要公共活动场所、通道、电梯（厅）、重要部位和区域等进行有效的视频探测与监视，图像显示、记录与回放。

（2）视频安防监控系统控制功能应符合下列规定。

① 系统应能手动或自动操作，对摄像机、云台、镜头、防护罩等的各种功能进行遥控，控制效果平稳、可靠。

② 系统应能手动切换或编程自动切换，对视频输入信号在指定的监视器上进行固定或时序显示，切换图像显示重建时间应能在可接受的范围内。

③ 矩阵切换和数字视频网络虚拟交换/切换模式的系统应具有系统信息存储功能，在供

电中断或关机后,对所有编程信息和时间信息均应保持。

④ 系统应具有与其他系统联动的接口。当其他系统向视频系统给出联动信号时,系统能按照预定工作模式,切换出相应部位的图像至指定监视器上,并能启动视频记录设备,其联动响应时间不大于 4s。

⑤ 辅助照明联动应与相应联动摄像机的图像显示协调同步。

⑥ 同时具有音频监控能力的系统宜具有视频音频同步切换的能力。

⑦ 需要多级或异地控制的系统应支持分控的功能。

⑧ 前端设备对控制终端的控制响应和图像传输的实时性应满足安全管理要求。

(3) 监视图像信息和声音信息应具有原始完整性。

(4) 图像记录功能应符合下列规定。

① 记录图像的回放效果应满足资料的原始完整性,视频存储容量和记录/回放带宽与检索能力应满足管理要求。

② 系统应能记录下列图像信息:

a. 发生事件的现场及其全过程的图像信息;

b. 预定地点发生报警时的图像信息;

c. 用户需要掌握的其他现场动态图像信息。

③ 系统记录的图像信息应包含图像编号/地址、记录时的时间和日期。

④ 对于重要的固定区域的报警录像宜提供报警前的图像记录。

⑤ 根据安全管理需要,系统应能记录现场声音信息。

(5) 在正常工作照明条件下系统图像质量的性能指标应符合以下规定:

① 模拟复合视频信号应符合以下规定:

a. 视频信号输出幅度: $1V_{p-p} \pm 3dB$ VBS

b. 实时显示黑白电视水平清晰度: ≥400TVL

c. 实时显示彩色电视水平清晰度: ≥270TVL

d. 回放图像中心水平清晰度: ≥220TVL

e. 黑白电视灰度等级: ≥8

f. 随机信噪比: ≥36dB

② 数字视频信号应符合以下规定:

a. 单路画面像素数量: ≥352×288(CIF)

b. 单路显示基本帧率: ≥25fps

c. 数字视频的最终显示清晰度应满足本条第①款的要求。

③ 监视图像质量不应低于《民用闭路监视电视系统工程技术规范》GB 50198 规定的四级、回放图像质量不应低于 GB 5019 规定的三级;在显示屏上应能有效识别目标。

11.5.4 视频安防监控设备选型

(1) 摄像机选型要充分满足监视目标的环境照度、安装条件、传输、控制和安全管理需求等因素的要求。监视目标的最低环境照度不应低于摄像机靶面最低照度的 50 倍。

(2) 传输设备的选型与设置应有自身的安全防护措施,并宜具有防拆报警功能;对于需要保密传输的信号,设备应支持加/解密功能。

(3) 视频切换控制设备的选型视频输入接口的最低路数应留有一定的冗余量;视频输出接口的最低路数应根据安全管理需求和显示、记录设备的配置数量确定。

(4) 记录与回放设备的选型与设置宜选用数字录像设备,并宜具备防篡改功能。

(5) 显示设备的清晰度不应低于摄像机的清晰度,宜高出 100TVL。

11.5.5 视频安防监控供电要求

(1) 宜采用两路独立电源供电,并在末端自动切换。

(2) 摄像机供电宜由监控中心统一供电或由监控中心控制的电源供电。

(3) 异地的本地供电,摄像机和视频切换控制设备的供电宜为同相电源,或采取措施以保证图像同步。

(4) 电源供电方式应采用 TN-S 制式。

11.5.6 视频安防监控中心

(1) 监控中心应设置为禁区,应有保证自身安全的防护措施和进行内外联络的通信手段,并应设置紧急报警装置和留有向上一级接处警中心报警的通信接口。如图 11.19 所示。

图 11.19 某监控中心示意

(2) 对监控中心的门窗应采取防护措施。监控中心宜设置视频监控装置和出入口控制装置。

(3) 监控中心的面积应与安防系统的规模相适应,不宜小于 $20m^2$,控制台正面与墙的净距离不应小于 1.2m,侧面与墙或其他设备的净距离,在主要走道不应小于 1.5m,在次要走道不应小于 0.8m。机架背面和侧面与墙的净距离不应小于 0.8m。

(4) 监控中心内的温度宜为 16~30℃,相对湿度宜为 30%~75%。

11.6 民用闭路监视电视系统工程

(1) 民用闭路监视电视系统宜采用数字化、网络化、智能化和高清晰度技术。系统的图像制式应与通用的电视制式一致。

(2) 民用闭路监视电视系统宜由前端、传输、监控(分)中心等三个主要部分组成(图 11.20),在监视目标的同时,当需要监听声音时,可配置拾音装置和声音传输、监听、记录等系统。

(3) 民用闭路监视电视系统应留有软硬件接口,便于与消防系统、入侵报警系统、出入口控制系统、电子巡更系统、停车场管理系统等集成。

(4) 民用闭路监视电视系统设施的工作环境温度应符合下列规定：

① 寒冷地区室外工作的设施为 $-40\sim+40$℃；

② 其他地区室外工作的设施为 $-10\sim+55$℃；

③ 室内工作的设施为 $-5\sim+40$℃。

(5) 民用闭路监视电视系统采用设备和部件的视频输入和输出阻抗以及电缆的特性阻抗均应为 75Ω，音频设备的输入、输出阻抗应为高阻抗或 600Ω，四对对绞电缆的特性阻抗应为 100Ω。

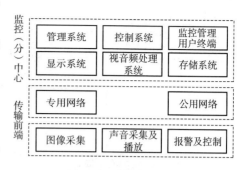

图 11.20 系统组成图

(6) 在摄像机的标准照度下，民用闭路监视电视系统的模拟电视图像质量和技术指标应符合下列规定：

① 图像质量可按五级损伤制评定，图像质量不应低于 4 分；

② 相对应 4 分图像质量的信噪比应符合表 11.9 的规定。

表 11.9 信噪比   单位：dB

指标项目	黑白电视系统	彩色电视系统	指标项目	黑白电视系统	彩色电视系统
随机信噪比	37	36	电源干扰	40	37
单频干扰	40	37	脉冲干扰	37	31

③ 图像水平清晰度不应低于 400 线。

④ 图像画面的灰度不应低于 8 级。

⑤ 系统的各路视频信号输出电平值应为 $1V_{p-p}\pm3dB$ VBS。

⑥ 监视画面为可用图像时，系统信噪比不得低于 25dB。

(7) 在摄像机标准照度下，民用闭路监视电视系统的数字电视图像质量和技术指标应符合下列规定：

① 图像质量可按五级损伤制评定，图像质量不应低于 4 分；

② 峰值信噪比（PSNR）不应低于 32dB；

③ 图像水平清晰度不应低于 400 线；

④ 图像画面的灰度不应低于 8 级。

(8) 民用闭路监视电视系统的每路存储的图像分辨率必须不低于 352×288，每路存储的时间必须不少于 7×24h。

(9) 民用闭路监视电视系统的监控（分）中心的显示设备的分辨率必须不低于系统对采集规定的分辨率。

11.7 入侵报警系统工程

11.7.1 入侵报警系统工程基本要求

(1) 入侵报警系统中使用的设备必须符合国家法律法规和现行强制性标准的要求，并经法定机构检验或认证合格。如图 11.21 所示。

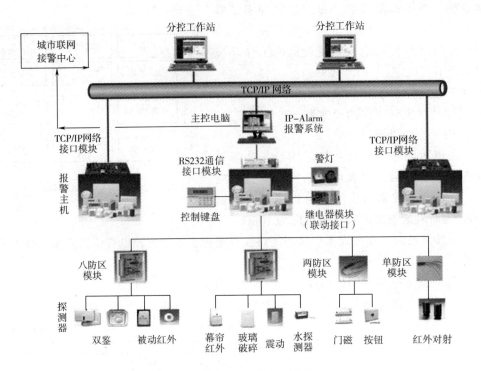

图 11.21　某报警系统示意

（2）入侵报警系统通常由前端设备（包括探测器和紧急报警装置）、传输设备、处理/控制/管理设备和显示/记录设备四个部分构成。

（3）根据信号传输方式的不同，入侵报警系统组建模式宜分为以下模式：

① 分线制：探测器、紧急报警装置通过多芯电缆与报警控制主机之间采用一对一专线相连（图 11.22）。

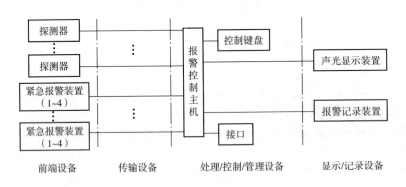

图 11.22　分线制模式示意

② 总线制：探测器、紧急报警装置通过其相应的编址模块与报警控制主机之间采用报警总线（专线）相连（图 11.23）。

③ 无线制：探测器、紧急报警装置通过其相应的无线设备与报警控制主机通信，其中一个防区内的紧急报警装置不得大于 4 个（图 11.24）。

④ 公共网络：探测器、紧急报警装置通过现场报警控制设备和/或网络传输接入设备与

报警控制主机之间采用公共网络相连。公共网络可以是有线网络，也可以是有线—无线—有线网络（图 11.25）。

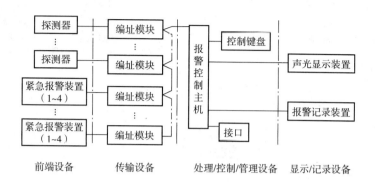

图 11.23　总线制模式示意

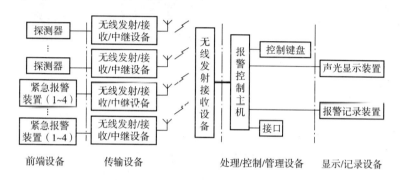

图 11.24　无线制模式示意

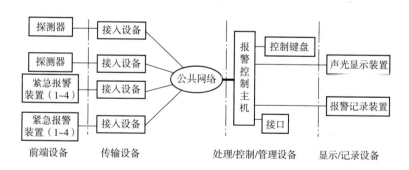

图 11.25　公共网络模式示意

11.7.2　入侵报警系统工程系统设计要求

（1）入侵报警系统的设计应符合整体纵深防护和局部纵深防护的要求，纵深防护体系包括周界、监视区、防护区和禁区，如图 11.26 所示。

① 周界可根据整体纵深防护和局部纵深防护的要求分为外周界和内周界。周界应构成连续无间断的警戒线（面）。周界防护应采用实体防护或/和电子防护措施；采用电子防护时，需设置探测器；当周界有出入口时，应采取相应的防护措施。如图 11.27 所示。

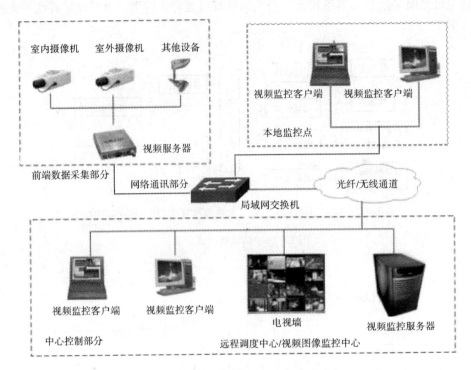

图 11.26 某入侵和视频监控系统示意

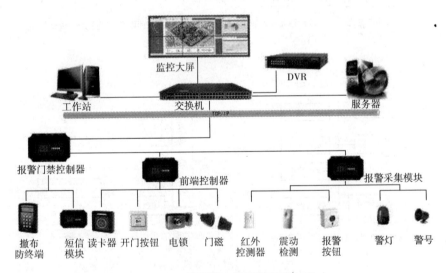

图 11.27 某周界入侵报警系统示意

② 监视区可设置警戒线（面），宜设置视频安防监控系统。

③ 防护区应设置紧急报警装置、探测器，宜设置声光显示装置，利用探测器和其他防护装置实现多重防护。

④ 禁区应设置不同探测原理的探测器，应设置紧急报警装置和声音复核装置，通向禁区的出入口、通道、通风口、天窗等应设置探测器和其他防护装置，实现立体交叉防护。

(2) 入侵报警系统不得有漏报警。

(3) 入侵报警功能设计应符合下列规定。

① 紧急报警装置应设置为不可撤防状态,应有防误触发措施,被触发后应自锁。

② 当下列任何情况发生时,报警控制设备应发出声、光报警信息,报警信息应能保持到手动复位,报警信号应无丢失:

a. 在设防状态下,当探测器探测到有入侵发生或触动紧急报警装置时,报警控制设备应显示出报警发生的区域或地址;

b. 在设防状态下,当多路探测器同时报警(含紧急报警装置报警)时,报警控制设备应依次显示出报警发生的区域或地址。

③ 报警发生后,系统应能手动复位,不应自动复位。

④ 在撤防状态下,系统不应对探测器的报警状态做出响应。

(4) 防破坏及故障报警功能设计,当下列任何情况发生时,报警控制设备上应发出声、光报警信息,报警信息应能保持到手动复位,报警信号应无丢失:

① 在设防或撤防状态下,当入侵探测器机壳被打开时。

② 在设防或撤防状态下,当报警控制器机盖被打开时。

③ 在有线传输系统中,当报警信号传输线被断路、短路时。

④ 在有线传输系统中,当探测器电源线被切断时。

⑤ 当报警控制器主电源/备用电源发生故障时。

⑥ 在利用公共网络传输报警信号的系统中,当网络传输发生故障或信息连续阻塞超过30s时。

11.7.3 入侵报警系统工程设备选型要求

(1) 常用入侵探测器的选型要求宜符合表11.10的规定:

表11.10 常用入侵探测器的选型要求

名称	适应场所与安装方式		主要特点	安装设计要点	适宜工作环境和条件	不适宜工作环境和条件	附加功能
超声波多普勒探测器	室内空间型	吸顶	没有死角且成本低	水平安装,距地宜小于3.6m	警戒空间要有较好密封性	简易或密封性不好的室内;有活动物和可能活动物;环境嘈杂,附近有金属打击声、汽笛声、电铃等高频声响	智能鉴别技术
		壁挂		距地2.2m左右,透镜的法线方向宜与可能入侵方向成180°角			
微波多普勒探测器	室内空间型;壁挂式		不受声、光、热的影响	距地1.5~2.2m左右,严禁对着房间的外墙、外窗。透镜的法线方向宜与可能入侵方向成180°角	可在环境噪声较强、光变化、热变化较大的条件下工作	有活动物和可能活动物;微波段高频电磁场环境;防护区域内有过大、过厚的物体	平面天线技术;智能鉴别技术

续表

名称	适应场所与安装方式		主要特点	安装设计要点	适宜工作环境和条件	不适宜工作环境和条件	附加功能
被动红外入侵探测器	室内空间型	吸顶	被动式（多台交叉使用互不干扰），功耗低，可靠性较好	水平安装，距地宜小于3.6m	日常环境噪声，温度在15～25℃时探测效果最佳	背景有热冷变化，如：冷热气流，强光间歇照射等；背景温度接近人体温度；强电磁场干扰；小动物频繁出没场合等	自动温度补偿技术；抗小动物干扰技术；防遮挡技术；抗强光干扰技术；智能鉴别技术
		壁挂		距地2.2m左右，透镜的法线方向宜与可能入侵方向成90°角			
		楼道		距地2.2m左右，视场面对楼道			
		幕帘		在顶棚与立墙拐角处，透镜的法线方向宜与窗户平行	窗户内窗台较大或与窗户平行的墙面无遮挡 其他与上同	窗户内窗台较小或与窗户平行的墙面有遮挡或紧贴窗帘安装 其他与上同	
微波和被动红外复合入侵探测器	室内空间型	吸顶	误报警少（与被动红外探测器相比）；可靠性较好	水平安装，距地宜小于4.5m	日常环境噪声，温度在15～25℃时探测效果最佳	背景温度接近人体温度；小动物频繁出没场合等	双—单转换型；自动温度补偿技术；抗小动物干扰技术；防遮挡技术；智能鉴别技术
		壁挂		距地2.2m左右，透镜的法线方向宜与可能入侵方向或135°角			
		楼道		距地2.2m左右，视场面对楼道			
被动式玻璃破碎探测器	室内空间型；有吸顶、壁挂等		被动式；仅对玻璃破碎等高频声响敏感	所要保护的玻璃应在探测器保护范围之内，并应尽量靠近所要保护玻璃附近的墙壁或天花板上，具体按说明书的安装要求进行	日常环境噪声	环境嘈杂，附近有金属打击声、汽笛声、电铃等高频响声	智能鉴别技术
振动入侵探测器	室内、室外		被动式	墙壁、天花板、玻璃；室外地面表层物下面、保护栏网或桩桩，最好与防护对象实现刚性连接	远离振源	地质板结的冻土或土质松软的泥土地，时常引起振动或环境过于嘈杂的场合	智能鉴别技术

续表

名称	适应场所与安装方式	主要特点	安装设计要点	适宜工作环境和条件	不适宜工作环境和条件	附加功能
主动红外入侵探测器	室内、室外（一般室内机不能用于室外）	红外脉冲、便于隐蔽	红外光路不能有阻挡物；严禁阳光直射接收机透镜内；防止入侵者从光路下方或上方侵入	室内周界控制；室外"静态"干燥气候	室外恶劣气候，特别是经常有浓雾、毛毛雨的地域或动物出没的场所、灌木丛、杂草、树叶树枝多的地方	
遮挡式微波入侵探测器	室内、室外周界控制	受气候影响小	高度应一致，一般为设备垂直作用高度的一半	无高频电磁场存在场所；收发机间无遮挡物	高频电磁场存在的场所；收发机间可能有遮挡物	报警控制设备宜有智能鉴别技术
振动电缆入侵探测器	室内、室外均可	可与室内外各种实体周界配合使用	在围栏、房屋墙体、围墙内侧或外侧高度的2/3处。网状围栏上安装应满足产品安装要求	非嘈杂振动环境	嘈杂振动环境	报警控制设备宜有智能鉴别技术
泄露电缆入侵探测器	室内、室外均可	可随地形埋设、可埋入墙体	埋入地域应尽量避开金属堆积物	两探测电缆间无活动物体；无高频电磁场存在场所	高频电磁场存在场所；两探测电缆间有易活动物体（如灌木丛等）	报警控制设备宜有智能鉴别技术
磁开关入侵探测器	各种门、窗、抽屉等	体积小、可靠性好	舌簧管宜置于固定框上，磁铁置于门窗等的活动部位上，两者宜安装在产生位移最大的位置，其间距应满足产品安装要求	非强磁场存在情况	强磁场存在情况	在特制门窗使用时宜选用特制门窗专用门磁开关
紧急报警装置	用于可能发生直接威胁生命的场所（如金融营业场所、值班室、收银台等）	利用人工启动（手动报警开关、脚踢报警开关等）发出报警信号	要隐蔽安装，一般安装在紧急情况下人员易可靠触发的部位	日常工作环境		防误触发措施，触发报警后能自锁，复位需采用人工再操作方式

(2) 探测器的设置应符合下列规定：

① 每个/对探测器应设为一个独立防区。

② 周界的每一个独立防区长度不宜大于 200m。

③ 需设置紧急报警装置的部位宜不少于 2 个独立防区，每一个独立防区的紧急报警装置数量不应大于 4 个，且不同单元空间不得作为一个独立防区。

④ 防护对象应在入侵探测器的有效探测范围内，入侵探测器覆盖范围内应无盲区，覆盖范围边缘与防护对象间的距离宜大于 5m。

⑤ 当多个探测器的探测范围有交叉覆盖时，应避免相互干扰。

11.7.4 入侵报警系统工程传输方式、线缆选型

(1) 入侵报警系统工程传输方式需符合如下要求：

① 防区较少，且报警控制设备与各探测器之间的距离不大于 100m 的场所，宜选用分线制模式。

② 防区数量较多，且报警控制设备与所有探测器之间的连线总长度不大于 1500m 的场所，宜选用总线制模式。

③ 布线困难的场所，宜选用无线制模式。

④ 防区数量很多，且现场与监控中心距离大于 1500m，或现场要求具有设防、撤防等分控功能的场所，宜选用公共网络模式。

(2) 入侵报警系统工程线缆选型需符合如下要求：

① 当系统采用分线制时，宜采用不少于 5 芯的通信电缆，每芯截面不宜小于 $0.5mm^2$。

② 当系统采用总线制时，总线电缆宜采用不少于 6 芯的通信电缆，每芯截面积不宜小于 $1.0mm^2$。

③ 当现场与监控中心距离较远或电磁环境较恶劣时，可选用光缆。

11.8 停车库（场）安全管理系统

(1) 停车库（场）安全管理系统 PLSMS (parking lots security management system)，是指对进、出停车库（场）的车辆进行登录、出入认证、监控和管理的电子系统或网络。

(2) 停车库（场）安全管理系统主要由入口部分、库（场）区部分、出口部分、中央管理部分等组成，如图 11.28、图 11.29 所示。

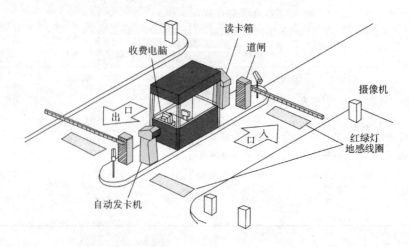

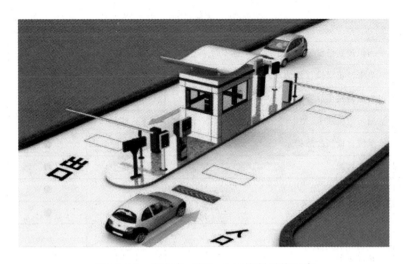

图 11.28 停车库（场）入口控制系统示意

图 11.29 车辆状态监控示意

（3）停车库（场）安全管理系统功能配置要求见表 11.11。

表 11.11 停车库（场）安全管理系统功能配置表

系统组成	功能名称	基本要求	提高要求	增强要求
中央管理部分	权限管理	●	●	●
	数据管理	●	●	●
	系统校时	●	●	●
	图像比对	不要求	○	●
	车牌自动识别	不要求	△	○
	*凭证抓拍	不要求	△	○
	*收费管理	△	△	△
	当识读到未授权的车辆标识时	●	●	●

第 11 章 建筑设备监控和安防监控系统 **245**

续表

系统组成	功能名称		基本要求	提高要求	增强要求
中央管理部分	当识读到已设定须提示的车辆标识时		△	○	●
	当未经正常操作而使出入口挡车器开启时		不要求	○	●
	当通讯发生故障时		不要求	●	●
	当出卡机缺卡、塞卡时		不要求	○	●
出/入口部分	系统自检和故障指示		●	●	●
	挡车功能		●	●	●
	应急开启/关闭		●	●	●
	手动开启记录		△	●	●
	防暴防冲撞		不要求	△	○
	复合识别		不要求	△	○
	*自动出/收卡		△	△	△
	对讲功能		△	○	●
库(场)区部分	车位信息显示	6.1.3.1	△	△	△
	车辆引导	6.1.3.2	△	△	△
	系统联动	6.1.3.3a)	不要求	△	○
		6.1.3.3b)	不要求	△	○
	紧急报警	—	△	○	●
	视频安防监控	—	△	○	●
	电子巡查	—	不要求	△	○

注：1. 图例说明：●应配置；○宜配置；△可配置。
2. 表中带有"＊"的内容为涉及收费停车库（场）安全管理系统的要求。

（4）停车库（场）安全管理系统设备的安装除应符合有关规定外，还宜符合以下要求。
① 读卡机（IC卡机、磁卡机、出卡读卡机、验卡票机等）与挡车器安装：
a. 读卡机安装位置方便驾驶员读卡；
b. 读卡机中心距离挡车器的安装距离宜大于2800mm；
c. 读卡区域的安装高度宜大于900mm。
② 摄像机安装位置能使所拍摄图像清晰显示车辆号牌、车型等车体特征。
③ 出入口设置安全岛、防撞设施等相应的保护措施。

第12章

有线电视和广播及呼应系统

12.1 有线电视

12.1.1 有线电视系统要求

（1）在新建和扩建小区的组网设计中，宜以自设前端或子分前端、光纤同轴电缆混合网（HFC）方式组网，或光纤直接入户（FTTH）。网络宜具备宽带、双向、高速及三网融合功能。如图 12.1 所示。

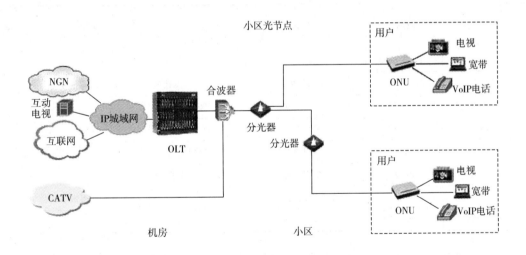

图 12.1　三网融合网络结构示意图

（2）有线电视系统规模宜按用户终端数量分为表 12.1 所列的四类。

表 12.1　有线电视系统规模分类

序号	类别	户　　数	序号	类别	户　　数
1	A 类	10000 户以上	3	C 类	301～2000 户
2	B 类	2001～10000 户	4	D 类	300 户以下

(3) 建筑物与建筑群光纤同轴电缆混合网（HFC），宜由自设分前端或子分前端、二级光纤链路网、同轴电缆分配网及用户终端四部分组成，典型的网络拓扑结构宜符合图12.2的规定。

图12.2 典型的网络拓扑结构图

(4) 有线电视系统应满足表12.2所列的性能指标。

表12.2 有线电视系统性能指标

序号	有线电视系统性能	指标要求	序号	有线电视系统性能	指标要求
1	载噪比(C/N)	≥44dB	4	载波复合二次差拍比(C/CSO)	≥55dB
2	交扰调制比(CM)	≥47dB(550MHz系统)	5	载波复合三次差拍比(C/CTB)	
3	载波互调比(LM)	≥58dB			

(5) 有线电视系统频段的划分应采用低分割方式，各种业务信息以及上行和下行频段划分应符合表12.3的规定。

表12.3 双向传输系统频段的划分

频率范围/MHz	调制方式	现行名称	用途	
			模拟为主兼传数字	全数字信号
5～65	QPSK、m-QAM	低端上行	上行数字业务	
65～87	—	低端隔离带	在低端隔离上下行通带	
87～108	FM	调频广播	调频广播	数字图像、声音、数据及网管、控制
108～111	FSK	系统业务	网管、控制	
111～550	AM-VSB	模拟电视	模拟电视	
550～862	m-QAM	数字业务	数字图像、声音、数据	
862～900		高端隔离带	在高端隔离上下行通带	
900～1000	m-QAM	高端上行	预留	

(6) 有线电视系统传输频道数与上限频率应符合表12.4所列的对应关系。

表12.4 传输频道数与上限频率对应关系

序号	系统类型	可用频道数
1	550MHz系统	60
2	750MHz系统	除60个模拟频道外,550～750MHz带宽可传送25个数字频道
3	862MHz系统	除60个模拟频道外,550～862MHz带宽可传送39个数字频道

(7) 当小型城镇不具备有线电视网，采用自设接收天线及前端设备系统时，C类及以下

的小系统或干线长度不超过 1.5km 的系统,可保持原接收频道的直播。B 类及以上的较大系统、干线长度超过 1.5km 的系统或传输频道超过 20 套节目的系统,宜采用 550MHz 及以上传输方式。

(8) 有线电视系统输出口的模拟电视信号输出电平,宜取 $(69\pm6)dB/\mu V$。系统相邻频道输出电平差不应大于 2dB,任意频道间的电平差不宜大于 12dB。系统数字信号电平应低于模拟电视信号电平,64-QAM 应低于 10dB,256-QAM 应低于 6dB。

12.1.2 有线电视系统接收天线

(1) 当接收 VHF 段信号时,应采用频道天线,其频带宽度为 8MHz。当接收 UHF 段信号时,应采用频段天线,其带宽应满足系统的设计要求。

(2) 接收天线的设置应符合下列规定。

a. 宜避开或远离干扰源,接收地点场强宜大于 $54dB\mu V/m$,天线至前端的馈线应采用聚乙烯外护套、铝管或四屏蔽外导体的同轴电缆,其长度不宜大于 30m。

b. 天线与发射台之间,不应有遮挡物和可能的信号反射,并宜远离电气化铁路及高压电力线等。天线与机动车道的距离不宜小于 20m。

c. 天线宜架设在较高处,天线与铁塔平台、承载建筑物顶面等导电平面的垂直距离,不应小于天线的工作波长。

d. 天线位置宜设在有线电视系统的中心部位。

(3) 当某频道的接收信号场强大于或等于 $100dB\mu V/m$ 时,接收天线应加装频道转换器或解调器、调制器。

12.1.3 前端及传输等其他要求

(1) 在有线电视网覆盖范围以外或不接收有线电视网的建筑区域,可自设开路接收天线、卫星接收天线及前端设备。自设前端系统不宜采用带放大器的混合器。当采用插入损耗小的分配式多路混合器时,其空闲端必须终接 75Ω 负载电阻。

(2) 自设前端的上、下行信号均应采用四屏蔽电缆和冷压连接器连接。

(3) 当民用建筑只接收当地有线电视网节目信号时,应符合下列规定:

a. 系统接收设备宜在分配网络的中心部位,应设在建筑物首层或地下一层;

b. 每 2000 个用户宜设置一个子分前端;

c. 每 500 个用户宜设置一个光节点,并应留有光节点光电转换设备间,用电量可按 2kW 计算。

(4) 当有线电视系统规模小(C 类、D 类)、传输距离不超过 1.5km 时,宜采用同轴电缆传输方式。当系统规模较大、传输距离较远时,宜采用光纤同轴电缆混合网(HFC)传输方式。

(5) 有线电视系统一(二)级 AM 光纤链路,应满足表 12.5 所列指标要求。

表 12.5 AM 光纤链路指标要求

序号	指标名称	要求
1	载噪比 C/N	应大于或等于 50(48)dB
2	载波复合二次差拍比 C/CSO	应大于或等于 60(58)dB
3	载波复合三次差拍比 C/CTB	应大于或等于 65(63)dB

(6) 光纤同轴电缆混合网（HFC）网络光纤传输部分，其上、下行信号宜采用空分复用（SDM）方式。同轴电缆传输部分，其上、下行信号宜采用频分复用（FDM）方式。

(7) HFC网络上、下行传输通道主要技术参数，应符合表12.6和表12.7的要求。

表12.6 上行传输通道主要技术参数

序号	指标名称	技术参数
1	频率范围	5～65MHz（基本信道）
2	标称上行端口输入电平	100dBμV（设计标称值）
3	上行传输路由增益差	小于或等于－10dB（任意用户端口上行）
4	上行最大过载电平	大于或等于112dBμV
5	上行通道频率响应	小于或等于2.5dB（每2MHz）
6	载波/汇集噪声比	大于或等于22dB（Ra波段）或26dB（Rb、Rc波段）
7	上行通道传输延时	小于或等于800μs
8	回波值	小于或等于10％
9	上行通道群延时	小于或等于30ns（任意3.2MHz范围内）
10	信号交流声调制比	小于或等于7％

表12.7 下行传输通道主要技术参数

序号	指标名称	技术参数
1	系统输出口电平	60～80dBμV
2	载噪比	大于或等于43dB（B＝5.75MHz）
3	载波互调比	大于或等于57dB（对电视频道的单频干扰）或54dB（电视频道内单频互调干扰）
4	载波复合三次差拍比	大于或等于54dB
5	载波复合二次互调比	大于或等于54dB
6	交扰调制比	大于或等于$47+10\lg(N_0/N)$dB
7	载波交流声比	小于或等于3％
8	回波值	小于或等于7％
9	系统输出口相互隔离度	大于或等于30dB（VHF）或22dB（其他）

(8) 电缆干线系统的放大器，宜采用输出交流60V的供电器通过电缆芯线供电，其间的分支分配器应采用电流通过型。

12.2 卫星电视

12.2.1 基本要求

(1) 卫星电视接收系统宜由抛物面天线、馈源、高频头、功率分配器和卫星接收机组成。设置卫星电视接收系统时，应得到国家有关部门的批准。如图12.3所示。

(2) 用于卫星电视接收系统的接收站天线，其主要电性能要求宜符合表12.8的规定。

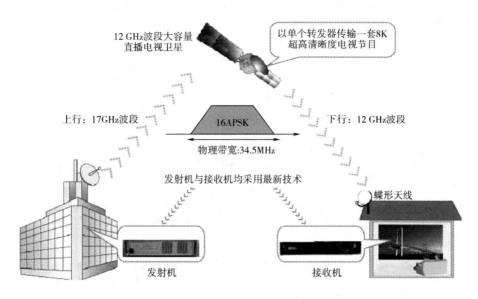

图 12.3　卫星电视传输接收系统示意

表 12.8　C 频段、Ku 频段天线主要电性能要求

技术参数	C 频段要求	Ku 频段要求	天线直径、仰角
接收频段	3.7~4.2GHz	10.9~12.8GHz	C 频段≥φ3m
天线增益	40dB	46dB	C 频段≥φ3m
天线效率	55%	58%	C、Ku≥φ3m
噪声温度	≤48K	≤55K	仰角 20°时
驻波系数	≤1.3	≤1.35	C 频段≥φ3m

（3）卫星电视接收系统的 C 频段、Ku 频段高频头的主要技术参数，宜符合表 12.9 的规定。

表 12.9　C 频段、Ku 频段高频头的主要技术参数

技术参数	C 频段要求	Ku 频段要求	备注
工作频段	3.7~4.2GHz	12.7~12.2GHz	可扩展
输出频率范围	950~2150MHz		
功率增益	≥60dB	≥50dB	
振幅/频率特性	≤3.5dB	±3dB	带宽 500MHz
噪声温度	≤18K	≤20K	−25~25℃
镜像干扰抑制比	≥50dB	≥40dB	—
输出口回波损耗	≥10dB	≥10dB	—

（4）卫星电视下行频段分配应符合表 12.10~表 12.12 的要求。

表 12.10 广播卫星广播使用的下行频段（参考数据）

波段/GHz	频段/GHz	带宽/MHz	分配区域	业 务 范 围
L(0.7)	0.62~0.79	170	全球范围	① 与其他业务共用 ② 必须征得有关国家和困难受影响国家的主管部门同意 ③ 广播卫星对地面辐射的功率通量密度应予限制，以保护地面业务
S(2.5)	11.7~2.69	190	全球范围内集体接受	① 与其他业务共用 ② 限于国内的和区域的集体接受系统
Ku(12)	11.7~12.2	500	第二区、第三区	① 与其他业务共用 ② 信道规划上由广播卫星优先使用
	11.7~12.5	800	第一区	
Ka(23)	22.5~23	500	第三区	① 与其他业务共用 ② 应规定限制条件,以保护地面业务 ③ 容许的功率通量密度未定
Q(42)	41~43	2000	全球范围	广播卫星专用
V(85)	84~86	2000	全球范围	广播卫星专用
C	3.7~4.2	500	中国	广播卫星

表 12.11 C 波段的频道划分表（参考数据）

频道	中心频率/MHz	频道	中心频率/MHz	频道	中心频率/MHz
1	3727.43	9	3880.92	17	4034.36
2	3746.66	10	3900.10	18	4053.54
3	3765.84	11	3919.28	19	4072.72
4	3785.02	12	3938.46	20	4091.90
5	3804.20	13	3957.64	21	4111.08
6	3823.38	14	3976.82	22	4130.26
7	3842.56	15	3996.00	23	4149.44
8	3861.74	16	4015.18	24	4168.62

表 12.12 第一区、第三区 Ku 波段的频道划分表（参考数据）

频道	中心频率/MHz	频道	中心频率/MHz	频道	中心频率/MHz
1	11727.48	9	11880.92	17	12034.36
2	11746.66	10	11900.10	18	12053.54
3	11765.84	11	11929.28	19	12072.72
4	11785.02	12	11938.46	20	12091.90
5	11804.20	13	11957.64	21	12111.08
6	11823.38	14	11976.82	22	12130.25
7	11842.56	15	11996.00	23	12149.44
8	11861.74	16	12015.18	24	12168.62

12.2.2 卫星电视接收天线

(1) 当天线直径小于 4.5m 时，宜采用前馈式抛物面天线。当天线直径大于或等于 4.5m，且对其效率及信噪比均有较高要求时，宜采用后馈式抛物面天线。当天线直径小于或等于 1.5m 时，特别是 Ku 频段电视接收天线宜采用偏馈式抛物面天线。

(2) 天线直径大于或等于 5m 时，宜采用电动跟踪天线。

(3) 沿海地区宜选用玻璃钢结构天线，风力较大地区宜选用网状天线。

(4) 卫星电视接收站宜与前端合建在一起。室内单元与馈源之间的距离不宜超过 30m，信号衰减不应超过 12dB。信号线保护导管截面积不应小于馈线截面积的 4 倍。

12.3 有线电视系统线路

12.3.1 有线电视系统线路敷设要求

(1) 有线电视系统的信号传输线缆，应采用特性阻抗为 75Ω 的同轴电缆。重要线路应考虑备用路由。如图 12.4 所示。

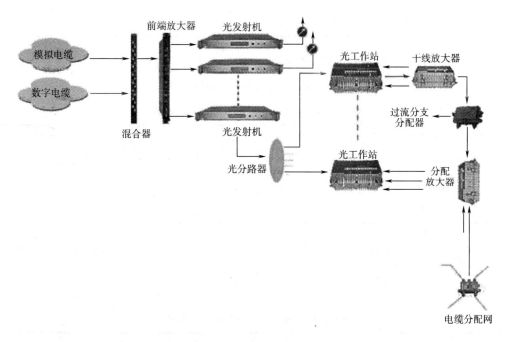

图 12.4 有线电视系统结构示意图

(2) 有线电视系统室内线路的敷设，新建或有内装饰的改建工程，采用暗导管敷设方式，在已建建筑物内，可采用明敷方式；在强场强区，应穿钢导管并宜沿背对电视发射台方向的墙面敷设。

12.3.2 有线电视系统供电要求

(1) 有线电视系统应采用单相 220V、50Hz 交流电源供电，电源配电箱内，宜根据需要安装浪涌保护器。用户分配系统不应采用电缆芯线供电。

(2) 自设前端供电宜采用 UPS 电源，其标称功率不应小于使用功率的 1.5 倍。

12.3.3 有线电视系统防雷与接地要求

(1) 天线竖杆（架）上应装设避雷针。如果另装独立的避雷针，其与天线最接近的振子或竖杆边缘的间距必须大于3m，并应保护全部天线振子。

(2) 沿天线竖杆（架）引下的同轴电缆，应采用四屏蔽电缆或铝管电缆。电缆的外导体应与竖杆（或防雷引下线）和建筑物的避雷带有良好的电气连接。

12.4 广播和会议系统

12.4.1 广播系统

(1) 有线广播一般可分为三类，如表12.13所列。

表12.13 有线广播分类

序号	有线广播类别	功　　能
1	业务性广播系统	满足以业务及行政管理为主的广播要求
2	服务性广播系统	满足以欣赏性音乐、背景音乐或服务性管理广播为主的要求
3	火灾应急广播系统	满足火灾灾害、安全疏散、紧急情况处理等广播要求

(2) 公共建筑应设置广播系统，系统的类别应根据建筑规模、使用性质和功能要求设置，如表12.14所列。如图12.5所示。

表12.14 公共建筑应设置广播系统设置

序号	建筑类型	广播系统	序号	建筑类型	广播系统
1	办公楼、商业楼	应设置业务性广播	3	星级饭店	应设置服务性广播
2	院校、车站、客运码头及航空港等建筑物	应设置业务性广播	4	大型公共活动场所等建筑物	应设置服务性广播

(3) 火灾应急广播的设置与要求参考"第10章 火灾自动报警与联动控制"章节的相关内容，在此从略。

(4) 宜设扩声系统的建筑场所如表12.15所列。

表12.15 宜设扩声系统的建筑场所

序号	建筑场所
1	听众距离讲台大于10m的会议场所
2	厅堂容积大于1000m^3的多功能场所
3	要求声压级较高的场所

(5) 公共建筑有线广播网功率馈送制式宜采用单环路式，广播线路较长时，宜采用双环路式。广播系统宜采用定压输出，输出电压宜采用70V或100V。

(6) 广播系统中，从功放设备输出端至线路上最远扬声器间的线路衰耗，应满足表12.16要求。

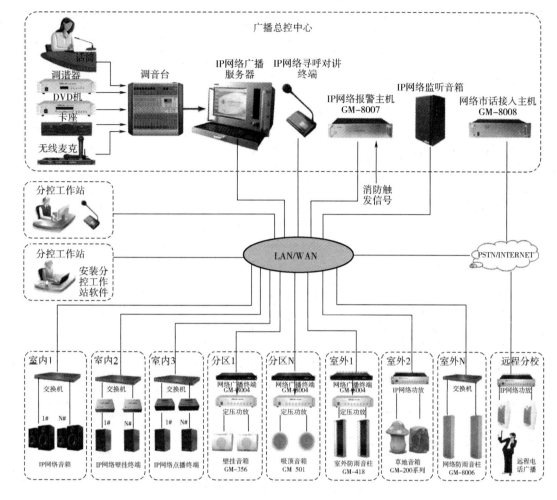

图 12.5 某网络广播系统示意图

表 12.16 至线路上最远的用户扬声器间的线路衰耗

序号	广播性质	线路衰耗	序号	广播性质	线路衰耗
1	业务性广播	不应大于 2dB(1000Hz 时)	2	服务性广播	不应大于 1dB(1000Hz 时)

（7）扩声系统设计的声学特性指标，宜符合表 12.17 的规定。

表 12.17 扩声系统设计的声学特性

扩声系统 类别分级 声学特性	音乐扩声 系统一级	音乐扩声 系统二级	语言和音乐 兼用扩声 系统一级	语言和音乐 兼用扩声 系统二级	语言扩声 系统一级	语言和音乐 兼用扩声 系统三级	语言扩声 系统二级
最大声压级 （空场稳态准峰 值声压级）/dB	0.1～6.3kHz 范围内平均声压级 ≥103dB		0.125～4.000kHz 范围内平均声压级 ≥98dB		0.25～4.00kHz 范围内平均声压级 ≥93dB		0.25～4.00kHz 范围内平均声压级 ≥85dB

第 12 章 有线电视和广播及呼应系统

续表

声学特性 \ 扩声系统类别分级	音乐扩声系统一级	音乐扩声系统二级	语言和音乐兼用扩声系统一级	语言和音乐兼用扩声系统二级	语言扩声系统一级	语言和音乐兼用扩声系统三级	语言扩声系统二级
传输频率特性	0.05~10.000kHz,以0.10~6.30kHz平均声压级为0dB,则允许偏差为+4~-12dB,且在0.10~6.30kHz内允许偏差为±4dB	0.063~8.000kHz,以125~4.000kHz的平均声压级为0dB,则允许偏差为+4~-12dB,且在0.125~4.000kHz内允许偏差为±4dB	0.1~6.3kHz,以0.25~4.00kHz的平均声压级为0dB,则允许偏差为+4~-10dB,且在0.25~4.00kHz内允许偏差为+4~-6dB		0.25~4.00kHz以其平均声压级为0dB,则允许偏差为+4~-10dB		
传声增益/dB	0.1~6.3kHz时的平均值≥-4dB(戏剧演出),≥-8dB(音乐演出)	0.125~4.000kHz时的平均值≥-8dB	0.25~4.00kHz时的平均值≥-12dB		0.25~4.00kHz时的平均值≥-14dB		
声场不均匀度/dB	0.1kHz时小于等于10dB,1.0~6.3kHz时小于或等于8dB	1.0~4.0kHz时小于或等于8dB	1.0~4.0kHz时小于或等于10dB	1.0~4.0kHz时小于或等于8dB	1.0~4.0kHz时小于或等于10dB		

(8) 各类建筑物的混响时间设计值可参考表12.18。舞台的混响时间,在大幕下落时不应超过观众厅空场混响时间。

表 12.18 混响时间设计推荐值/Hz

厅堂用途	混响时间/s	厅堂用途	混响时间/s
电影院、会议厅	1.0~1.2	电影同期录音摄影棚	0.8~0.9
立体声宽银幕电影院	0.8~1.0	语言录音(播音)	0.4~0.5
演讲、戏剧、话剧	1.0~1.4	音乐录音(播音)	1.2~1.5
歌剧、音乐厅	1.5~1.8	电话会议、同声传译室	约0.4
多功能厅、排练室	1.3~1.5	多功能体育馆	<2
声乐、器乐练习室	0.3~0.45	电视、演播室、室内音乐	0.8~1

(9) 从功放设备输出端至线路最远的用户扬声器的线路缆线规格,当线路衰耗不大于0.5dB时,缆线规格可按表12.19选择。

表 12.19 广播馈送回路缆线规格选择

缆线规格		不同扬声器总功率允许的最大距离/m			
二线制/mm²	三线制/mm²	30W	60W	120W	240W
2×0.5	3×0.5	400	200	100	50

续表

缆线规格		不同扬声器总功率允许的最大距离/m			
2×0.75	3×0.75	600	300	150	75
2×1.0	3×1.0	800	400	200	100
2×1.5	3×1.5	1000	500	250	125
2×2.0	3×2.0	1200	600	300	150

12.4.2 会议系统

(1) 会议系统可分为会议讨论系统、会议表决系统、同声传译系统三类。如图12.6所示。

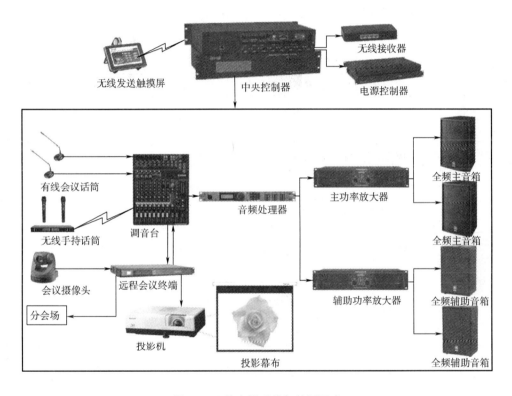

图 12.6 某会议系统拓扑图示意

(2) 会议讨论系统宜采用手动、自动控制方式。会议表决系统的终端，应设有同意、反对、弃权三种可能选择的按键。

12.4.3 广播和会议系统设备要求

(1) 当传声器的连接线超过10m时，应选择平衡式、低阻抗传声器。

(2) 扩声系统应有功率储备，语言扩声应为3～5倍，音乐扩声应为10倍以上。

(3) 扬声器的选择除满足灵敏度、频响、指向性等特性及播放效果的要求外，并应符合表12.20所列的规定。

表 12.20 扬声器选择

序号	环境和场所类型	扬声器箱
1	办公室、生活间、客房等	可采用 1~3W
2	走廊、门厅及公共场所的背景音乐、业务广播等	宜采用 3~5W
3	在建筑装饰和室内净高允许的情况下,对大空间的场所	宜采用声柱或组合音箱
4	在噪声高、潮湿的场所设置扬声器箱时	应采用号筒扬声器
5	室外扬声器	应采用防水防尘型
6	扬声器提供的声压级	宜比环境噪声大 10~15dB,但最高声压级不宜超过 90dB

（4）扬声器的布置宜分为分散布置、集中布置及混合布置三种方式。不同情况下采用的方式可参考表 12.21 所列。

表 12.21 扬声器的布置方式

序号	建筑场所和环境情况	扬声器的布置方式
1	当设有舞台并要求视听效果一致	宜采用集中布置方式
2	当受建筑体形限制不宜分散布置	
3	当建筑物内的大厅净高较高,纵向距离长或者大厅被分隔成几部分使用时,不宜集中布置	宜采用分散布置方式
4	厅内混响时间长,不宜集中布置	
5	对眺台过深或设楼座的剧院,宜在被遮挡的部分布置辅助扬声器系统	宜采用混合布置方式
6	对大型或纵向距离较长的大厅,除集中设置扬声器系统外,宜分散布置辅助扬声器系统	
7	对各方向均有观众的视听大厅,混合布置应控制声程差和限制声级,必要时应采取延时措施,避免双重声	

（5）在厅堂类建筑物集中布置扬声器时,扬声器或扬声器组至最远听众的距离,不应大于临界距离的 3 倍。

（6）同声传译系统的译员室的位置应靠近会议厅（或观众厅），并宜通过观察窗清楚地看到主席台（或观众厅）的主要部分。观察窗应采用中间有空气层的双层玻璃隔声窗。译员室的室内面积宜并坐两名译员；为减少房间共振，房间的三个尺寸要互不相同，其最小尺寸不宜小于 2.5m×2.4m×2.3m(长×宽×高)。

12.4.4 广播和会议系统其他要求

（1）广播、扩声系统,当功放设备的容量在 250W 及以上时,应在广播、扩声控制室设电源配电箱。广播、扩声设备的功放机柜由单相、放射式供电。广播、扩声系统的交流电源容量宜为终期广播、扩声设备容量的 1.5~2 倍。

（2）广播、扩声设备的供电电源,宜由不带晶闸管调光设备的变压器供电。

12.5 呼应信号及信息显示系统

12.5.1 呼应信号系统

（1）呼应信号，仅指以找人为目的的声光提示及应答装置。呼应信号系统宜由呼叫分机、主机、信号传输、辅助提示等单元组成。

（2）大型医院、中心医院宜设置医护人员寻呼呼应信号。大型医院、宾馆、博展馆、会展中心、体育场馆、演出中心及水、陆、空交通枢纽港站等公共建筑，可根据指挥调度及服务需要，设置无线呼应系统。老年人公寓和公共建筑内专供残疾人使用的设施处，宜设呼应信号。

（3）营业量较大的电信、邮政及银行营业厅、仓库货场提货处等场所，宜设呼应信号。

12.5.2 信息显示系统

（1）信息显示，仅指在公共场所以信息传播为目的的大型计时记分及动态文字、图形、图像显示装置。信息显示装置的屏面及防尘、防腐蚀外罩均须做无反光处理。如图12.7所示。

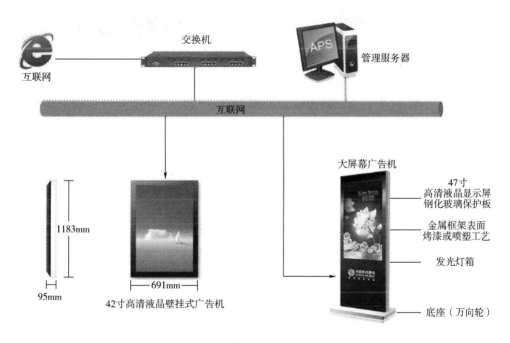

图 12.7 某多媒体信息发布系统示意

（2）体育场馆显示装置的安装位置，应符合裁判规则。其安装高度，底边距地不宜低于2m。计时钟在显示屏面上的位置，应按裁判规则设置，宜设在屏面左侧。

（3）民用水、陆、空交通枢纽港站，应设置营运班次动态显示屏和旅客引导显示屏。金融、证券、期货营业厅，应设置动态交易信息显示屏。对具有信息发布、公共传媒、广告宣传等需求的场所，宜设置全彩色动态矩阵显示屏或伪彩色动态矩阵显示屏。重要场所使用的信息显示装置，其计算机应按容错运行配置。

12.5.3 时钟系统

（1）宜设置时钟系统的民用建筑工程如表12.22所列。如图12.8所示。

表 12.22　宜设置时钟系统的民用建筑

序号	建筑和场所类型	序号	建筑和场所类型
1	中型以上铁路旅客站、大型汽车客运站等	3	国家重要科研基地
2	内河及沿海客运码头、国内干线及国际航空港等	4	其他有准确统一计时要求的工程

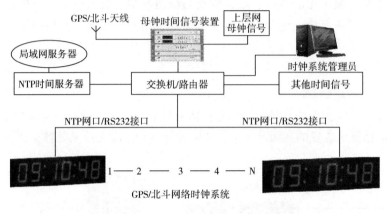

图 12.8　某时钟系统示意

（2）母钟站内设备应安装在机房的侧光或背光面，并远离散热器、热力管道等。母钟控制屏分路子钟最下排钟面中心距地不应小于 1.5m，母钟的正面与其他设备的净距离不应小于 1.5m。

（3）子钟的安装高度，室内不应低于 2m，室外不应低于 3.5m。指针式时钟视距可按表 12.23 选定。

表 12.23　时钟视距表

子钟钟面直径/cm	最佳视距/m		可辨视距/m		子钟钟面直径/cm	最佳视距/m		可辨视距/m	
	室内	室外	室内	室外		室内	室外	室内	室外
8.0~12.0	3.0	—	6.0		50.0	25.0	25.0	50.0	50.0
15.0	4.0	—	8.0		60.0	—	40.0		80.0
20.0	5.0	—	10.0		70.0	—	60.0		100.0
25.0	6.0	—	12.0		80.0	—	100.0		150.0
30.0	10.0	—	20.0		100.0	—	140.0		180.0
40.0	15.0	15.0	30.0	30.0					

12.5.4　呼应和信息系统其他要求

（1）医院及老年人、残疾人使用场所的呼应信号装置，应使用交流 50V 以下安全特低电压。

（2）呼应信号系统的布线，应采用穿金属导管（槽）保护，不宜明敷设。信息显示系统的控制、数据电缆，应采取穿金属导管（槽）保护，金属导管（槽）应可靠接地。

（3）信息显示装置，当用电负荷不大于 8kW 时，可采用单相交流电源供电；当用电负荷大于 8kW 时，可采用三相交流电源供电，并宜做到三相负荷平衡。供电、防雷的接地应满足所选用设备的要求。

（4）重要场所或重大比赛期间使用的信息显示装置，应对其计算机系统配备不间断电源（UPS）。UPS 后备时间不应小于 30min。母钟站需设不间断电源供电。母钟站电源及接地系统不宜单设，宜与其他电信机房统一设置。

（5）时钟系统每分路的最大负荷电流不应大于 0.5A，母钟站直流 24V 供电回路中，自蓄电池经直流配电盘、控制屏至配线架出线端，电压损失不应超过 0.8V。

（6）信息显示装置的供电电源，宜采用 TN-S 或 TN-C-S 接地形式。信息显示系统当采用单独接地时，其接地电阻不应大于 4Ω，体育馆内同步显示屏必须共用同一个接地网，不得分设。

第13章 综合布线系统工程

13.1 综合布线系统设计

13.1.1 一般规定

（1）综合布线系统应为开放式网络拓扑结构，应能支持语音、数据、图像、多媒体等业务信息传递的应用。如图13.1所示。

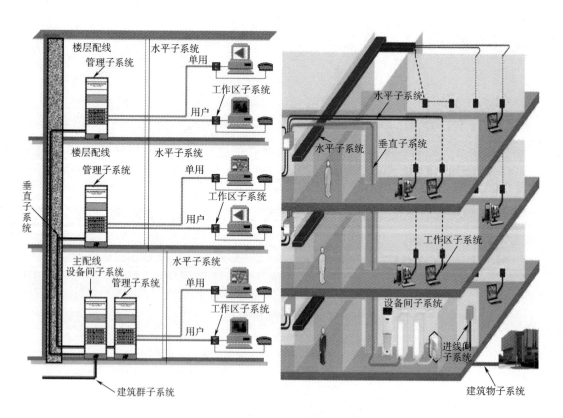

图 13.1 某综合布线系统图示意

（2）综合布线系统的基本构成应包括建筑群子系统、干线子系统和配线子系统（图13.2）。配线子系统中可以设置集合点（CP），中可不设置集合点。

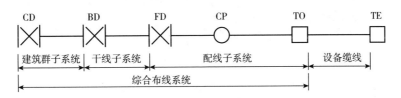

图 13.2　综合布线系统基本构成示意

（3）综合布线各子系统中，建筑物内楼层配线设备（FD）之间、不同建筑物的建筑物配线设备（BD）之间可建立直达路由［图13.3（a）］。工作区信息插座（TO）可不经过楼层配线设备（FD）直接连接至建筑物配线设备（BD），楼层配线设备（FD）也可不经过建筑物配线设备（BD）直接与建筑群配线设备（CD）互连［图13.3（b）］。

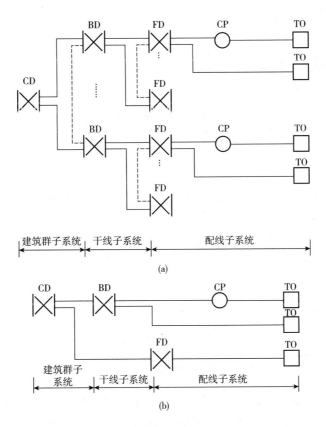

图 13.3　综合布线子系统构成

（4）综合布线系统入口设施连接外部网络和其他建筑物的引入缆线，应通过缆线和BD或CD进行互连（图13.4）。对设置了设备间的建筑物，设备间所在楼层配线设备（FD）可以和设备间中的建筑物配线设备或建筑群配线设备（BD/CD）及入口设施安装在同一场地。

（5）综合布线系统典型应用中，配线子系统信道应由4对对绞电缆和电缆连接器件构成，干线子系统信道和建筑群子系统信道应由光缆和光连接器件组成。其中建筑物配线设备

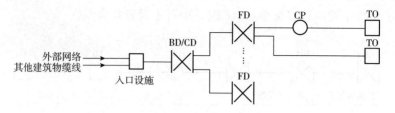

图 13.4 综合布线系统引入部分构成

（FD）和建筑群配线设备（CD）处的配线模块和网络设备之间可采用互连或交叉的连接方式，建筑物配线设备（BD）处的光纤配线模块可仅对光纤进行互连（图 13.5）。

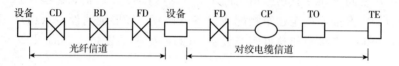

图 13.5 综合布线系统应用典型连接与组成

13.1.2 综合布线系统分级与组成

（1）综合布线电缆布线系统的分级与类别划分应符合表 13.1 的规定。

表 13.1 电缆布线系统的分级与类别

系统分级	系统产品类别	支持最高带宽	支持应用器件	
			电缆	连接硬件
A	—	100kHz	—	—
B	—	1MHz	—	—
C	3 类（大对数）	16MHz	3 类	3 类
D	5 类（屏蔽和非屏蔽）	100MHz	5 类	5 类
E	6 类（屏蔽和非屏蔽）	250MHz	6 类	6 类
E_A	6_A 类（屏蔽和非屏蔽）	500MHz	6_A 类	6_A 类
F	7 类（屏蔽）	600MHz	7 类	7 类
F_A	7_A 类（屏蔽）	1000MHz	7_A 类	7_A 类

注：5、6、6_A、7、7_A 类布线系统应能支持向下兼容的应用。

（2）布线系统信道应由长度不大于 90m 的水平缆线、10m 的跳线和设备缆线及最多 4 个连接器件组成，永久链路则应由长度不大于 90m 水平缆线及最多 3 个连接器件组成（图 13.6）。

（3）光纤信道应分为 OF-300、OF-500 和 OF-2000 三个等级，各等级光纤信道应支持的应用长度不应小于 300m、500m 及 2000m。

（4）光纤信道构成方式应符合下列规定：

① 水平光缆和主干光缆可在楼层电信间的光配线设备（FD）处经光纤跳线连接构成信道（图 13.7）。

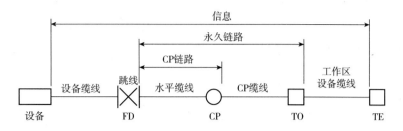

图 13.6　布线系统信道、永久链路、CP 链路构成

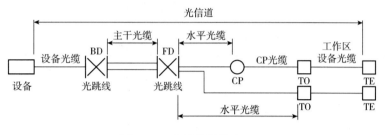

图 13.7　光纤信道构成（1）

② 水平光缆和主干光缆可在楼层电信间处经接续（熔接或机械连接）互通构成光纤信道（图 13.8）。

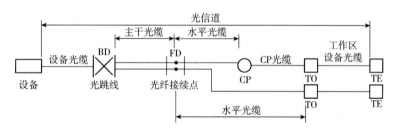

图 13.8　光纤信道构成（2）

③ 电信间可只作为主干光缆或水平光缆的路径场所（图 13.9）。

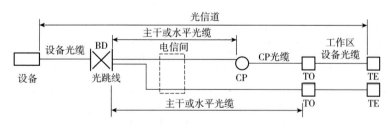

图 13.9　光纤信道构成（3）

（5）当工作区用户终端设备或某区域网络设备需直接与公用通信网进行互通时，宜将光缆从工作区直接布放至电信业务经营者提供的入口设施处的光配线设备。

13.1.3 综合布线线缆长度要求

(1) 主干缆线组成的信道出现 4 个连接器件时，缆线的长度不应小于 15m。

(2) 配线子系统信道的最大长度不应大于 100m（图 13.10），长度应符合表 13.2 的规定。

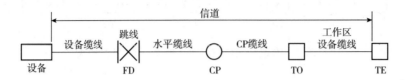

图 13.10 配线子系统缆线划分

表 13.2 配线子系统缆线长度

连接模型	最小长度/m	最大长度/m	连接模型	最小长度/m	最大长度/m
FD-CP	15	85	跳线	2	—
CP-TO	5	—	FD 设备缆线[②]	2	5
FD-TO（无 CP）	15	90	设备缆线与跳线总长度	—	10
工作区设备缆线[①]	2	5			

① 此处没有设置跳线时，设备缆线的长度不应小于 1m。
② 此处不采用交叉连接时，设备缆线的长度不应小于 1m。

(3) 缆线长度计算应符合下列规定。

① 配线子系统（水平）信道长度应符合下列规定：

a. 配线子系统信道应由永久链路的水平缆线和设备缆线组成，可包括跳线和 CP 缆线（图 13.11）。

b. 配线子系统信道长度计算方法应符合表 13.3 规定。

表 13.3 配线子系统信道长度计算

连接模型	对应图号	等级		
		D	E 或 E_A	F 或 F_A
FD 互连—TO	图 13.11(a)	$H = 109 - FX$	$H = 107 - 3 - FX$	$H = 107 - 2 - FX$
FD 交叉—TO	图 13.11(b)	$H = 107 - FX$	$H = 106 - 3 - FX$	$H = 106 - 3 - FX$
FD 互连—CP—TO	图 13.11(c)	$H = 107 - FX - CY$	$H = 106 - 3 - FX - CY$	$H = 106 - 3 - FX - CY$
FD 交叉—CP—TO	图 13.11(d)	$H = 105 - FX - CY$	$H = 105 - 3 - FX - CY$	$H = 105 - 3 - FX - CY$

注：1. 计算公式中：H 为水平缆线的最大长度，m；F 为楼层配线设备（FD）缆线和跳线及工作区设备缆线总长度，m；C 为集合点（CP）缆线的长度，m；X 为设备缆线和跳线的插入损耗（dB/m）与水平缆线的插入损耗（dB/m）之比；Y 为集合点（CP）缆线的插入损耗（dB/m）与水平缆线的插入损耗（dB/m）之比；2 和 3 为余量，以适应插入损耗值的偏离。

2. 水平电缆的应用长度会受到工作环境温度的影响。当工作环境温度超过 20℃时，屏蔽电缆长度按每摄氏度减少 0.2% 计算，对非屏蔽电缆长度则按每摄氏度减少 0.4%（20～40℃）和每摄氏度减少 0.6%（>40～60℃）计算。

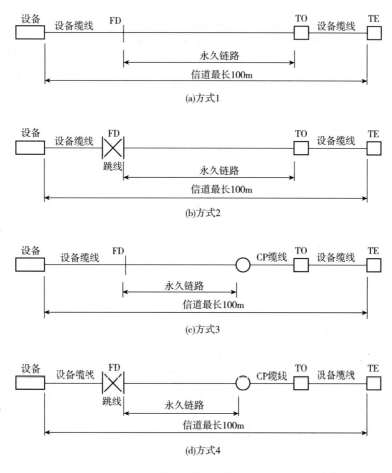

图 13.11 配线子系统信道连接方式

②干线子系统信道长度应符合下列规定：

a. 干线子系统信道应包括主干缆线、跳线和设备缆线（图 13.12）。

图 13.12 干线子系统信道连接方式

b. 干线子系统信道长度计算方法应符合表 13.3 的规定。

13.2 系统应用

13.2.1 系统应用基本要求

（1）综合布线系统工程的产品类别及链路、信道等级的确定应综合考虑建筑物的性质、功能、应用网络和业务对传输带宽及缆线长度的要求、业务终端的类型、业务的需求及发展、性能价格、现场安装条件等因素，并应符合表 13.4、表 13.5 的规定。

表 13.4 布线系统等级与类别的选用

业务种类		配线子系统		干线子系统		建筑群子系统	
		等级	类别	等级	类别	等级	类别
语音		D/E	5/6(4 对)	C/D	3/5(大对数)	C	3(室外大对数)
数据	电缆	D、E、E_A、F、F_A	5、6、6_A、7、7_A(4 对)	E、E_A、F、F_A	6、6_A、7、7_A(4 对)	—	—
	光纤	OF-300 OF-500 OF-2000	OM1、OM2、OM3、OM4 多模光缆；OS1、OS2 单模光缆及相应等级连接器件	OF-300 OF-500 OF-2000	OM1、OM2、OM3、OM4 多模光缆；OS1、OS2 单模光缆及相应等级连接器件	OF-300 OF-500 OF-2000	OS1、OS2 单模光缆及相应等级连接器件
其他应用①		可采用 5/6/6_A 类 4 对对绞电缆和 OM1/OM2/OM3/OM4 多模、OS1/OS2 单模光缆及相应等级连接器件					

① 为建筑物其他弱电子系统采用网络端口传送数字信息时的应用。

表 13.5 干线子系统信道长度计算

类别	等级							
	A	B	C	D	E	E_A	F	F_A
5	2000	$B=250-FX$	$B=170-FX$	$B=105-FX$	—	—	—	—
6	2000	$B=260-FX$	$B=185-FX$	$B=111-FX$	$B=105-3-FX$	—	—	—
6_A	2000	$B=260-FX$	$B=189-FX$	$B=114-FX$	$B=108-3-FX$	$B=105-3-FX$	—	—
7	2000	$B=260-FX$	$B=190-FX$	$B=115-FX$	$B=109-3-FX$	$B=107-3-FX$	$B=105-3-FX$	—
7_A	2000	$B=260-FX$	$B=192-FX$	$B=117-FX$	$B=111-3-FX$	$B=105-3-FX$	$B=105-3-FX$	$B=105-3-FX$

注：1. 计算公式中：B 为主干缆线的长度，m；F 为设备缆线与跳线总长度，m；X 为设备缆线的插入损耗（dB/m）与主干缆线的插入损耗（dB/m）之比；3 为余量，以适应插入损耗值的偏离。

2. 当信道包含的连接点数与图 13.12 所示不同，当连接点大于或小于 6 个时，线缆敷设长度应减少或增加。减少与增加缆线长度的原则为：5 类电缆，按每个连接点对应 2m 计；6 类、6_A 类和 7 类电缆，按每个连接点对应 1m 计。而且宜对 NEXT、RL 和 ACR-F 予以验证。

3. 主干电缆（连接 FD~BD、BD~BD、FD~CD、BD~CD）的应用长度会受到工作环境温度的影响。当工作环境的温度超过 20℃时，屏蔽电缆长度按每摄氏度减少 0.2%计算，对非屏蔽电缆长度则按每摄氏度减少 0.4%（20~40℃）和每摄氏度减少 0.6%（>40~60℃）计算。

(2) 综合布线系统光纤信道应采用标称波长为 850nm 和 1300nm 的多模光纤（OM1、OM2、OM3、OM4），标称波长为 1310nm 和 1550nm（OS1），1310nm、1383nm 和 1550nm（OS2）的单模光纤。

13.2.2 开放型办公室布线系统

(1) 采用多用户信息插座（MUTO）时，每一个多用户插座宜能支持 12 个工作区所需的 8 位模块通用插座，并宜包括备用量。如图 13.13 所示。

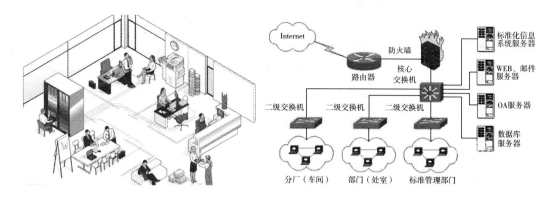

图 13.13　办公室综合布线示意

（2）各段电缆长度应符合表 13.6 的规定。

表 13.6　各段电缆长度限值

电缆总长度 H/m	24 号线规（AWG）		26 号线规（AWG）		电缆总长度 H/m	24 号线规（AWG）		26 号线规（AWG）	
	W/m	C/m	W/m	C/m		W/m	C/m	W/m	C/m
90	5	10	4	8	75	17	22	14	18
85	9	14	7	11	70	22	27	17	21
80	13	18	11	15					

13.2.3　工业环境布线系统

（1）工业环境布线系统应由建筑群子系统、干线子系统、配线子系统、中间配线子系统组成（图 13.14）。

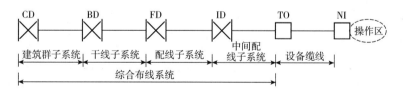

图 13.14　工业环境布线系统架构

（2）在工程应用中，工业环境的布线系统应由光纤信道和对绞电缆信道构成（图 13.15），并应符合下列规定：

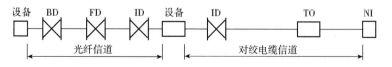

图 13.15　工业环境布线系统光纤信道与电缆信道构成

① 中间配线设备 ID 至工作区 TO 信息点之间对绞电缆信道应采用符合 D、E、E_A、F、F_A 等级的 5、6、6_A、7、7_A 布线产品。布线等级不应低于 D 级。

② 光纤信道可分为塑料光纤信道 OF-25、OF-50、OF-100、OF-200，石英多模光纤信道 OF-00、OF-300、OF-500 及单模光纤信道 OF-2000、OF-5000、OF-10000 的信道等级。

中间配线设备 ID 处跳线与设备缆线的长度应符合表 13.7 的规定。

表 13.7　设备缆线与跳线长度

连接模型	最小长度/m	最大长度/m	连接模型	最小长度/m	最大长度/m
ID-TO	15	90	配线区设备缆线①	2	5
工作区设备缆线	1	5	跳线、设备缆线总长度		10
配线区跳线	2	—			

① 此处没有设置跳线时，设备缆线的长度不应小于 1m。

(3) 工业环境布线系统中间配线子系统设计应符合下列规定：

① 中间配线子系统信道应包括水平缆线、跳线和设备缆线（图 13.16）。

图 13.16　中间配线子系统构成

② 中间配线子系统链路长度计算应符合表 13.8 的规定。

表 13.8　中间配线子系统链路长度计算

连接模型	等级		
	D	E、E_A	F、F_A
ID 互连—TO	$H = 109 - FX$	$H = 107 - 3 - FX$	$H = 107 - 2 - FX$
ID 交叉—TO	$H = 107 - FX$	$H = 106 - 3 - FX$	$H = 106 - 3 - FX$

注：1. 计算公式中：H 为中间配线子系统电缆的长度，m；F 为工作区设备缆线及 ID 处的设备缆线与跳线总长度，m；X 为设备缆线的插入损耗（dB/m）与水平缆线的插入损耗（dB/m）之比；3 为余量，以适应插入损耗值的偏离。

2. H 的应用长度会受到工作环境温度的影响。当工作环境温度超过 20℃时，屏蔽电缆长度按每摄氏度减少 0.2%计算，非屏蔽电缆长度则按每摄氏度减少 0.4%（20～40℃）和每摄氏度减少 0.6%（>40～60℃）计算。

3. 中间配线子系统信道长度不应大于 100m；中间配线子系统链路长度不应大于 90m；设备电缆和跳线的总长度不应大于 10m，大于 10m 时中间配线子系统水平缆线的长度应适当减少；跳线的长度不应大于 5m。

(4) 工业环境布线系统干线子系统设计应符合下列规定：

① 干线子系统信道连接方式及链路长度计算应符合规范的规定。

② 对绞电缆的干线子系统可采用 D、E、EA、F、FA 的布线等级。干线子系统信道长度不应大于 100m，存在 4 个连接点时长度不应小于 15m。

③ 光纤信道的等级及长度应符合表 13.9 的规定。

表 13.9 光纤信道的等级及长度

光纤类型	光纤等级	波长/nm	650	850	1300	1310	1550
OP1 塑料光纤	OF-25、OF-50	双工连接	8.3	—	—	—	—
		接续	—	—	—	—	—
OP2 塑料光纤	OF-100、OF-200	双工连接	15.0	46.0	46.0	—	—
		接续	—	—	—	—	—
OH1 复合塑料光纤	OF-100、OF-200	双工连接	—	150.0	150.0	—	—
		接续	—	—	—	—	—
OM1、OM2、OM3、OM4 多模光纤	OF-300、OF-500、OF-2000	双工连接	—	214.0	500.0	—	—
		接续	—	86.0	200.0	—	—
OS1 单模光纤	OF-300、OF-500、OF-2000	双工连接	—	—	—	750.0	750.0
		接续	—	—	—	300.0	300.0
OS2 单模光纤	OF-300、OF-500、OF-2000、OF-5000、OF-10000	双工连接	—	—	—	1875.0	1875.0

13.3 光纤到用户单元通信设施

（1）在公用电信网络已实现光纤传输的地区，建筑物内设置用户单元时，通信设施工程必须采用光纤到用户单元的方式建设。

（2）光纤到用户单元通信设施工程的设计必须满足多家电信业务经营者平等接入、用户单元内的通信业务使用者可自由选择电信业务经营者的要求。

（3）新建光纤到用户单元通信设施工程的地下通信管道、配线管网、电信间、设备间等通信设施，必须与建筑工程同步建设。

（4）每一个光纤配线区所辖用户数量宜为 70～300 个用户单元。

（5）用户光缆采用的类型与光纤芯数应根据光缆敷设的位置、方式及所辖用户数计算，并应符合下列规定：

① 用户接入点至用户单元信息配线箱的光缆光纤芯数应根据用户单元用户对通信业务的需求及配置等级确定，配置应符合表 13.10 的规定。

表 13.10 光纤与光缆配置

配置	光纤/芯	光缆/根	备注	配置	光纤/芯	光缆/根	备注
高配置	2	2	考虑光纤与光缆的备份	低配置	2	1	考虑光纤的备份

② 楼层光缆配线箱至用户单元信息配线箱之间应采用 2 芯光缆。

③ 用户接入点配线设备至楼层光缆配线箱之间应采用单根多芯光缆，光纤容量应满足用户光缆总容量需要，并应根据光缆的规格预留不少于 10% 的余量。

（6）设备间面积不应小于 $10m^2$。

（7）每一个用户单元区域内应设置 1 个信息配线箱，并应安装在柱子或承重墙上不被变更的建筑物部位。

（8）光缆光纤选择应符合下列规定：

① 用户接入点至楼层光纤配线箱（分纤箱）之间的室内用户光缆应采用 G.652 光纤。

② 楼层光缆配线箱（分纤箱）至用户单元信息配线箱之间的室内用户光缆应采用 G.657 光纤。

（9）室内外光缆选择应符合下列规定：

① 室内光缆宜采用干式、非延燃外护层结构的光缆。

② 室外管道至室内的光缆宜采用干式、防潮层、非延燃外护层结构的室内外用光缆。

（10）光纤连接器件宜采用 SC 和 LC 类型。

（11）用户接入点应采用机柜或共用光缆配线箱，配置应符合下列规定：

① 机柜宜采用 600mm 或 800mm 宽的 19″标准机柜；

② 共用光缆配线箱体应满足不少于 144 芯光纤的终接。

13.4 综合布线系统安装要求

13.4.1 安装施工工艺要求

（1）每个用户单元信息配线箱附近水平 70～150mm 处，宜预留设置 2 个单相交流 220V/10A 电源插座。

（2）电信间的设计应符合下列规定。

① 电信间数量应按所服务楼层面积及工作区信息点密度与数量确定。

② 同楼层信息点数量不大于 400 个时，宜设置 1 个电信间；当楼层信息点数量大于 400 个时，宜设置 2 个及以上电信间。

③ 楼层信息点数量较少，且水平缆线长度在 90m 范围内时，可多个楼层合设一个电信间。

（3）电信间内梁下净高不应小于 2.5m。电信间的水泥地面应高出本层地面不小于 100mm 或设置防水门槛。室内地面应具有防潮、防尘、防静电等措施。电信间应设置不少于 2 个单相交流 220V/10A 电源插座盒，每个电源插座的配电线路均应装设保护器。设备供电电源应另行配置。

（4）在单栋建筑物或由连体的多栋建筑物构成的建筑群体内应设置不少于 1 个进线间。进线间应满足室外引入缆线的敷设与成端位置及数量、缆线的盘长空间和缆线的弯曲半径等要求，并应提供安装综合布线系统及不少于 3 家电信业务经营者入口设施的使用空间及面积。进线间面积不宜小于 10m²。如图 13.17 所示。

图 13.17 综合布线施工示意

13.4.2 安全防护施工要求

（1）综合布线系统管线的弯曲半径应符合表 13.11 的规定。

表 13.11 管线敷设弯曲半径

缆线类型	弯曲半径	缆线类型	弯曲半径
2 芯或 4 芯水平光缆	>25mm	大对数主干电缆	不小于电缆外径的 10 倍
其他芯数和主干光缆	不小于光缆外径的 10 倍	室外光缆、电缆	不小于缆线外径的 10 倍
4 对屏蔽、非屏蔽电缆	不小于电缆外径的 4 倍		

注：当缆线采用电缆桥架布放时，桥架内侧的弯曲半径不应小于 300mm。

（2）光缆敷设安装的最小静态弯曲半径应符合表 13.12 的规定。

表 13.12 光缆敷设安装的最小静态弯曲半径

光缆类型		静态弯曲半径
室内外光缆		$15D/15H$
微型自承式通信用室外光缆		$10D/10H$ 且不小于 30mm
管道入户光缆 蝶形引入光缆 室内布线光缆	G.652D 光纤	$10D/10H$ 且不小于 30mm
	G.657A 光纤	$5D/5H$ 且不小于 15mm
	G.657B 光纤	$5D/5H$ 且不小于 10mm

注：D 为缆芯处圆形护套外径；H 为缆芯处扁形护套短轴的高度。

（3）当电缆从建筑物外面进入建筑物时，应选用适配的信号线路浪涌保护器。

（4）综合布线电缆与附近可能产生高电平电磁干扰的电动机、电力变压器、射频应用设备等电器设备之间应保持间距，与电力电缆的间距应符合表 13.13 的规定。

表 13.13 综合布线电缆与电力电缆的间距　　　　　　　　　　　　单位：mm

类别	与综合布线接近状况	最小间距
380V 电力电缆 <2kVA	与缆线平行敷设	130
	有一方在接地的金属槽盒或钢管中	70
	双方都在接地的金属槽盒或钢管中	10[注]
380V 电力电缆 2～5kVA	与缆线平行敷设	300
	有一方在接地的金属槽盒或钢管中	150
	双方都在接地的金属槽盒或钢管中	80
380V 电力电缆 >5kVA	与缆线平行敷设	600
	有一方在接地的金属槽盒或钢管中	300
	双方都在接地的金属槽盒或钢管中	150

注：双方都在接地的槽盒中，系指两个不同的线槽，也可在同一线槽中用金属板隔开，且平行长度不大于 10m。

（5）室外墙上敷设的综合布线管线与其他管线的间距应符合表 13.14 的规定。

表 13.14　综合布线管线与其他管线的间距　　　　　　　　　　单位：mm

其他管线	最小平行净距	最小垂直交叉净距	其他管线	最小平行净距	最小垂直交叉净距
防雷专设引下线	1000	300	热力管(不包封)	500	500
保护地线	50	20	热力管(包封)	300	300
给水管	150	20	燃气管	300	20
压缩空气管	150	20			

第14章 计算机和通信网络系统

14.1 计算机网络系统

（1）局域网宜采用基于服务器/客户端的网络，当网络中用户少于10个节点时可采用对等网络。如图14.1所示。

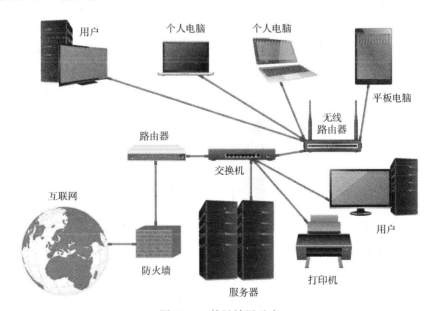

图14.1 某局域网示意

（2）网络体系结构的选择应符合表14.1所列的规定。

表14.1 网络体系结构的选择

序号	网络体系	网络类型	代号
1	网络体系结构	宜采用基于铜缆的快速以太网	100Base-T
		宜采用基于光缆的千兆位以太网	1000Base-SX,1000Base-LX
		宜采用基于铜缆的千兆位以太网	1000Base-T,1000Base-TX
		宜采用基于光缆的万兆位以太网	10GBase-X

续表

序 号	网络体系	网络类型	代 号
2	需要传输大量视频和多媒体信号的主干网段	宜采用千兆位以太网	1000Mbit/s
		宜采用万兆位以太网	10Gbit/s
		也可采用异步传输模式 ATM	—

（3）在表 14.2 所列的场所宜采用无线网络。

表 14.2　宜采用无线网络的场所

序号	场 所 名 称	序号	场 所 名 称
1	用户经常移动的区域或流动用户多的公共区域	3	被障碍物隔离的区域或建筑物
2	建筑布局中无法预计变化的场所	4	布线困难的环境

（4）网络连接部件应包括网络适配器（网卡）、交换机（集线器）和路由器。当局域网与广域网相连时，可采用支持多协议的路由器。如图 14.2 所示。

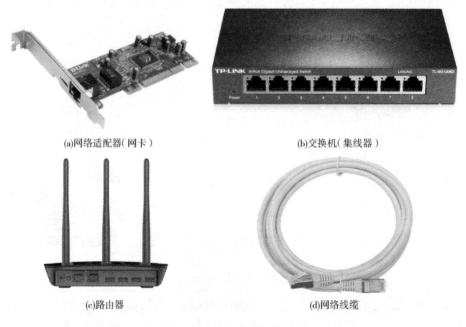

(a)网络适配器(网卡)　　(b)交换机(集线器)

(c)路由器　　(d)网络线缆

图 14.2　网络连接部件示意

（5）网络交换机的类型必须与网络的体系结构相适应，在满足端口要求的前提下，小型网络可采用独立式网络交换机；大、中型网络宜采用堆叠式或模块化网络交换机。如图 14.3 所示。

（6）局域网在下列情况时，应设置广域网连接：

a. 当内部用户有互联网访问需求；

b. 当用户外出需访问局域网；

c. 在分布较广的区域中拥有多个需网络连接的局域网；

d. 当用户需与物理距离遥远的另一个局域网共享信息。

图 14.3 模块化网络交换机

(7) 局域网的广域网连接应根据带宽、可靠性和使用价格等因素综合确定，可采用表 14.3 所列的方式。

表 14.3 局域网的广域网连接方式

序号	连 接 方 式	序号	连 接 方 式
1	公用电话交换网	4	各类铜缆接入设备(xDSL)
2	综合业务数字网(窄带 N—ISDN 和宽带 B—ISDN)	5	数字数据网(DDN)或专线
3	帧中继(FR)	6	以太网

14.2 通信网络系统

14.2.1 用户电话交换机系统

(1) 用户交换机中继线可按表 14.4 所列的规定配置。

表 14.4 用户交换机中继线配置要求

序号	用户交换机容量	中继线数量和方式
1	小于 50 门	宜采用 2~5 条双向出入中继线方式
2	50~500 门	中继线大于 5 条时,宜采用单向出入或部分单向出入、部分双向出入中继线方式
3	大于 500 门	可按实际话务量计算出、入中继线,宜采用单向出入中继线方式

(2) 数字程控用户交换机进入公用电话网，可采用表 14.5 所列的几种中继方式。

表 14.5 数字程控用户交换机中继方式

序号	中 继 方 式	序号	中 继 方 式
1	全自动直拨中继方式(DOD_1＋DID 和 DOD_2＋DID 中继方式)	4	混合中继方式(DOD_2＋BID＋DID 和 DOD_1＋BID＋DID 中继方式)
2	半自动单向中继方式(DOD_1＋BID 和 DOD_2＋BID 中继方式)	5	ISPBX 中的 ISDN 终端,对外交换采用全自动的直拨方式(DDI)
3	半自动双向中继方式(DOD_2＋BID 中继方式)		

(3) 在交换机及配套设备尚未选型时，机房的使用面积宜符合表 14.6 的规定。

表 14.6 程控用户交换机机房的使用面积

序号	交换机容量数	交换机机房使用面积/m²	序号	交换机容量数	交换机机房使用面积/m²
1	≤500	≥30	4	2001～3000	≥45
2	501～1000	≥35	5	3001～4000	≥55
3	1001～2000	≥40	6	4001～5000	≥70

注：表中机房使用面积应包括话务台或话务员室、配线架（柜）、电源设备和蓄电池的使用面积；表中机房的使用面积，不包括机房的备品备件维修室、值班室及卫生间。

(4) 程控用户交换机机房宜设置在建筑群内用户中心通信管线进出方便的位置。可设置在建筑物首层及以上各层，但不应设置在建筑物最高层；当建筑物有地下多层时，机房可设置在地下一层。

(5) 程控用户交换机的实装内线分机的容量，不宜超过交换机容量的 80%。

14.2.2 调度交换机系统

(1) 数字程控调度交换机容量小于或等于 60 门时，宜采用具有调度软件功能模块的数字程控用户交换机；数字程控调度交换机容量大于 60 门时，宜设置专用的数字程控调度交换机设备；数字程控调度交换机容量大于 128 门时，宜采用热备份结构，并应具备组网与远端维护功能。

(2) 数字程控调度交换机的用户侧和中继侧应根据工程的实际需求，配置表 14.7 所列的基本接口。

表 14.7 数字程控调度交换机基本接口要求

序号	接口类型	接口要求
1	用户侧接口	用于连接模拟终端的二线模拟 Z 接口
		用于连接数字话机及调度台的 2B+D 接口
		用于连接符合 H.323 标准的 VOIP 终端接口
		用于连接符合 SIP 标准的 VOIP 终端接口
2	中继侧接口	用于接入公用 N-ISDN 端局的 2B+D 的接口
		用于接入公用 N-ISDN 端局的 30B+D 的接口
		用于接入公用 PSTN 端局的 E1 数字 A 接口（速率为 2048kbit/s）
		用于接入公用 PSTN 端局的二线模拟 C 接口
		用于接入符合 H.323 标准的公用计算机网络的接口（H.323 接入网关）
		用于接入符合 SIP 标准的公用计算机网络的接口（SIP 接入网关）

14.2.3 会议电视系统

(1) 会议电视系统应根据使用者的实际需求确定，可采用表 14.8 所列的系统。

表 14.8 会议电视系统类型

序号	系 统 类 型	序号	系 统 类 型
1	大中型会议电视系统	3	桌面型会议电视系统
2	小型会议电视系统		

(2) 会议电视系统用房设计应符合下列规定：

a. 会议电视室宜按矩形房间设计，使用面积应按参加会议的总人数确定，每个人占用面积不应小于 $3.0m^2$；

b. 大型会议电视室布置时，应以会议电视室为中心，在相邻房间可设置与系统设备相关的控制室和传输设备室，各用房面积不宜小于 $15m^2$；

c. 大型会议电视室与控制室之间的墙上宜设置观察窗，观察窗不宜小于宽 1.2m、高 0.8m，窗口下沿距室内地面 0.9m；

d. 大、中型会议电视室桌椅布置，宜面向投影机幕布作马蹄形布置，小型会议电视室宜面向彩色视频显示器作 U 形布置；前后排之间的间距不宜小于 1.2m；

e. 会场前排与会人员观看投影机幕布或彩色视频显示器的最小视距，宜按视频画面对角线的规格尺寸 2~3 倍计算；最远视距宜按视频画面对角线的规格尺寸 8~9 倍计算。

14.2.4 无线通信系统

(1) 移动通信信号室内覆盖系统基站直接耦合信号方式的引入信源设备，宜设置在建筑物首层或地下一层的弱电（电信）进线间内或设置在通信专用机房内，机房净高不宜小于 2.8m，使用面积不宜小于 $6m^2$；

(2) 移动通信信号室内覆盖系统中电梯井道内天线外，其他所有 GSM 网天线口输出电平不宜大于 10dBm；CDMA 网天线口输出电平不宜大于 7dBm；所有室内天线的天线口输出电平，应符合室内天线发射功率小于 15dBm 每载波的国家环境电磁波卫生标准；

(3) 移动通信信号室内覆盖系统垂直主干布线部分宜采用直径 7/8in、50Ω 阻燃馈线电缆，水平布线部分宜采用直径 1/2in、50Ω 阻燃馈线电缆；

(4) 移动通信信号室内覆盖系统当安置吸顶天线时，天线应水平固定在顶部楼板或吊平顶板下；当安置壁挂式天线时，天线应垂直固定在墙、柱的侧壁上，安装高度距地宜高于 2.6m。

14.2.5 多媒体教育系统

(1) 数字化语言教学系统应采用标准的 TCP/IP 以太网组网方式，线路带宽应支持 100Mbit/s 和（或）1000Mbit/s 及以上的应用。

(2) 语言教室平面设计和设备布置应符合下列要求：

a. 语言教室的使用面积，应按标准的二座席学生终端桌规格和教师主控制台座席规格进行建筑平面设置；每套二座席学生终端桌平均占用面积不宜小于 $3m^2$，教师主控制台占用面积不宜小于 $6m^2$；

b. 语言教室内线缆，应采用地板电缆线槽或活动地板下金属电缆线槽中暗敷设方式；

c. 教师主控制台边距教师后背墙净距不宜小于 2.0m，前排学生终端桌边距主控制台净距不宜小于 1.2m；学生终端桌宜按面向教师主控台水平三纵或四纵列排列，纵列之间的走道净距不宜小于 0.8m；横列之间净距不宜小于 1.4m。

14.2.6 VSAT卫星通信系统

（1）VSAT通信网络宜按通信卫星转发器、地面主站和地面端站设置。

（2）VSAT通信系统工作频率的使用，应符合以下要求：

a. 工作频率在C频段时：上行频率应为5.850～6.425GHz；下行频率应为3.625～4.200GHz；

b. 工作频率在Ku频段时：上行频率应为14.000～14.500GHz；下行频率应为12.250～12.750GHz。

（3）VSAT通信网络的拓扑结构宜分为星形网、网状网和混合网三种类型；VSAT通信网络宜按业务性质分为数据网、语音网和综合业务网。

（4）VSAT系统地面端站站址天线到前端机房接收机端口的同轴线缆长度，应满足产品要求，但不宜大于20m；当系统采用Ku频段时，其端站站址处的接收天线口径不宜大于1.2m。

14.2.7 通信网络配线

（1）建筑物内通信配管设计应符合下列规定：

a. 多层建筑物中竖向垂直主干管道，宜采用墙内暗管敷设方式，也可根据实际需求，采用通信线缆竖井敷设方式；

b. 高层建筑物宜采用通信线缆竖井与暗管敷设相结合的方式；

c. 建筑物内通信线缆与其他弱电设备共用竖井或弱电间时。

（2）建筑物内竖向管道、竖井、电缆线槽（桥架）、楼层配线箱（分线箱）、过路箱（盒）等，应设置在建筑物内公共部位；当采用通信线缆竖井敷设方式时，电话、数据以及光缆等通信线缆不应与水管、燃气管、热力管等管道共用同一竖井。

（3）通信线缆竖井的各层楼板上，应预留孔洞或预埋外径不小于76mm的金属管群或套管；孔洞或金属管群在通信线缆敷设完毕后，应采用相当于楼板耐火极限的不燃烧材料作防火封堵。

（4）当采用有源通信配线箱（有源分线箱）时，宜在箱内右下角设置1只220V单相交流带保护接地的电源插座。

（5）暗装通信配线箱（分线箱），箱底距地宜为0.5～1.3m；明装通信配线箱（分线箱），箱底距地宜为1.3～2.0m；暗装通信过路箱，箱底距地宜为0.3～0.5m。

（6）建筑物内通信配线电缆的保护导管，在地下层、首层和潮湿场所宜采用壁厚不小于2mm的金属导管，在其他楼层、墙内和干燥场所敷设时，宜采用壁厚不小于1.5mm的金属导管；穿放电缆时直线管的管径利用率宜为50%～60%，弯曲管的管径利用率宜为40%～50%。

（7）建筑物内用户电话线的保护导管宜采用管径25mm及以下的管材，在地下室、底层和潮湿场所敷设时宜采用壁厚大于2mm金属导管；在其他楼层、墙内和干燥场所敷设时，宜采用壁厚不小于1.5mm的薄壁钢导管或中型难燃刚性聚乙烯导管；穿放对绞用户电话线的导管截面利用率宜为20%～25%，穿放多对用户电话线或4对对绞电缆的导管截面利用率宜为25%～30%。

（8）建筑物内敷设的通信配线电缆或用户电话线宜采用金属线槽，线槽内不宜与其他线缆混合布放，其布放线缆的总截面利用率宜为30%～50%。

（9）建筑物内通信插座、过路盒，宜采用暗装方式，其盒体安装高度宜距地0.3m，卫生间内安装高度宜距地1.0～1.3m；电话亭中通信插座暗装时，盒体安装高度宜距地1.1～

1.4m；当进行无障碍设计时，其通信插座盒体安装高度宜距地 0.4～0.5m。

（10）建筑群内地下通信管道的路由，宜选在人行道、人行道旁绿化带及车行道下。通信管道的路由和位置宜与高压电力管、热力管、燃气管安排在不同路侧，并宜选择在建筑物多或通信业务需求量大的道路一侧。各种材质的通信管道顶至路面最小埋深应符合表 14.9 的规定，并应符合下列要求：

表 14.9 通信管道最小埋深

管道类型	管顶至路面或城市轨道路基面最小净距/m	
	人行道	车行道
混凝土管、硬塑料管	0.5	0.7
钢管	0.2	0.4

（11）地下通信管道应有一定的坡度，以利渗入管内的地下水流向人（手）孔。管道坡度宜为 3‰～4‰。地下通信管道人孔间距不宜超过 120m，且同一段管道不得有"S"弯。地下通信管道与其他各类管道及与建筑的最小净距应符合表 14.10 的规定。

表 14.10 地下通信管道与其他各类管道及与建筑最小净距

其他地下管道及建筑物名称		平行净距/m	交叉净距/m
已有建筑物		2.00	
规划建筑物红线		1.50	—
给水管	直径为 300mm 以下	0.50	0.15
	直径为 300～500mm	1.00	
	直径为 500mm 以上	1.50	
污水、排水管		1.00①	0.15②
热力管		1.00	0.25
燃气管	压力≤300kPa（压力≤3kgf/cm²）	1.00	0.30③
	300kPa＜压力≤800kPa（3kgf/cm²＜压力≤8kgf/cm²）	2.00	
10kV 及以下电力电缆		0.50	0.50④
其他通信电缆或通信管道		0.50	0.25
绿化	乔木	1.50	—
	灌木	1.00	
地上杆柱		0.50～1.00	
马路边石		1.00	
沟渠（基础底）		—	0.50
涵洞（基础底）			0.25

① 主干排水管后敷设时，其施工沟边与通信管道间的水平净距不宜小于 1.5m；
② 当通信管道在排水管下部穿越时，净距不宜小于 0.4m，通信管道应做包封，包封长度自排水管的两侧各加长 2.0m；
③ 与燃气管道交越处 2.0m 范围内，燃气管不应做接合装置和附属设备；如上述情况不能避免时，通信管道应做包封 2.0m；
④ 如电力电缆加保护管时，净距可减至 0.15m。

(12) 室外直埋式通信电缆宜采用铜芯全塑填充型钢带铠装护套通信电缆，其埋深宜为0.7～0.9m，并应在电缆上方加设覆盖物保护和设置电缆标志；直埋式电缆穿越沟渠、车行道路时，应穿放在保护导管内；室外直埋式通信电缆不宜直接引入建筑物室内。

14.3 电子信息设备机房

14.3.1 设备机房基本要求

(1) 电子信息设备机房指民用建筑物（群）所设的各类控制机房、通信机房、计算机机房及弱电间等（图14.4）。电子信息设备机房的位置选择应符合下列规定：

a. 机房宜设在建筑物首层及以上层，当地下为多层时，也可设在地下一层；

b. 机房应远离强电磁场干扰场所，不应设置在变压器室、配电室的楼上、楼下或隔壁场所；

c. 机房应远离粉尘、油烟、有害气体以及生产或储存具有腐蚀性、易燃、易爆物品的场所；

d. 机房不应设置在厕所、浴室或其他潮湿、易积水场所的正下方或贴邻。

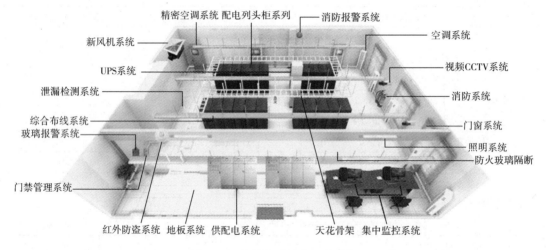

图14.4 常见电子机房工程示意

(2) 高层建筑或电子信息系统较多的多层建筑，除设备机房外，应设置电信间。电信间不应与水、暖、气等管道共用井道；应避免靠近烟道、热力管道及其他散热量大或潮湿的设施。电信间面积宜符合下列规定，如图14.5所示。

图14.5 某电子机房综合布线机柜示意

a. 设有综合布线机柜时，电信间面积宜大于或等于5m²；

b. 无综合布线机柜时，可采用壁柜式电信间，面积宜大于或等于1.5m（宽）×0.8m（深）。

（3）机房及电信间设备的间距和通道应符合下列要求，如图14.6所示。

a. 机柜正面相对排列时，其净距离不应小于1.5m。机柜侧面距墙不应小于0.5m，机柜侧面离其他设备净距不应小于0.8m，当需要维修测试时，则距墙不应小于1.2m。

b. 背后开门的设备，背面离墙边净距离不应小于0.8m。

c. 并排布置的设备总长度大于4m时，两侧均应设置通道；通道净宽不应小于1.2m。

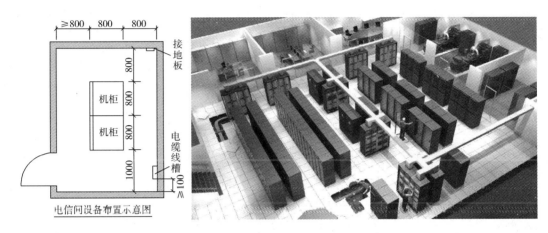

图14.6 机房及电信间设备布置示意

（4）机房及电信间的墙挂式设备中心距地面高度宜为1.5m，侧面距墙应大于0.5m。电信间内设备箱宜明装，安装高度宜为箱体中心距地1.2～1.3m。

（5）各类机房对土建专业的要求应符合表14.11所列的规定。

表14.11 各类机房对土建专业的要求

房间名称		室内净高（梁下或风管下）/m	楼、地面等效均布活荷载/(kN/m²)	地面材料	顶棚、墙面	门（及宽度）	窗
电话站	程控交换机室	≥2.5	≥4.5	防静电地面	涂不起灰、浅色无光涂料	外开双扇防火门 1.2～1.5m	良好防尘
	总配线架室	≥2.5	≥4.5	防静电地面	涂不起灰、浅色无光涂料	外开双扇防火门 1.2～1.5m	良好防尘
	话务室	≥2.5	≥3.0	防静电地面	阻燃吸声材料	隔声门1.0m	良好防尘设纱窗
	免维护电池室	≥2.5	<200A·h时,4.5 200～400A·h时,6.0 ≥500A·h时,10.0 注2	防尘、防滑地面	涂不起灰、无光涂料	外开双扇防火门 1.2～1.5m	良好防尘
	电缆进线室	≥2.2	≥3.0	水泥地面	涂防潮涂料	外开双扇防火门 ≥1.0m	—

续表

房间名称		室内净高（梁下或风管下）/m	楼、地面等效均布活荷载/(kN/m²)	地面材料	顶棚、墙面	门（及宽度）	窗
计算机网络机房		≥2.5	≥4.5	防静电地面	涂不起灰、浅色无光涂料	外开双扇防火门 ≥1.2~1.5m	良好防尘
建筑设备监控机房		≥2.5	≥4.5	防静电地面	涂不起灰、浅色无光涂料	外开双扇防火门 1.2~1.5m	良好防尘
综合布线设备间		≥2.5	≥4.5	防静电地面	涂不起灰、浅色无光涂料	外开双扇防火门 1.2~1.5m	良好防尘
广播室	录播室	≥2.5	≥2.0	防静电地面	阻燃吸声材料	隔声门 1.0m	隔声窗
	设备室	≥2.5	≥4.5	防静电地面	涂浅色无光涂料	双扇门 1.2~1.5m	良好防尘 设纱窗
消防控制中心		≥2.5	≥4.5	防静电地面	涂浅色无光涂料	外开双扇甲级防火门 1.5m 或 1.2m	良好防尘 设纱窗
安防监控中心		≥2.5	≥4.5	防静电地面	涂浅色无光涂料	外开双扇防火门 1.5m 或 1.2m	良好防尘 设纱窗
有线电视前端机房		≥2.5	≥4.5	防静电地面	涂浅色无光涂料	外开双扇隔声门 1.2~1.5m	良好防尘 设纱窗
会议电视	电视会议室	≥3.5	≥3.0	防静电地面	吸声材料	双扇门 ≥1.2~1.5m	隔声窗
	控制室	≥2.5	≥4.5	防静电地面	涂浅色无光涂料	外开单扇门 ≥1.0m	良好防尘
	传输室	≥2.5	≥4.5	防静电地面	涂浅色无光涂料	外开单扇门 ≥1.0m	良好防尘
电信间		≥2.5	≥4.5	水泥地	涂防潮涂料	外开丙级防火门 ≥0.7m	—

注：1. 如选用设备的技术要求高于本表所列要求，应遵照选用设备的技术要求执行。
2. 当 300Ah 及以上容量的免维护电池需置于楼上时不应叠放。如需叠放时，应将其布置于梁上，并需另行计算楼板负荷。
3. 会议电视室最低净高一般为 3.5m，当会议室较大时，应按最佳容积比来确定。其混响时间宜为 0.6~0.8s。
4. 室内净高不含活动地板高度，室内设备高度按 2.0m 考虑。
5. 电视会议室的围护结构应采用具有良好隔音性能的非燃烧材料或难燃材料，其隔音量不低于 50dB（A）。电视会议室的内壁、顶棚、地面应作吸声处理，室内噪声不应超过 35dB（A）。
6. 电视会议室的装饰布置，严禁采用黑色和白色作为背景色。

（6）各类机房对电气、暖通专业的要求应符合表 14.12 所列的规定。

表 14.12　各类机房对电气、暖通专业的要求

房间名称		空调、通风			电气			备注
		温度/℃	相对湿度/%	通风	照度/lx	交流电源	应急照明	
电话站	程控交换机室	18～28	30～75	—	500	可靠电源	设置	注2
	总配线架室	10～28	30～75		200	—	设置	注2
	话务室	18～28	30～75		300		设置	注2
	免维护电池室	18～28	30～75	注2	200	可靠电源	设置	—
	电缆进线室	—	—	注1	200			
计算机网络机房		18～28	40～70	—	500	可靠电源	设置	注2
建筑设备监控机房		18～28	40～70		500	可靠电源	设置	注2
综合布线设备间		18～28	30～75		200	可靠电源	设置	注2
广播室	录播室	18～28	30～80		300	—	—	
	设备室	18～28	30～80		300	可靠电源	设置	
消防控制中心		18～28	30～80		300	消防电源	设置	注2
安防监控中心		18～28	30～80		300	可靠电源	设置	注2
有线电视前端机房		18～28	30～75		300	可靠电源	设置	注2
会议电视	电视会议室	18～28	30～75	注3	一般区≥500 主席区≥750(注4)	可靠电源	设置	
	控制室	18～28	30～75	—	≥300	可靠电源	设置	
	传输室	18～28	30～75	—	≥300	可靠电源	设置	
电信间	有网络设备	18～28	40～70	注1	≥200	可靠电源	设置	注2
	无网络设备	5～35	20～80					

注：1. 地下电缆进线室一般采用轴流式通风机，排风按每小时不大于5次换风量计算，并保持负压。
2. 采有空调的机房应保持微正压。
3. 电话会议室新鲜空气换气量应按每人≥30m³/h。
4. 投影电视屏幕照度不高于75lx，电视会议室照度应均匀可调，会议室的光源应采用色温3200K的三基色灯。

（7）机房内敷设活动地板时，应符合现行国家标准《计算机房用活动地板技术条件》的要求；敷设高度应按实际需求确定，宜为200～350mm。

（8）电信间预留楼板孔洞应上下对齐，楼板孔洞布线后应采用防火堵料封堵；电信间地面应略高于走廊地面，或设防水门坎。

14.3.2　设备机房供电及防护等要求

（1）机房的耐火等级不应低于建筑主体的耐火等级，消防控制室应为一级。电信间墙体应为耐火极限不低于1.0h的不燃烧体，门应采用丙级防火门。

（2）机房出口应设置向疏散方向开启且能自动关闭的门，并应保证在任何情况下都能从机房内打开。

（3）机房的照明电源不应引自电子信息设备配电盘。

（4）机房交流功能接地、保护接地、直流功能接地、防雷接地等各种接地宜共用接地网，接地电阻按其中最小值确定；机房内应做等电位联结，并设置等电位联结端子箱。

（5）机房内绝缘体的静电电位不应大于1kV；机房不用活动地板时，可铺设导静电地面；导静电地面可采用导电胶与建筑地面粘牢，导静电地面电阻率应为1.0×10^{7}～$1.0\times10^{10}\Omega\cdot cm$，其导电性能应长期稳定且不易起尘。

第15章

常见设备电气配电基本要求

本章常用设备电气配电是指民用建筑中1000V及以下常用设备电气装置的配电设计要求。

15.1 电动机配电要求

（1）交流电动机启动时，其配电母线上的电压应符合下列要求，如图15.1所示。

a. 电动机频繁启动时，不宜低于额定电压的90%；电动机不频繁启动时，不宜低于额定电压的85%。

b. 当电动机不与照明或其他对电压波动敏感的负荷合用变压器，且不频繁启动时，不应低于额定电压的80%。

c. 当电动机由单独的变压器供电时，其允许值应按机械要求的启动转矩确定。对于低压电动机，还应保证接触器线圈的电压不低于释放电压。

（2）绕线转子电动机启动电流的平均值不应超过额定电流的2倍。

（3）直流电动机宜采用调节电源电压或电阻器降压启动，其启动电流不应超过电动机的最大允许电流。

（4）电动机主回路宜采用组合式保护电器；电动机主回路中可采用电动机综合保护器。

（5）民用建筑中，大功率的水泵、风机的电动机宜采用软启动装置，如图15.2所示。

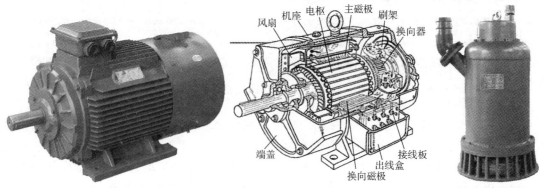

图15.1 交流电动机示意　　图15.2 大功率的水泵示意

15.2 电梯和自动扶梯及自动人行道配电要求

(1) 客梯的供电应符合表 15.1 所列的要求；自动扶梯和自动人行道宜为三级负荷，重要场所宜为二级负荷。

表 15.1 客梯的供电要求

序号	客梯类别	供电要求	备注
1	一级负荷的客梯	应由引自两路独立电源的专用回路供电	采用单电源供电的客梯，应具有自动平层功能
2	二级负荷的客梯	可由两回路供电，其中一回路应为专用回路	
3	三级负荷的客梯	宜由建筑物低压配电柜以一路专用回路供电，当有困难时，电源可由同层配电箱接引	

(2) 电梯、自动扶梯和自动人行道的供电容量，应按其全部用电负荷确定，向多台电梯供电，应计入同时系数，如表 15.2 所列。

表 15.2 不同电梯台数的同时系数

电梯数量/台	2	3	4	5	6	7	8
直流电梯	0.91	0.85	0.80	0.76	0.72	0.69	0.67
交流电梯	0.85	0.78	0.72	0.67	0.63	0.59	0.56

(3) 电梯机房内应设有固定的照明，地表面的照度不应低于 200lx；机房内电力线和控制线应隔离敷设；机房内配线应采用电线导管或电线槽保护，严禁使用可燃性材料制成的电线导管或电线槽。

(4) 电梯井道应为电梯专用，井道内不得装设与电梯无关的设备、电缆等；电梯井道内应设置照明，且照度不应小于 50lx，并符合下列要求：

a. 应在距井道最高点和最低点 0.5m 以内各装一盏灯，中间每隔不超过 7m 的距离应装设一盏灯，并应分别在机房和底坑设置控制开关；

b. 轿顶及井道照明电源宜为 36V；当采用 220V 时，应装设剩余电流动作保护器；

c. 井道内敷设的电缆和电线应是阻燃和耐潮湿的，并应使用难燃型电线导管或电线槽保护，严禁使用可燃性材料制成的电线导管或电线槽。

(5) 当高层建筑内的客梯兼作消防电梯时，应符合防灾设置标准，并应采用下列相应的应急操作措施：

a. 客梯应具有防灾时工作程序的转换装置；

b. 正常电源转换为防灾系统电源时，消防电梯应能及时投入；

c. 发现灾情后，客梯应能迅速依次停落在首层或转换层。

15.3 自动门和电动卷帘门配电要求

(1) 对于出入人流较多、探测对象为运动体的场所，其自动门的传感器宜采用微波传感器。对于出入人流较少，探测对象为静止或运动体的场所，其自动门的传感器宜采用红外传感器或超声波传感器。如图 15.3 所示。

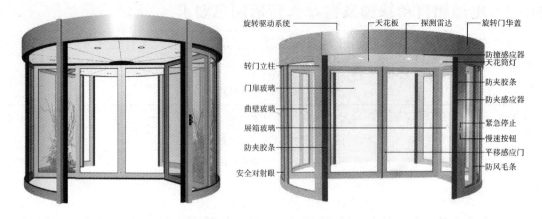

图 15.3 常见自动门示意

(2) 用于室外的电动大门的配电线路,宜装设剩余电流动作保护器。
(3) 自动门和卷帘门的所有金属构件及附属电气设备的外露可导电部分均应可靠接地。

15.4 传动运输系统配电要求

(1) 传输系统宜采用电气连锁。
(2) 传输系统的巡视通道每隔 20~30m 或在连锁机械旁应设置事故断电开关或自锁式按钮。
(3) 同一传输系统的电气设备,宜由同一电源供电。当传输系统很长时,可按工艺分成多段,并由同一电源的多个回路供电。当主回路和控制回路由不同线路或不同电源供电时,应设有连锁装置。
(4) 移动式传输设备宜采用悬挂式软电缆供电。

15.5 舞台用电设备配电要求

(1) 舞台照明调光回路数量,应根据剧场等级、规模确定。如图 15.4 所示。

图 15.4 某舞台照明示意

（2）乐池内谱架灯、化妆室台灯和观众厅座位牌号灯的电源电压不得大于36V。

（3）舞台照明调光控制台宜安装在观众厅池座后部灯控室内，监视窗口宽度不应小于1.20m，窗口净高不应小于0.60m。

（4）舞台照明负荷宜采用需要系数法计算，需要系数宜符合表15.3的规定。

表15.3 需要系数

序号	舞台照明总负荷/kW	需要系数 K_x	序号	舞台照明总负荷/kW	需要系数 K_x
1	50及以下	1.00	4	200以上至500	0.50
2	50以上至100	0.75	5	500以上至1000	0.40
3	100以上至200	0.60	6	超过1000	0.25~0.30

（5）调光回路应选用金属导管、槽敷设，并不宜与电声等电信线路平行敷设；当调光回路与电信线路平行敷设时，其间距应大于1m，当垂直交叉时，间距应大于0.5m；电声、电视转播设备的电源不宜接在舞台照明变压器上。

（6）调光回路数量、直通回路数量及天幕灯区电源容量可参照表15.4确定。

表15.4 舞台照明灯光回路及天幕灯区电源容量

剧场规模	调光回路数量	每个灯区直通回路数量	天幕灯区专用电源容量/A	剧场规模	调光回路数量	每个灯区直通回路数量	天幕灯区专用电源容量/A
特大型	≥360	2~8	≥200	中型	120~180	1~3	≥100
大型	180~360	2~6	≥150	小型	45~90	1~3	≥75

（7）舞台照明灯光回路的分配可参照表15.5确定。

表15.5 舞台照明灯光回路分配

剧场规模	小型		中型			大型			特大型		
灯光回路 灯光名称	调光回路	直通回路	调光回路	直通回路	特技回路	调光回路	直通回路	特技回路	调光回路	直通回路	特技回路
二楼前沿光	—	—	—	—	—	6	3	—	12	3	3
面光1	10	2	18	3	1	14	3	3	22	6	3
面光2	—	—	—	—	—	12	—	—	20	—	—
耳光（左）	5	1	9	1	1	15	2	3	23	3	3
耳光（右）	5	1	9	1	1	15	2	3	23	3	3
柱光（左）	3	—	6	1	—	12	2	—	18	3	—
柱光（右）	3	—	6	1	—	12	2	—	18	3	—
侧光（左）	10	—	6	1	1	3	2	1	5	3	2
侧光（右）	10	—	6	1	1	3	2	1	5	3	2
流光（左）	—	—	2	—	—	5	3	—	7	4	—
流光（右）	—	—	2	—	—	5	3	—	7	4	—
顶光1	—	—	8	—	—	15	—	2	27	3	3

续表

剧场规模	小型		中型			大型			特大型		
灯光名称 \ 灯光回路	调光回路	直通回路	调光回路	直通回路	特技回路	调光回路	直通回路	特技回路	调光回路	直通回路	特技回路
顶光2	—	—	4	—	—	9	—	3	12	3	3
顶光3	—	—	8	—	—	15	—	3	21	3	3
顶光4	—	—	7	—	—	6	—	1	12	3	1
顶光5	—	—	9	—	—	12	—	2	15	3	2
顶光6	—	—	—	—	—	6	—	1	11	3	1
脚光	—	—	3	—	—	3	—	—	3	2	3
天幕光	14	3	14	2	2	20	6	3	30	8	3
乐池光	—	—	3	—	—	3	2	—	6	3	2
指挥光	—	—	—	—	—	1	—	—	3	—	—
吊笼光	—	—	—	—	—	48	—	8	60	6	8
合计	60	7	120	11	9	240	32	37	360	72	45

15.6 体育馆(场)设备配电要求

(1) 甲级体育场馆应由两个电源供电。特级体育场馆，除应由两个电源供电外，还应设置自备发电机组或从市政电网获得独立、可靠的第三电源供全部一级负荷中特别重要负荷用电。

(2) 体育场内竞赛场地的电气线路敷设，宜采用塑料护套电缆穿导管埋地敷设方式。

(3) 体育馆比赛场四周墙壁应按需要设置配电箱和安全型插座，其插座安装高度不应低于0.3m。

15.7 医用设备配电要求

(1) 在医疗用房内禁止采用TN-C系统。

(2) 放射科、核医学科、功能检查室、检验科等部门的医疗装备的电源，应分别设置切断电源的总开关。

(3) 医用放射线设备的供电线路设计应符合下列规定：

a. X射线管的管电流大于或等于400mA的射线机，应采用专用回路供电；

b. CT机、电子加速器应不少于两个回路供电，其中主机部分应采用专用回路供电；

c. X射线机不应与其他电力负荷共用同一回路供电；

d. 多台单相、两相医用射线机，应接于不同的相导体上，并宜三相负荷平衡；

e. 放射线设备的供电线路应采用铜芯绝缘电线或电缆。

第16章 常见民用建筑电气专业要求

16.1 办公建筑电气设计要求

(1) 办公建筑负荷等级应符合下列规定,如图 16.1 所示。

a. 一类办公建筑和建筑高度超过 50m 的高层办公建筑的重要设备及部位按一级负荷供电;

b. 二类办公建筑和高度不超过 50m 的高层办公建筑以及部、省级行政办公建筑的重要设备和部位按二级负荷供电;

c. 三类办公建筑和除一、二级负荷以外的用电设备及部位均按三级负荷供电。

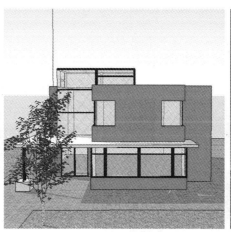

图 16.1 各类办公建筑示意

(2) 办公建筑电气管线应暗敷,管材及线槽应采用非燃烧材料。

(3) 办公建筑的电源进线处应设置明显切断装置和计费装置,用电量较大时应设置变配电所。

(4) 办公建筑的照度标准应符合表 16.1 办公建筑照明标准值。

表 16.1　办公建筑照明标准值

序号	房间或场所	参考平面及其高度	照度标准值/lx
1	普通办公室	0.75m 水平面	300
2	高档办公室	0.75m 水平面	500
3	会议室	0.75m 水平面	300
4	接待室、前台	0.75m 水平面	300
5	营业厅	0.75m 水平面	300
6	设计室	实际工作面	500
7	文件整理、复印、发行室	0.75m 水平面	300
8	资料、档案室	0.75m 水平面	200

（5）办公建筑配电回路应将照明回路和插座回路分开，插座回路应有防漏电保护措施。

（6）办公建筑的防雷分类应符合表 16.2 所列的规定。

表 16.2　办公建筑的防雷分类

序号	防雷等级	办公建筑类型
1	二类防雷建筑物	一类办公建筑
		预计雷击次数大于 0.3 次/a 的二类办公建筑
2	三类防雷建筑物	预计雷击次数大于或等于 0.012 次/a，且小于 0.06 次/a 的二类办公建筑
		预计雷击次数大于或等于 0.06 次/a，且小于或等于 0.3 次/a 的三类办公建筑

（7）办公建筑应有总等电位联结；公寓式办公楼和酒店式办公楼内的卫生间应设局部等电位联结。

16.2　宿舍建筑电气设计要求

（1）宿舍每居室用电负荷标准应按使用要求确定，并不宜小于 1.5kW。如图 16.2 所示。

图 16.2　某宿舍楼示意

（2）供中小学使用的宿舍，必须采用安全型电源插座。

（3）宿舍配电系统的设计，应符合下列规定：

① 宿舍电气系统应采取安全的接地方式，并进行总等电位联结；

② 电源插座应与照明分路设计；除壁挂式空调电源插座外，其余电源插座回路应设置剩余电流保护装置；

③ 有洗浴设施的卫生间应做局部等电位联结；

④ 分室计量的居室应设置电源断路器，并应采用可同时断开相线和中性线的开关电器。

（4）宿舍每居室电源插座的数量宜按床位数配置，且不应少于 2 组，每组为一个单相两孔和一个单相三孔电源插座。电源插座不宜集中在一面墙上设置。如设置空调器、洗浴用电热水器、机械换排气装置等,应另设专用电源插座。

16.3 档案馆建筑电气设计要求

(1) 档案馆供电等级应与档案馆的级别、建设规模相适应。特级档案馆应设自备电源。如图16.3所示。

(2) 特级档案馆的档案库、变配电室、水泵房、消防用房等的用电负荷不应低于一级。甲级档案馆宜设自备电源,且档案库、变配电室、水泵房、消防用房等的用电负荷不宜低于一级;乙级档案馆的档案库、变配电室、水泵房、消防用房等的用电负荷不应低于二级。

(3) 档案馆的电源线、控制线应采用铜质导体。档案库、服务器机房、计算机

图16.3 某档案馆建筑示意

房、缩微技术用房内的配电线路应穿金属管保护,并宜暗敷。空调设备和电热装置应单独设置配电线路,并应穿金属管槽保护。

(4) 库区电源总开关应设于库区外,档案库的电源开关应设于库房外,并应设有防止漏电、过载的安全保护装置。

(5) 档案馆照明的照度标准应符合表16.3的规定。

表16.3 档案馆照明的照度标准

房间名称	参考平面及其高度	照度标准值/lx	房间名称	参考平面及其高度	照度标准值/lx
阅览室	0.75m 水平面	300	裱裱、编目室	0.75m 水平面	300
出纳台	0.75m 水平面	300	计算机房	0.75m 水平面	300
档案库	0.25m 垂直面	≥50			

16.4 老年人居住建筑电气设计要求

(1) 入户过渡空间内应设置照明总开关。

(2) 起居室、长过道及卧室床头宜安装多点控制的照明开关,卫生间宜采用延时开关。

(3) 照明开关应选用带夜间指示灯的宽板开关,开关高度宜距地1.10m。卧室至卫生间的过道应设置脚灯,脚灯距地宜为0.40m。

(4) 各部位电源插座均应采用安全型插座。常用插座高度宜为0.60~0.80m。

(5) 套内卧室、卫生间以及公共卫生间应设紧急报警求助按钮,紧急报警求助按钮距地宜为0.80~1.10m,紧急报警求助按钮宜有明显标注且宜采用按钮和拉绳结合的方式,拉绳末端距地不宜高于0.30m。

16.5 住宅建筑电气设计要求

(1) 每套住宅应设置户配电箱,其电源总开关装置应采用可同时断开相线和中性线的开

关电器。

（2）住宅建筑套内安装在1.80m及以下的插座均应采用安全型插座。

（3）住宅建筑共用部位应设置人工照明，应采用高效节能的照明装置和节能控制措施。当应急照明采用节能自熄开关时，必须采取消防时应急点亮的措施。如图16.4所示。

图16.4　常见住宅建筑示意

（4）当发生火警时，住宅建筑的疏散通道上和出入口处的门禁应能集中解锁或能从内部手动解锁。

（5）每套住宅的用电负荷应根据套内建筑面积和用电负荷计算确定，且不应小于2.5kW。

（6）住宅供电系统的设计，应符合下列规定。

① 应采用TT、TN-C-S或TN-S接地方式，并应进行总等电位联结。

② 电气线路应采用符合安全和防火要求的敷设方式配线，套内的电气管线应采用穿管暗敷设方式配线。导线应采用铜芯绝缘线，每套住宅进户线截面不应小于10mm^2，分支回路截面不应小于2.5mm^2。

③ 套内的空调电源插座、一般电源插座与照明应分路设计，厨房插座应设置独立回路，卫生间插座宜设置独立回路。

④ 除壁挂式分体空调电源插座外，电源插座回路应设置剩余电流保护装置。

⑤ 设有洗浴设备的卫生间应作局部等电位联结。

⑥ 每幢住宅的总电源进线应设剩余电流动作保护或剩余电流动作报警。

（7）住宅套内电源插座应根据住宅套内空间和家用电器设置，电源插座的数量不应少于表16.4的规定。

表16.4　住宅套内电源插座设置数量

空　　间	设置数量和内容
卧室	一个单相三线和一个单相二线的插座两组
兼起居的卧室	一个单相三线和一个单相二线的插座三组
起居室（厅）	一个单相三线和一个单相二线的插座三组
厨房	防溅水型一个单相三线和一个单相二线的插座两组
卫生间	防溅水型一个单相三线和一个单相二线的插座一组
布置洗衣机、冰箱、排油烟机、排风机及预留家用空调器处	专用单相三线插座各一个

16.6 剧场建筑电气设计要求

(1) 剧场用电的负荷应符合下列规定。

① 特等、甲等剧场的舞台照明、贵宾室、演员化妆室、舞台机械设备、电声设备（调音控制系统）、电视转播用电等，应为一级负荷；其中特等、甲等剧场的调光用计算机系统用电应为一级负荷中的特别重要负荷。

② 特等、甲等剧场观众厅照明、空调机房电力和照明、锅炉房电力和照明用电等，应为二级负荷。

③ 不属于一、二级用电设备负荷应为三级负荷。

(2) 特等、甲等剧场用电设备端口处的电压偏差允许值应符合下列规定：

① 照明应为－2.5%～+5%。

② 电梯应为±7%；其他电力设备应为±5%。

(3) 剧场配电变压器应采用接线方式为 Dyn11 的变压器。

(4) 剧场的观众厅、台仓、排练厅、疏散楼梯间、防烟楼梯间及前室、疏散通道、消防电梯间及前室、合用前室等，应设应急疏散照明和疏散指示标志，并应符合下列规定。

① 除应设置疏散走道照明外，还应在各安全出口处和疏散走道，分别设置安全出口标志和疏散走道指示标志。

② 应急照明和疏散指示标志连续供电时间不应小于 30min。

(5) 剧场的消防控制室、变配电室、发电机室、消防泵房、消防风机房等，应设不低于正常照明照度的应急备用照明。特等、甲等剧场的灯控室、调光柜室、声控室、功放室、舞台机械控制室、舞台机械电气柜室、空调机房、冷冻机房、锅炉房等，应设不低于正常照明照度 50% 的应急备用照明。用于观众疏散的应急照明，其照度不应低于 5lx。

16.7 饮食建筑电气设计要求

(1) 饮食建筑电气负荷，应根据其重要性和中断供电所造成的影响和损失程度分级，并应符合下列规定：

① 特大型饮食建筑的用餐区域、公共区域的备用照明用电应为一级负荷，自动扶梯、空调用电应为二级负荷；

② 大型、中型饮食建筑用餐区域、公共区域的备用照明用电应为二级负荷；

③ 小型饮食建筑的用电应为三级负荷；

④ 饮食建筑中的计算机管理设备应设置不间断供电电源作备用电源；

⑤ 特大型、大型、中型饮食建筑的冷藏、冷冻设备宜配置备用电源；

⑥ 饮食建筑中消防用电设备的负荷等级应符合国家现行防火相关标准的规定。

(2) 厨房区域加工制作区（间）的电源进线应留有一定余量，配电箱应留有一定数量的备用回路。电气设备、灯具、管路应有防潮措施。

(3) 厨房区域及其他环境潮湿场地的配电回路，应设置剩余电流保护。

16.8 中小学校建筑电气设计要求

(1) 中小学校的各幢建筑的电源引入处应设置电源总切断装置和可靠的接地装置，各楼层应分别设置电源切断装置。

（2）中小学校的建筑应预留配电系统的竖向贯通井道及配电设备位置。

（3）中小学校的建筑室内线路应采用暗线敷设。

（4）中小学校的配电系统支路的划分应符合以下原则：

① 教学用房和非教学用房的照明线路应分设不同支路；

② 门厅、走道、楼梯照明线路应设置单独支路；

③ 教室内电源插座与照明用电应分设不同支路；

④ 空调用电应设专用线路。

（5）教学用房照明线路支路的控制范围不宜过大，以2~3个教室为宜。

（6）教室黑板应设专用黑板照明灯具，其最低维持平均照度应为500lx，黑板面上的照度最低均匀度宜为0.7。

（7）教室应采用高效率灯具，不得采用裸灯。灯具悬挂高度距桌面的距离不应低于1.70m。灯管应采用长轴垂直于黑板的方向布置。

（8）中小学校照明在计算照度时，维护系数宜取0.8。

（9）中小学校的电源插座回路、电开水器电源、室外照明电源均应设置剩余电流动作保护器。

16.9 综合医院建筑电气设计要求

（1）医疗用房内严禁采用TN-C接地系统。

（2）医院的医疗场所应根据电气安全防护的要求分类，并应符合下列要求：

① 不使用医疗电气设备接触部件的医疗场所应为0类场所；

② 医疗电气设备接触部件需要与患者体表、体内（除2类医疗场所所述部位以外）接触的医疗场所，应为1类场所；

③ 医疗电气设备接触部件需要与患者体内（指心脏或接近心脏部位）接触以及电源中断危及患者生命的医疗场所，应为2类场所。

（3）医疗场所分类及自动恢复供电时间宜符合表16.5规定。

表16.5 医疗场所及设施的类别划分及要求恢复供电的时间

部门	医疗场所以及设备	场所类别			自动恢复供电时间		
		0	1	2	$t \leq 0.5s$	$0.5s < t \leq 15s$	$15s < t$
门诊部	门诊诊室	X					
	门诊治疗室		X				X
急诊部	急诊诊室	X				X	
	急诊抢救室			X	X[a]	X	
	急诊观察室、处置室		X			X	
住院部	病房		X				X
	血液病房的净化室、产房、烧伤病房		X		X[a]	X	
	早产儿监护室			X	X[a]	X	
	婴儿室		X			X	

续表

部门	医疗场所以及设备	场所类别			自动恢复供电时间		
		0	1	2	$t \leqslant 0.5s$	$0.5s < t \leqslant 15s$	$15s < t$
住院部	重症监护室			X	Xa	X	
	血液透析室		X			X	
手术部	手术室			X	Xa	X	
	术前准备室、术后复苏室、麻醉室			X	Xa	X	
	护士站、麻醉师办公室、石膏室、冰冻切片室、敷料制作室、消毒敷料室	X				X	
功能检查	肺功能检查室、电生理检查室、超声检查室		X			X	
内窥镜	内窥镜检查室		Xb			Xb	
泌尿科	泌尿科治疗室		Xb			Xb	
影像科	DR诊断室、CR诊断室、CT诊断室		X			X	
	导管介入室		X			X	
	心血管造影检查室			X	Xa	X	
	MRI扫描室		X			X	
放射治疗	后装、钴60、直线加速器、γ刀、深部X线治疗		X			X	
理疗科	物理治疗室		X			X	
	水疗室		X			X	
	按摩室	X					X
检验科	大型生化仪器	X			X		
	一般仪器	X				X	
核医学	ECT扫描间、PET扫描间、γ摄像机、服药、注射		X			Xa	
	试剂培制、储源室、分装室、功能测试室、实验室、计量室	X				X	
高压氧	高压氧舱			X		X	
输血科	贮血	X				X	
	配血、发血	X					X
病理科	取材、制片、镜检	X				X	
	病理解剖	X					X
药剂科	贵重药品冷库	X					Xc
保障系统	医用气体供应系统	X				X	
	消防电梯、排烟系统、中央监控系统、火灾警报以及灭火系统	X				X	
	中心(消毒)供应室、空气净化机组	X					X
	太平柜、焚烧炉、锅炉房	X					Xc

注：X表示有此项目；a为照明及生命支持电气设备；b为不作为手术室；c为需持续3～24h提供电力。

(4) 放射科大型医疗设备的电源,应由变电所单独供电。放射科、核医学科、功能检查科、检验科等部门的医疗设备电源,应分别设置切断电源的隔离电器。

(5) 1类和2类医疗场所使用隔离特低电压设备(SELV)和保护特低电压设备(PELV)时,设备额定电压不应超过交流方均根值25V或无纹波直流60V,并应采取绝缘保护。

(6) 1类和2类医疗场所应设防止间接触电的断电保护,并应符合下列要求:

① IT、TN、TT系统,接触电压不应超过25V。

② TN系统最大分断时间230V应为0.2s,400V应为0.05s。

③ IT系统中性点不配出,最大分断时间230V应为0.2s。

(7) 当采用TN系统时,应符合下列要求。

① 在1类医疗场所中额定电流不大于32A的终端回路,应采用最大剩余动作电流为30mA的剩余电流动作保护器。

② 在2类医疗场所的下列回路应设置额定剩余电流不超过30mA的漏电保护器:

a. 手术台驱动机构供电回路;

b. 移动式X射线装置回路;

c. 额定容量超过5kV·A的大型设备的回路;

d. 非生命支持系统的电气设备回路。

(8) 除前述第(7)条第②款所列的电气回路外,在2类医疗场所中维持患者生命、外科手术和其他位于"患者区域"范围内的电气装置和供电的回路,均应采用医用IT系统。当采用医用IT系统时,应符合下列要求:

① 多个功能相同的毗邻房间,应至少安装1个独立的医用IT系统。

② 医用IT系统必须配置绝缘监视器,并应符合下列要求:

a. 交流内阻应大于或等于100kΩ;

b. 测试电压不应大于直流25V;

c. 在任何故障条件下,测试电流峰值不应大于1mA;

d. 当电阻减少到50kΩ时应发出信号,并备有试验设施。

③ 每一个医用IT系统,应设置显示工作状态的信号灯和声光警报装置。声光警报装置应安装在便于永久性监视的场所。

④ 隔离变压器应设置过负荷和高温的监控。

(9) X线诊断室、加速器治疗室、核医学扫描室、γ照相机室和手术室等用房,应设防止误入的红色信号灯,红色信号灯电源应与机组连通。

(10) 1类和2类医疗场所内,任一导体上的电压下降值高于标准电压10%时,安全电源应自动启动。安全电源的分类应符合表16.6的规定。

表16.6 安全电源的分类

0级(不间断)	不间断自动供电	15级(中等间隔)	15s之内自动恢复有效供电
0.15级(极短时间间隔)	0.15s之内自动恢复有效供电	大于15级(长时间间隔)	大于15s后自动恢复有效供电
0.5级(短时间间隔)	0.5s之内自动恢复有效供电		

(11) 医用IT系统隔离变压器宜采用单相变压器,其额定容量不应低于0.5kVA,且不

宜超过 8kVA。

（12）电气装置与医疗气体释放口的安装距离不得少于 0.20m。

16.10　文化馆建筑电气设计要求

（1）报告厅、计算机与网络教室、计算机机房、多媒体视听教室、录音录像室、电子图书阅览室、维修间等场所宜设置专用配电箱，且设备用电宜采用单独回路供电。

（2）文化馆的电气设计应满足房间互换和增加设备的需要。

（3）舞蹈排练室宜采用嵌入式或吸顶式照明灯具。

16.11　托儿所和幼儿园建筑电气设计要求

（1）托儿所、幼儿园的紫外线杀菌灯的控制装置应单独设置，并应采取防误开措施。

（2）寄宿制幼儿园的寝室宜设置夜间巡视照明设施。

（3）托儿所、幼儿园的房间内应设置插座，插座应采用安全型，安装高度不应低于1.8m。插座回路与照明回路应分开设置，插座回路应设置剩余电流动作保护。

（4）幼儿活动场所不宜安装配电箱、控制箱等电气装置；当不能避免时，应采取安全措施，装置底部距地面高度不得低于1.8m。

（5）托儿所、幼儿园安全技术防范系统的设置应符合下列规定：

① 幼儿园园区大门、建筑物出入口、楼梯间、走廊等应设置视频安防监控系统；

② 幼儿园周界宜设置入侵报警系统、电子巡查系统；

③ 厨房、重要机房宜设置入侵报警系统。

16.12　图书馆建筑电气设计要求

（1）图书馆建筑用电负荷等级应按下列原则确定：

① 总藏书量超过100万册图书馆的安防系统、图书检索用计算机系统用电应为一级负荷中特别重要的负荷；

② 总藏书量10万至100万册图书馆的安防系统、图书检索用计算机系统用电应为一级负荷；

③ 总藏书量10万册以下图书馆的安防系统、图书检索用计算机系统用电应为二级负荷。

（2）书库照明灯具与书刊资料等易燃物的垂直距离不应小于0.50m。当采用荧光灯照明时，珍善本书库及其阅览室应采用隔紫灯具或无紫光源。

（3）书库电源总开关箱应设于库外，书库照明宜分区、分架控制。当沿金属书架敷设照明线路及安装照明设备时，应设置剩余电流动作保护措施。

（4）书架行道照明应有单独开关控制，行道两端都有通道时应设双控开关；书库内部楼梯照明应采用双控开关。

（5）图书馆建筑应采取电气火灾监控措施。

（6）图书馆建筑内电气配线宜采用低烟无卤阻燃型电线电缆。

16.13　商店建筑电气设计要求

（1）对于大型和中型商店建筑的营业厅，线缆的绝缘和护套应采用低烟低毒阻燃型。

（2）对于大型和中型商店建筑的营业厅，除消防设备及应急照明外，配电干线回路应设置防火剩余电流动作报警系统。

（3）大中型商店建筑的营业场所内导线明敷设时，应穿金属管、可绕金属电线导管或金属线槽敷设。

（4）商店建筑除消防负荷外的配电干线，可采用铜芯或电工级铝合金电缆和母线槽，营业区配电分支线路应采用铜芯导线。

（5）小型商店建筑的营业厅照明宜设置防火剩余电流动作报警装置。

（6）商店建筑的用电负荷应根据建筑规模、使用性质和中断供电所造成的影响和损失程度等进行分级，并应符合下列规定：

① 大型商店建筑的经营管理用计算机系统用电应为一级负荷中的特别重要负荷，营业厅的备用照明用电应为一级负荷，营业厅的照明、自动扶梯、空调用电应为二级负荷；

② 中型商店建筑营业厅的照明用电应为二级负荷；

③ 小型商店建筑的用电应为三级负荷；

④ 电子信息系统机房的用电负荷等级应与建筑物最高用电负荷等级相同，并应设置不间断供电电源；

⑤ 消防用电设备的负荷分级应符合现行国家标准《建筑设计防火规范》GB 50016 的规定。

16.14　旅馆建筑电气设计要求

（1）旅馆建筑供电电源除应符合国家现行标准的有关规定外，尚应符合下列规定：

① 用电负荷等级应符合表 16.7 的规定。

② 四级旅馆建筑宜设自备电源，五级旅馆建筑应设自备电源，其容量应能满足实际运行负荷的需求。

③ 三级旅馆建筑的前台计算机、收银机的供电电源宜设备用电源；四级及以上旅馆建筑的前台计算机、收银机的供电电源应设备用电源，并应设置不间断电源（UPS）。

表 16.7　用电负荷等级

用电负荷名称	旅馆建筑等级 一、二级	三级	四、五级
经营及设备管理用计算机系统用电	二级负荷	一级负荷	一级负荷*
宴会厅、餐厅、厨房、门厅、高级套房及主要通道等场所的照明用电。信息网络系统、通信系统、广播系统、有线电视及卫星电视接收系统、信息引导及发布系统、时钟系统及公共安全系统用电，乘客电梯、排污泵、生活水泵用电	三级负荷	二级负荷	一级负荷
客房、空调、厨房、洗衣房动力	三级负荷	三级负荷	二级负荷
除上栏所述之外的其他用电设备	三级负荷	三级负荷	三级负荷

* 为一级负荷中特别重要负荷。

（2）客房部分的总配电箱不得安装在走道、电梯厅和客人易到达的场所。当客房内的配电箱安装在衣橱内时，应做好安全防护处理。

（3）旅馆建筑应设置安全防范系统，除应符合现行同家标准《安全防范工程技术规范》GB 50348 的规定外，还应符合下列规定：

① 三级及以上旅馆建筑客房层走廊应设置视频安防监控摄像机，一级和二级旅馆建筑客房层走廊宜设置视频安防监控摄像机；

② 重点部位宜设置入侵报警及出入口控制系统；

③ 地下停车场宜设置停车场管理系统；

④ 在安全疏散通道上设置的出入口控制系统应与火灾自动报警系统联动。

（4）三级旅馆建筑宜设公共广播系统，四级及以上旅馆建筑应设公共广播系统。旅馆建筑应设置有线电视系统，四级及以上旅馆建筑宜设置卫星电视接收系统和自办节目或视频点播（VOD）系统。

（5）四级及以上旅馆建筑应设置建筑设备监控系统。

16.15 博物馆建筑电气设计要求

（1）博物馆建筑的供配电设计应按现行国家标准《供配电系统设计规范》GB 50052 的规定执行，且供电电源应符合下列规定。

① 特大型、大型及高层博物馆建筑应按一级负荷要求供电，其中重要设备及部位用电应按一级负荷中特别重要负荷要求供电；

② 大中型、中型及小型博物馆建筑的重要设备及部位用电负荷应按不低于二级负荷要求供电。

（2）火灾报警、防盗报警系统的用电设备应设置自备应急电源。

（3）有恒温恒湿要求的藏品库房、陈列展览区的空调用电负荷不应低于二级负荷。

（4）陈列展览区内不应有外露的配电设备；当展区内有公众可触摸、操作的展品电气部件时应采用安全低电压供电。

（5）藏品库房的电源开关应统一安装在藏品库区的藏品库房总门之外，并应设置防剩余电流的安全保护装置。

（6）藏品库房和展厅的电气照明线路应采用铜芯绝缘导线穿金属保护管暗敷；利用古建筑改建时，可采取铜芯绝缘导线穿金属保护管明敷。

（7）特大型、大型博物馆建筑内，成束敷设的电线电缆应采用低烟无卤阻燃电线电缆；大中型、中型及小型博物馆建筑内，成束敷设的电线电缆宜采用低烟无卤阻燃电线电缆。

（8）重要藏品库房应设置警卫照明。

16.16 电影院建筑电气设计要求

（1）乙级及乙级以上电影院应设踏步灯或座位排号灯，其供电电压应为不大于 36V 的安全电压。

（2）电影院用电负荷和供电系统电压偏移宜符合下列规定：

① 特级电影院应根据具体情况确定；甲级电影院（不包括空气调节设备用电）、乙级特大型电影院的消防用电，事故照明及疏散指示标志等的用电负荷应为二级负荷；其余均应为

三级负荷；

② 事故照明及疏散指示标志可采用连续供电时间不少于 30min 的蓄电池作备用电源；

③ 对于特级和甲级电影院供电系统，其照明和电力的电压偏移均应为±5%。

（3）乙级及乙级以上电影院观众厅照明宜平滑或分档调节明暗。

（4）观众厅及放映机房等处墙面及吊顶内的照明线路应采用阻燃型铜芯绝缘导线或铜芯绝缘电缆穿金属管或金属线槽敷设。

16.17 展览建筑电气设计要求

（1）供配电设计应按现行国家标准《供配电系统设计规范》GB 50052 的规定进行设计，且供电电源应符合下列规定：

① 特大型、大型展览建筑安全防范系统用电应按一级负荷中特别重要负荷供电；

② 甲等、乙等展厅备用照明应按一级负荷供电，丙等展厅备用照明应按二级负荷供电；

③ 展览用电应按二级负荷供电。

（2）综合设备管沟、管井和室外地面出线井应设置局部等电位联结端子。

（3）展厅应设置防火剩余电流动作报警系统。

（4）对于总建筑面积超过 8000m² 的展览建筑，其内部疏散走道和主要疏散路线的地面上应增设能保持视觉连续的灯光疏散指示标志或蓄光疏散指示标志，且指示标志的载荷能力应与周围地面的载荷能力一致，防护等级不应低于 IP54。

（5）展厅每层面积超过 1500m² 时，应设有备用照明。重要物品库房应设有警卫照明。

（6）展厅和库房的照明线路应采用铜芯绝缘导线暗配线方式。库房的电源开关应统一设在库区内的库房总门外，并应装设防火剩余电流动作保护装置。

16.18 物流建筑电气设计要求

（1）物流建筑用电负荷分级应符合现行国家标准《供配电系统设计规范》GB 50052 的规定，并应符合下列规定，如图 16.5 所示。

图 16.5　某物流建筑示意

① 下列用电负荷应按一级负荷供电：

a. 贵重物品库用电；

b. 危险品库的通风设备；

c. 安全等级为一级的应急物流中心、邮政枢纽分拣中心及其他重要的大型、超大型物流建筑的物品自动搬运、输送、分拣设备用电及作业区、存储区的照明用电；

d. 安全等级为一级的特殊物流建筑的制冷、空调、通风设备；

e. 中型及以上规模等级的物流建筑的安全防范系统、通信系统、计算机管理系统。

② 下列用电负荷应按二级负荷供电：

a. 安全等级为二级的邮政枢纽分拣中心、较重要的中型及以上规模的物流建筑的物品自动搬运、输送、分拣等设备用电，以及存储区域和作业区域照明用电；

b. 安全等级为二级的特殊物流建筑内的制冷、空调、通风设备。

③ 不属于一级和二级负荷供电的物流建筑，应为三级负荷供电；

④ 消防电源的负荷分级应符合现行国家标准《建筑设计防火规范》GB 50016 的有关规定。

（2）当物流建筑位于远离城市的偏远地区，且设置自备电源比从电力系统取得第二电源更经济时，宜设置自备电源。

16.19 车库建筑电气设计要求

（1）特大型和大型车库应按一级负荷供电，中型车库应按不低于二级负荷供电，小型车库可按三级负荷供电。机械式停车设备应按不低于二级负荷供电。各类附建式车库供电负荷等级不应低于该建筑物的供电负荷等级。

（2）机械式机动车库内应设检修灯或检修灯插座。如图 16.6 所示。

图 16.6　机械式机动车库示意

（3）机动车库内可根据需要设置 36V、220V、380V 电源插座；非机动车库内，在管理室附近或出入口处应设置电源插座。

（4）车库内的人员疏散通道及出入口、配电室、值班室、控制室等用房均应设置应急照明。

参 考 文 献

[1] 中电联标准化中心编. 中华人民共和国工程建设标准强制性条文 电力工程部分（2011年版）.2012.
[2] 陆敏，陆继诚. 电气常用强制性条文实施指南. 北京：中国建筑工业出版社，2016.
[3] 孙成群. 建筑电气设计方法与实践. 北京：中国建筑工业出版社，2016.
[4] 北京市建筑设计研究院有限公司. 建筑电气专业技术措施. 北京：中国建筑工业出版社，2016.
[5] 戴瑜兴，黄铁兵，梁志超. 民用建筑电气设计数据手册. 第2版. 北京：中国建筑工业出版社，2010.
[6] 郭建林. 智能弱电系统/建筑电气设计计算手册. 第5分册. 北京：中国电力出版社，2011.
[7] 黄铁兵，梁志超，孟焕平. 建筑电气强电设计手册. 北京：中国建筑工业出版社，2015.
[8] 中国建筑工业出版社. 现行建筑设计规范大全（含条文说明）. 第1册：通用标准·民用建筑（含条文说明）（2014年版）. 北京：中国建筑工业出版社，2014.
[9] 中国建筑工业出版社. 现行建筑设计规范大全（含条文说明）. 第3册：建筑设备·建筑节能. 北京：中国建筑工业出版社，2014.
[10] 中国建筑工业出版社. 现行建筑设计规范大全（含条文说明）. 第2册：建筑防火·建筑环境. 北京：中国建筑工业出版社，2014.
[11] 住房和城乡建设部强制性条文协调委员会. 中华人民共和国工程建设标准强制性条文房屋建筑部分（2013年版）. 第一篇 建筑设计. 北京：中国建筑工业出版社，2013.